变电站监控典型信号辨识及处置

国网福建省电力有限公司　编

图书在版编目（CIP）数据

变电站监控典型信号辨识及处置 / 国网福建省电力有限公司编 .—北京：中国电力出版社，2023.11
（2024.12重印）

ISBN 978-7-5198-8365-2

Ⅰ.①变… Ⅱ.①国… Ⅲ.①变电所 – 电力监控系统 – 信号识别 Ⅳ.① TM63-62

中国国家版本馆 CIP 数据核字（2023）第 232314 号

出版发行：中国电力出版社
地　　址：北京市东城区北京站西街 19 号（邮政编码 100005）
网　　址：http：//www.cepp.sgcc.com.cn
责任编辑：薛　红
责任校对：黄　蓓　郝军燕
装帧设计：赵丽媛
责任印制：石　雷

印　　刷：中国电力出版社有限公司
版　　次：2023 年 11 月第一版
印　　次：2024 年 12 月北京第二次印刷
开　　本：787 毫米 ×1092 毫米　16 开本
印　　张：25.25
字　　数：489 千字
定　　价：80.00 元

编写人员名单

主　编　张建新

副主编　鲍晓宁　魏自强

参　编　吴云芳　方　楠　包淑珍　林仲钦　张慧祥　叶　华
陈利翔　姚国华　刘建炜

前言

根据“无人值守+集中监控”变电运维管理新模式转型升级，打造“设备主人+全科医生”型专业队伍的要求，变电监控业务目前已划转至运检队伍。但因转型时间尚短，监控、运维业务未能有效融合，变电监控业务也未能由面向电网完全转为兼具面向设备。随着全业务核心班组建设的不断深入，该问题已严重阻碍设备主人制落地。因此，梳理变电站监控典型信号，建立变电站典型监控信号标准分析处置流程迫在眉睫。

为指导变电监控、运维一线作业人员学习新业务知识，提升其履职能力和规范化作业水平，国网福建技能培训中心在充分调研总结基础上，结合现场需要，组织编写《变电站监控典型信号辨识及处置》，可作为变电监控、运维专业的培训教材，也可作为变电监控、运维人员缺陷处理和事故处理辅助依据。

本书紧扣变电站设备运行实际情况，列举出35~500kV变电站监控典型信号，针对每个监控典型信号分别从信号释义、信号产生原因、后果及危险点分析、监控、运维处置要点等角度进行全方位阐述，同时还精选了部分变电监控信息处置的实际案例进行讲解。

本书的第一章第一节、第二章的第一节、十五~十七节、第四章由张建新编写。第一章第五~八、十节，第二章第四、六、七、九~十三节，第三章第一、二节由魏自强、张慧祥、叶华编写。第一章第二~四节，第二章第二、三、五、十四节，第三章第三~五节由鲍晓宁、方楠、包淑珍、林仲钦编写。第一章第九节，第二章第八、十八~二十节由吴云芳、陈利翔、姚国华、刘建炜编写，全书由张建新统稿。

由于编者水平有限，同时变电监控、运维新技术快速发展，新装备不断涌现，各类作业规范要求不断补充，书中难免有疏漏和不足之处，需要不断地修订和完善，欢迎广大读者提出宝贵意见和建议。

编者

2023 年 11 月

目 录

第一章 一次设备典型信号辨识及处置

第一节　变压器

变压器是变电站中的主要设备，一旦发生事故，就会中断对部分用户的供电，恢复所用时间也较长，会造成重大的经济损失和严重社会影响。一般变压器的异常都发生在绕组、铁芯、套管、分接开关、油箱、冷却装置等部位上。及时发现并正确处理变压器的异常对电力系统的稳定性有很大作用。

一、本体

（一）变压器本体重瓦斯出口

1. 信号释义

变压器本体内部故障引起油流涌动冲击挡板或变压器严重渗漏导致重瓦斯浮球下降，接通本体气体继电器重瓦斯干簧触点，造成本体重瓦斯动作。

2. 信号产生原因

1）变压器本体内部发生严重故障（如匝间、层间短路、绝缘损坏、接触不良、铁芯多点接地故障等）；

2）变压器严重缺油，油位极低；

3）变压器本体气体继电器故障或存在接线盒二次信号回路短路故障。

3. 后果及危险点分析

变压器各侧断路器跳闸，可能造成其他主变压器（以下简称主变）重过载；单台主变的变电站主变故障跳闸可能造成本站 110、10kV 系统母线失压。

4. 监控处置要点

1）检查变压器各侧断路器位置及电流值，确认变压器各侧断路器已跳开。

2）梳理告警信息，查看备自投动作情况，是否有负荷损失，是否有消防类信息动作。

3）记录时间、站名、跳闸变压器编号、保护信息及负荷损失情况，汇报调度，通知运维人员检查设备。

4）加强对运行变压器负载及油温的监视，有条件时通过远程视频检查变压器油位、油色情况，有无爆炸、喷油、漏油；外壳有无鼓起变形，套管有无破损裂纹等。通过油色谱分析系统查看跳闸主变的油气分析结果。

5）跟踪现场检查结果及处理进度，做好相关记录和沟通汇报。

6）配合调度做好事故处理：

a. 若差动保护也同时动作，未经查明原因和消除故障之前，不得进行强送电。

b. 若差动保护未动作，在检查变压器外部无明显故障，检查瓦斯气体、油分析和故障录波器装置动作情况，证明变压器内部无明显故障后，在系统需要时经变压器所属单位领导批准可试送一次。有条件时，应尽量进行零起升压。

5. 运维处置要点

1）立即查看监控后台机及保护相关信号，做好记录。迅速检查直流系统是否正常，检查 380V 母线电压是否正常。单台主变的变电站主变跳闸后应立即联系管辖区域调度通知当地线路维护单位对外来站用电线路做好特巡特护工作，确保外来站用电运行正常。

2）监控后台检查：主画面检查 1 号主变压器各侧断路器变位情况，检查 10kV 备自投动作情况，检查事故及告警信息。

3）保护（含故障录波）检查及报告打印。

4）一次设备检查：立即对变压器进行检查，查明动作原因，是否因油位降低、二次回路故障或是变压器内部故障造成的。现场检查主变压器气体继电器内部有无气体，若有气体应记录气体容量，压力释放装置是否动作，有无喷油，吸湿器有无喷油。检查变压器油温及绕组温度表并与历史温度进行比对分析，在查明原因消除故障之前不得将变压器投入运行。

5）站用电检查：检查 380V Ⅰ、Ⅱ段母线运行正常，否则手动倒换至备用电源供电。如果无法恢复站用电，应联系移动发电车到现场支援。

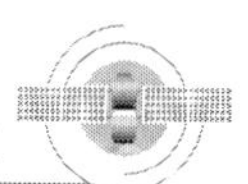

6）初步分析：变压器内部故障。

7）详细汇报：× 号主变压器本体重瓦斯保护动作出口，压力释放装置是否动作，变压器壳体外部是否有油迹，壳体是否变形，带有固定灭火装置的变压器还应汇报固定灭火装置的启动或动作情况，同时汇报主管部门。×× 电容器组低电压跳闸，跳开 ×× 断路器，检查一、二次设备无明显异常，保护正确动作。110、10kV 备自投是否动作情况，110、10kV 系统运行情况。

8）将打印出的保护装置事故跳闸报告及故障录波装置报告报送调控中心、继电保护专责及相关部门。

（二）变压器本体轻瓦斯告警

1. 信号释义

变压器本体内部轻微故障或油箱内部有空气未排尽，接通本体气体继电器轻瓦斯干簧触点，造成本体轻瓦斯告警。

2. 信号产生原因

1）变压器本体内部有轻微故障；

2）油温骤然下降或渗漏油使油位降低至下限；

3）滤油、加油、换油、硅胶更换等工作后空气进入变压器；

4）变压器本体气体继电器故障或存在接线盒二次信号回路短路故障。

3. 后果及危险点分析

进一步发展异常可能会继续恶化，造成重瓦斯保护动作，跳开变压器各侧断路器。

4. 监控处置要点

1）梳理告警信息，应汇报调度，通知运维人员现场检查；

2）加强对运行变压器负载及油温的监视，有条件时通过远程视频检查变压器油位、渗漏油情况；

3）核实现场变压器运行情况；

4）跟踪现场检查结果及处理进度，做好相关记录和沟通汇报。

5. 运维处置要点

1）核对站端后台告警信息。

2）检查变压器油温、油位，是否因聚集气体、油位降低、二次回路故障、接线盒进水受潮或是变压器内部故障造成。

3）当变压器一天内连续发生两次轻瓦斯报警时，应立即申请停电检查。非强迫油循环结构且未装排油注氮装置的变压器（电抗器）本体轻瓦斯报警，应立即申请停电检查。

4）如气体继电器内有气体，应立即取气并进行气体成分分析；同时应立即启动在线油色谱装置分析或就近送油样进行分析。

5）若检测气体是可燃的或油中溶解气体分析结果异常，应立即申请将变压器停运。

6）若检测气体继电器内的气体为无色、无臭且不可燃，且油色谱分析正常，则变压器可继续运行，并及时消除进气缺陷。

7）在取气及油色谱分析过程中，应高度注意人身安全，严防设备突发故障。

8）通知专业人员处理。

9）加强对运行变压器的巡视并进行红外热成像测温。

10）将现场检查结果及处理进度，及时汇报调度和监控人员。

11）配合调度做好故障处理。

（三）变压器本体压力释放告警

1. 信号释义

当变压器本体内部故障压力不断增大到其开启压力时，本体压力释放阀动作，释放变压器压力，防止变压器故障扩大。

2. 信号产生原因

1）变压器内部铁芯或绕组故障，油压过大，从释放阀中喷出；

2）负荷大、温度高，使油位上升，向压力释放阀喷油；

3）变压器本体压力释放阀触点故障或二次回路故障；

4）技改大修后投入或新投运的变压器送电前未将主变储油柜与本体油箱间的阀门打开造成运行后温度上升，油箱内部油体积膨胀。

3. 后果及危险点分析

变压器压力释放阀喷油，若变压器内部故障，进一步发展可能会导致变压器跳闸。

4. 监控处置要点

1）梳理告警信息，汇报调度，通知运维人员；

2）加强对运行变压器负载及油温的监视，有条件时通过远程视频检查变压器喷油情况；

3）核实现场变压器运行情况；

4）跟踪现场检查结果及处理进度，做好相关记录和沟通汇报。

5. 运维处置要点

1）压力释放阀冒油而变压器的气体继电器和差动保护等电气保护未动作时，应立即汇报有关部门及调控中心，并通知设备维护检修部门取变压器本体油样进行色谱分析，如果色谱正常，则怀疑压力释放阀动作是其他原因引起；

2）检查变压器本体与储油柜连接阀是否已开启、吸湿器是否畅通、储油柜内气体是否排净，防止由于油位过高引起压力释放阀动作；

3）检查压力释放阀的密封是否完好；

4）如条件允许，可安排申请停电检修，对压力释放阀进行开启和关闭动作试验；

5）压力释放阀冒油，且瓦斯保护动作跳闸时，在未查明原因，故障未消除前不得将变压器投入运行；

6）若变压器有内部故障的征象时，应做进一步检查；

7）检查压力释放动作后喷出的油是否顺事故排油管排至事故油池，确认事故油池中的油没有往站外排水系统排放。

（四）变压器本体压力突变告警

1. 信号释义

在变压器器身上方侧面安有一个压力突变继电器，它通过管路与变压器油箱连通，内部故障时它感受到油流迅速流动，导致传动杆移动带动行程开关闭合，发出告警信息。

2. 信号产生原因

1）变压器本体内部故障油流迅速流动；

2）变压器本体压力突变继电器故障或二次回路故障。

3. 后果及危险点分析

变压器内部故障可能导致重瓦斯动作跳闸。

4. 监控处置要点

1）梳理告警信息，汇报调度，通知运维人员；

2）加强对运行变压器负载及油温的监视；

3）核实现场变压器运行情况；

4）跟踪现场检查结果及处理进度，做好相关记录和沟通汇报。

5. 运维处置要点

1）检查主变压器的本体油温、油位、负荷、声音等是否正常；

2）通知检修人员处理；

3）加强对运行变压器的巡视；

4）配合调度做好故障处理。

（五）变压器本体油温过高告警

1. 信号释义

该信号由温度计的微动开关（行程开关）来实现。油温高于超温告警过高限值时，温度计的指针到微动开关设定值，微动开关的动合触点就闭合，发出该信息。

2. 信号产生原因

1）变压器冷却器故障或全停；

2）变压器长期过负荷；

3）变压器本体内部轻微故障；

4）油面温度计、二次回路故障或散热器阀门未打开。

3. 后果及危险点分析

根据变压器绝缘老化“6 度法则”（当变压器温度在 80~140℃范围内，温度每升高 6℃，其绝缘老化速度将增加一倍，即绝缘寿命就降低 1/2），超出变压器允许温升情况下的长时间运行将严重损害变压器的寿命。温度持续上升，会造成绝缘性能下降，可能出现绝缘放电、火灾等严重事故。

4. 监控处置要点

1）检查变压器油温、绕组温度及负载情况；

2）检查是否有变压器冷却系统故障信息；

3）汇报调度，通知运维人员到站检查；

4）与现场核对油温显示是否一致，变压器冷却器是否运行正常；

5）加强对运行变压器负载及油温的监视；

6）跟踪现场检查结果及处理进度，做好相关记录和沟通汇报。

5. 运维处置要点

1）检查变压器本体上层油温表是否超过超温告警过高限值，与后台温度指示是否一致，并充分考虑气温、负荷的因素，判断是否为变压器温升异常；

2）检查变压器的负载和冷却介质的温度，并与在同一负载和冷却介质温度下正常的温度核对；

3）分别检查变压器冷却器是否开启，借助红外热成像仪检查变压器散热器温度，检查蝶阀开闭位置是否正确，检查变压器储油柜油位情况并与温度油位曲线对比；

4）检查变压器的气体继电器内是否积聚了气体；

5）后台检查主变压器三相电流如超过额定档额定电流（其余档位额定电流参照主变压器三侧额定电流、电压值表），应向调控中心申请立即降低负荷；

6）在正常负载和冷却条件下，变压器油温不正常并不断上升，且经检查证明温度指示正确，则认为变压器已发生内部故障，应立即向调控中心汇报并经许可后将变压器停运；

7）变压器的很多故障都有可能伴随急剧的温升，应检查运行电压是否过高，内部有无异常响声。

（六）变压器本体油温高告警

1. 信号释义

该信号由温度计的微动开关（行程开关）来实现。油温高于超温告警低限值时，温度计的指针到微动开关设定值，微动开关的动合触点就闭合，发出该信息。

2. 信号产生原因

1）变压器冷却器故障或全停；

2）变压器长期过负荷；

3）变压器本体内部轻微故障；

4）油面温度计、二次回路故障或散热器阀门未打开。

3. 后果及危险点分析

根据变压器绝缘老化“6 度法则”，超出变压器允许温升情况下的长时间运行将严重损害变压器的寿命。温度持续上升，会造成绝缘性能下降，可能出现绝缘放电、火灾等严重事故。

4. 监控处置要点

1）检查变压器油温、绕组温度及负载情况；

2）检查是否有变压器冷却系统故障信息；

3）汇报调度，通知运维人员到站检查；

4）与现场核对油温显示是否一致，变压器冷却器是否运行正常；

5）加强对运行变压器负载及油温的监视；

6）跟踪现场检查结果及处理进度，做好相关记录和沟通汇报。

5. 运维处置要点

1）检查变压器本体储油柜下方上层油温表是否超过超温告警低限值，与后台温度指示是否一致，并充分考虑气温、负荷的因素，判断是否为变压器温升异常；

2）检查变压器的负载和冷却介质的温度，并与在同一负载和冷却介质温度下正常的温度核对；

3）分别检查变压器冷却器是否开启，借助红外热成像仪检查变压器散热器温度，检

查蝶阀开闭位置是否正确，检查变压器储油柜油位情况并与温度油位曲线对比；

4）检查变压器的气体继电器内是否积聚了气体；

5）后台检查主变压器三相电流如超过额定档额定电流（其余档位额定电流参照主变压器三侧额定电流、电压值表），应向调控中心申请立即降低负荷；

6）在正常负载和冷却条件下，变压器油温不正常并不断上升，且经检查证明温度指示正确，则认为变压器已发生内部故障，应立即向调控中心汇报并经许可后将变压器停运；

7）变压器的很多故障都有可能伴随急剧的温升，应检查运行电压是否过高，内部有无异常响声。

（七）变压器本体绕组温度高告警

1. 信号释义

该信号由温度计的微动开关（行程开关）来实现。绕组温度高于超温告警限值时，温度计的指针到微动开关设定值，微动开关的动合触点就闭合，发出告警信号。

2. 信号产生原因

1）变压器冷却器故障或全停；

2）变压器长期过负荷；

3）变压器本体内部轻微故障；

4）绕组温度计损坏、二次回路故障或散热器阀门未打开。

3. 后果及危险点分析

根据变压器绝缘老化“6度法则”，超出变压器允许温升情况下的长时间运行将严重损害变压器的寿命。温度持续上升，会造成绝缘性能下降，可能出现绝缘放电、火灾等严重事故。

4. 监控处置要点

1）检查变压器油温、绕组温度及负载情况；

2）检查是否有变压器冷却系统故障信息；

3）汇报调度，通知运维人员到站检查；

4）与现场核对绕组温度显示是否一致，变压器冷却器是否运行正常；

5）加强对运行变压器负载及温度的监视；

6）跟踪现场检查结果及处理进度，做好相关记录和沟通汇报。

5. 运维处置要点

1）检查变压器本体储油柜下方上层油温表是否超过超温告警低限值，与后台温度指示是否一致，并充分考虑气温、负荷的因素，判断是否为变压器温升异常；

2）检查变压器的负载和冷却介质的温度，并与在同一负载和冷却介质温度下正常的温度核对；

3）分别检查变压器冷却器是否开启，借助红外热成像仪检查变压器散热器温度，检查蝶阀开闭位置是否正确，检查变压器储油柜油位情况并与温度油位曲线对比；

4）检查变压器的气体继电器内是否积聚了气体；

5）后台检查主变压器三相电流如超过额定档额定电流（其余档位额定电流参照主变压器三侧额定电流、电压值表），应向调控中心申请立即降低负荷；

6）在正常负载和冷却条件下，变压器油温不正常并不断上升，且经检查证明温度指示正确，则认为变压器已发生内部故障，应立即向调控中心汇报并经许可后将变压器停运；

7）变压器的很多故障都有可能伴随急剧的温升，应检查运行电压是否过高，内部有无异常响声。

（八）变压器本体油位异常

1. 信号释义

变压器本体油位过高或过低。当油位上升到最高油位或下降到最低油位时，本体油位计相应的干簧触点开关（或微动开关）接通，发出报警信号。

2. 信号产生原因

1）油位过高：

a. 大修后变压器本体储油柜加油过满；

b. 本体油位计损坏造成假油位；

c. 本体储油柜胶囊或隔膜破裂造成假油位；

d. 本体吸湿器堵塞；

e. 变压器本体部分油温急剧升高。

2）油位过低：

a. 变压器本体部分存在长期渗漏油，造成油位偏低；

b. 本体油位计损坏造成假油位；

c. 本体储油柜胶囊或隔膜破裂造成假油位；

d. 变压器本体部分油温急剧降低；

e. 工作放油后未及时加油或加油不足。

3. 后果及危险点分析

如果本体油位过低，将会影响变压器内部线圈的散热与绝缘，如果本体油位过高，可能造成油压过高，有导致变压器本体压力释放阀动作的危险。如果本体油位持续降低可能导致绕组线圈过热、绝缘击穿，甚至导致变压器重瓦斯保护动作跳闸。

4. 监控处置要点

1）汇报调度，通知运维人员到站检查；

2）与现场核对变压器实际油位是否偏高或偏低；

3）加强对运行变压器负载及温度的监视；

4）跟踪现场检查结果及处理进度，做好相关记录和沟通汇报。

5. 运维处置要点

1）检查主变压器本体有无渗漏油现象并消除。

2）根据温度油位曲线，检查主变压器本体储油柜油位表计指示值，正常运行油位与温度油位曲线相符。

3）当发现变压器的油面较当时油温所应有的油位显著降低时，应查明原因，并采取措施。同时检查事故油池中是否有明显的油渍漂浮在水面，确认事故油池中的油没有往站外排水系统排放。

4）当油位计的油面异常升高或呼吸系统有异常，需打开放气或放油阀时，本体应退出本体重瓦斯投退压板。

5）相同运行条件下历史数据对比判断。

二、有载调压机构（适用于有载调压变压器）

（一）变压器有载重瓦斯出口

1. 信号释义

变压器有载调压部分内部故障引起变压器油流涌动冲击挡板，接通有载调压气体继电器重瓦斯干簧触点，造成有载调压重瓦斯动作。

2. 信号产生原因

1）变压器有载调压分接开关内部故障或者接触不良，严重发热；

2）变压器有载调压分接开关气体继电器或存在接线盒二次信号回路短路故障；

3）气体继电器的定值误整定。

3. 后果及危险点分析

变压器各侧断路器跳闸，可能造成其他主变压器重过载；单台主变压器的变电站主

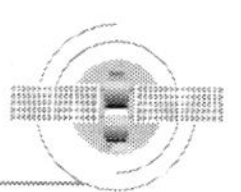

变压器故障跳闸可能造成本站 110、10kV 系统母线失压。

4. 监控处置要点

1）检查变压器各侧断路器位置及电流值，确认变压器各侧断路器已跳开。

2）梳理告警信息，查看备自投动作情况，是否有负荷损失，是否有消防类信息动作。

3）记录时间、站名、跳闸变压器编号、保护信息及负荷损失情况，汇报调度，通知运维人员检查设备。

4）加强对运行变压器负载及油温的监视，有条件时通过远程视频检查变压器油位、油色情况，有无爆炸、喷油、漏油；有载调压储油柜、压力释放阀和吸湿器是否破裂等。通过油色谱分析系统查看跳闸主变的油气分析结果。

5）跟踪现场检查结果及处理进度，做好相关记录和沟通汇报。

6）配合调度做好事故处理：

a. 若差动保护也同时动作，未经查明原因和消除故障之前，不得进行强送电。

b. 若差动保护未动作，在检查变压器外部无明显故障，检查瓦斯气体、油分析和故障录波装置动作情况，证明变压器内部无明显故障后，在系统需要时经变压器所属单位领导批准可试送一次。有条件时，应尽量进行零起升压。

5. 运维处置要点

1）立即查看监控后台机及保护相关信号，做好记录。迅速检查直流系统是否正常，检查 380V 母线电压是否正常。单台主变的变电站主变跳闸后应立即联系管辖区域调度通知当地线路维护单位对外来站用电线路做好特巡特护工作，确保外来站用电运行正常。

2）监控后台检查：主画面检查 1 号主变压器各侧断路器变位情况，检查 10kV 备自投动作情况，检查事故及告警信息。

3）保护（含故障录波）检查及报告打印。

4）一次设备检查：立即对变压器进行检查，查明动作原因，是否因油位降低、二次回路故障或是变压器内部故障造成的。现场检查主变压器气体继电器内部有无气体，若有气体应记录气体容量，压力释放装置是否动作，有无喷油，吸湿器有无喷油。检查变压器油温及绕组温度表并与历史温度进行比对分析，在查明原因消除故障之前不得将变压器投入运行。

5）站用电检查：检查 380V Ⅰ、Ⅱ段母线运行正常，否则手动倒换至备用电源供电。如果无法恢复站用电，应联系移动发电车到现场支援。

6）初步分析：变压器内部故障。

7）详细汇报：× 号主变压器有载重瓦斯保护动作出口，压力释放装置是否动作，变压器壳体外部是否有油迹，壳体是否变形，带有固定灭火装置的变压器还应汇报固定灭火装置的启动或动作情况，同时汇报主管部门。×× 电容器组低电压跳闸，跳开 ×× 断路器，检查一、二次设备无明显异常，保护正确动作。110、10kV 备自投动作情况，110、10kV 系统运行情况。

8）将打印出的保护装置事故跳闸报告及故障录波装置报告报送调控中心、继电保护专责及相关部门。

（二）变压器有载轻瓦斯告警

1. 信号释义

一般适用于真空有载开关，当变压器有载调压部分内部轻微故障或油箱内部有空气未排尽，接通有载调压气体继电器轻瓦斯干簧触点，造成有载调压轻瓦斯告警。

2. 信号产生原因

1）有载调压装置滤油、加油、换油等工作期间有空气进入；

2）变压器有载调压分接开关有轻微故障；

3）油温骤然下降或渗漏油使油位降低至下限；

4）存在接线盒二次信号回路短路或有载调压分接开关气体继电器本身故障。

3. 后果及危险点分析

有载调压装置内部轻微故障，无法正常调压。如果频繁发出轻瓦斯告警，内部故障情况恶化，可能导致重瓦斯动作跳闸。

4. 监控处置要点

1）梳理告警信息，汇报调度，通知运维人员现场检查；

2）加强对该变压器间隔信号的监视；

3）核实现场变压器有载调压运行情况；

4）申请将该变压器间隔 AVC 退出；

5）跟踪现场检查结果及处理进度，做好相关记录和沟通汇报；

6）消缺后及时申请将 AVC 投入。

5. 运维处置要点

1）核对站端后台告警信息。

2）检查变压器油温、油位，是否因聚集气体、油位降低、二次回路故障、接线盒进水受潮或是变压器内部故障造成。

3）当变压器一天内连续发生两次轻瓦斯报警时，应立即申请停电检查。

4）如气体继电器内有气体，应立即取气并进行气体成分分析；同时应立即启动在线油色谱装置分析或就近送油样进行分析。

5）若检测气体是可燃的或油中溶解气体分析结果异常，应立即申请将变压器停运。

6）若检测气体继电器内的气体为无色、无臭且不可燃，且油色谱分析正常，则变压器可继续运行，并及时消除进气缺陷。

7）在取气及油色谱分析过程中，应高度注意人身安全，严防设备突发故障。

8）通知专业人员处理。

9）加强对运行变压器的巡视并进行红外热成像测温。

10）将现场检查结果及处理进度，及时汇报调度和监控人员。

11）配合调度做好故障处理。

（三）变压器有载压力释放告警

1. 信号释义

当变压器有载调压部分内部故障压力不断增大到其开启压力时，有载调压压力释放阀动作，释放阀顶杆打开，与外界联通，释放变压器压力，防止变压器故障扩大。

2. 信号产生原因

1）有载调压分接开关内部故障，油压过大，从释放阀中喷出；

2）大修后有载调压分接开关注油过满；

3）有载调压分接开关压力释放阀触点绝缘降低或二次回路故障；

4）技改大修后投入或新投运的变压器送电前未将主变有载储油柜与调压开关油箱间的阀门打开造成运行后温度上升，油箱内部油体积膨胀。

3. 后果及危险点分析

变压器有载调压装置压力释放阀喷油。如果有载调压部分内部故障进一步恶化，可能导致调压重瓦斯动作跳闸。

4. 监控处置要点

1）梳理告警信息，汇报调度，通知运维人员；

2）加强对该变压器间隔信号的监视；

3）核实现场变压器有载调压运行情况；

4）申请将该变压器间隔 AVC 退出；

5）跟踪现场检查结果及处理进度，做好相关记录和沟通汇报；

6）消缺后及时申请将 AVC 投入。

5. 运维处置要点

1）压力释放阀冒油而变压器的气体继电器和差动保护等电气保护未动作时，应立即汇报有关部门及调控中心，并通知设备维护检修部门取变压器有载油样进行色谱分析，如果色谱正常，则怀疑压力释放阀动作是其他原因引起；

2）检查压力释放阀的密封是否完好；

3）如条件允许，可安排申请停电检修，对压力释放阀进行开启和关闭动作试验；

4）压力释放阀冒油，且瓦斯保护动作跳闸时，在未查明原因，故障未消除前不得将变压器投入运行；

5）若变压器有内部故障的征象时，应做进一步检查；

6）检查压力释放动作后喷出的油是否顺事故排油管排至事故油池，确认事故油池中的油没有往站外排水系统排放。

（四）变压器有载油位异常

1. 信号释义

变压器有载调压油位过高或过低。当油位上升到最高油位或下降到最低油位时，有载调压油位计相应的干簧触点开关（或微动开关）接通，发出报警信号。

2. 信号产生原因

1）油位过高：

a. 大修后变压器有载储油柜加油过满；

b. 有载油位计损坏造成假油位；

c. 有载吸湿器堵塞。

2）油位过低：

a. 有载油箱部分存在长期渗漏油，造成油位偏低；

b. 本体油位计损坏造成假油位；

c. 工作放油后未及时加油或加油不足。

3. 后果及危险点分析

油位过高可能导致变压器有载调压装置压力释放阀喷油；油位过低可能导致有载调压重瓦斯动作，还可能导致变压器损坏。

4. 监控处置要点

1）梳理告警信息，汇报调度，通知运维人员；

2）加强对该变压器间隔信号的监视；

3）核实现场变压器有载调压油位是否偏高或偏低；

4）申请将该变压器间隔 AVC 退出；

5）跟踪现场检查结果及处理进度，做好相关记录和沟通汇报；

6）消缺后及时申请将 AVC 投入。

5. 运维处置要点

1）检查主变压器有载有无渗漏油现象并消除；

2）根据温度油位曲线，检查主变压器有载储油柜油位表计指示值，正常运行油位与温度油位曲线相符；

3）当发现变压器的油面较当时油温所应有的油位显著降低时，应查明原因，并采取措施。同时检查事故油池中是否有明显的油渍漂浮在水面，确认事故油池中的油没有往站外排水系统排放；

4）当油位计的油面异常升高或呼吸系统有异常，需打开放气或放油阀时，本体应退出本体重瓦斯投退压板；

5）相同运行条件下历史数据对比判断。

（五）变压器过载闭锁有载调压

1. 信号释义

变压器过负荷运行时，禁止有载调压，所以有载开关内部对调档启动节点进行闭锁，同时发出此信号。

2. 信号产生原因

系统负荷增加，超过变压器过负荷界限。

3. 后果及危险点分析

变压器无法有载调压，如果长时间过负荷运行，会导致变压器损耗增大、输出电压降低、使用寿命减少。

4. 监控处置要点

1）梳理告警信息，查看变压器负载情况及油温，汇报调度，通知运维人员检查设备；

2）加强对该变压器间隔信号及油温负载的监视；

3）申请将该变压器间隔 AVC 退出；

4）跟踪现场检查结果及处理进度，做好相关记录和沟通汇报；

5）消缺后及时申请将 AVC 投入。

5. 运维处置要点

1）检查变压器负载及油温情况。

2）使用红外成像仪对主变压器各电压等级套管接头进行跟踪测温。

3）汇报调度，要求降低负荷。同时要加强对主变压器冷却系统、油温、绕组温度的监视。

（六）变压器有载调压调档异常

1. 信号释义

变压器有载调压分接开关在调档过程中出现滑档、拒动等异常情况或者与实际档位不符。

2. 信号产生原因

1）交流接触器剩磁或油污造成失电超时，顺序开关故障或交流接触器动作配合不当；

2）操作电源电压消失或过低；

3）有载调压电机及二次回路故障；

4）有载调压“远方 / 就地”切换开关在就地位置，远方控制失灵；

5）档位控制器故障；

6）调压间隔时间过短造成电机热继电器保护动作切断调压回路电源。

3. 后果及危险点分析

分接开关调档异常，造成本次调档失败或调档错误，可能无法继续正常调压。

4. 监控处置要点

1）梳理告警信息，查看变压器实际档位变化，通知运维人员检查设备；

2）申请将该变压器间隔 AVC 退出；

3）跟踪现场检查结果及处理进度，做好相关记录和沟通汇报；

4）消缺后及时申请将 AVC 投入。

5. 运维处置要点

1）检查变压器档位及有载调压开关情况。

2）若发生拒动，先检查下是否操作电源故障，能处理的立即处理，不能处理的通知检修人员处理。

3）若发生联动，断开调压电动机电源及操作电源，手动调整到适当的档位，并判断调压装置是否有异响。通知检修人员处理。

4）若分接开关实际位置与监控后台，集控系统显示不一致，则可能是档位变送器故障，通知检修人员处理。

（七）变压器有载调压电源消失

1. 信号释义

变压器有载调压控制或电机电源消失，发出该信号。

2. 信号产生原因

1）有载调压分接开关交流电源短路或缺相，交流电源空气开关跳闸；

2）有载调压分接开关直流失压或控制回路故障；

3）有载调压装置电机电源回路故障。

3. 后果及危险点分析

无法正常调压。

4. 监控处置要点

1）梳理告警信息，通知运维人员检查设备；

2）申请将该变压器间隔 AVC 退出；

3）核实现场有载调压电源运行情况；

4）跟踪现场检查结果及处理进度，做好相关记录和沟通汇报；

5）消缺后及时申请将 AVC 投入。

5. 运维处置要点

1）检查变压器有载调压控制电源及电机电源是否跳开；

2）若电源空气开关跳闸，可尝试手合一次，无法恢复时，无法恢复时通知检修人员处理；

3）检查站用电是否正常。

三、冷却器

（一）变压器冷却器全停

1. 信号释义

冷却系统两路电源全部故障。冷却器两组工作电源监视继电器的常闭触点串联后接入该信号回路。同时伴有该台变压器的冷却器故障、冷却器第一组电源消失、冷却器第二组电源消失等信号，此时风扇、油泵均停止运行。

2. 信号产生原因

1）两组冷却器电源消失；

2）一组冷却器电源消失后，自动切换回路故障，造成另一组电源不能投入；

3）冷却器控制回路或交流电源回路有短路现象，造成两组电源空气开关跳开。

3. 后果及危险点分析

变压器失去散热功能，可能导致变压器温度长时间过高，进而致使绝缘性能下降，影响设备寿命。

4. 监控处置要点

1）通知运维人员检查设备。

2）核实变压器冷却系统类型，如变压器属于强油风冷类型，应立即汇报调度。

3）加强对变压器负荷和油温的监视。自然油循环风冷变压器风机全停后，上层油温不超过 65℃，允许带额定负载运行，当超过 65℃且负荷、油温呈明显上升趋势时，应立即汇报调度员，申请转移部分负荷，控制上层油温不超过 65℃。强油循环风冷的变压器当油泵和风扇全部停止运行时，应在额定负载下允许运行时间 20min。当油面温度尚未达到 75℃，允许继续运行到顶层油温上升到 75℃，但冷却器全停后持续运行时间不能超过 1h，并做好变压器停役准备。

4）跟踪现场检查结果及处理进度，做好相关记录和沟通汇报。

5. 运维处置要点

1）对变压器进行检查，确认变压器风扇全停。

2）检查冷却器电源是否正常，空气开关是否有跳闸，测量两个空气开关上下端是否电压正常。

3）如一组电源消失或故障，另一组备用电源备自投不成功，则应检查备用电源是否正常，如正常，应立即手动将备用电源开关合上。

4）若两组电源均消失或故障、则应立即设法恢复电源供电。如站用电源屏空气开关跳开或熔断器熔断引起冷却器全停，应先检查冷却器控制箱内电源进线部分是否存在故障，及时排除故障。故障排除后，将各冷却器选择开关置于“停止 ”位置，再试送冷却器电源。若成功，再逐路恢复冷却器运行。若不成功，应仔细检查站用电电源是否正常，以及站用电至冷却器控制箱内电缆是否完好。

5）无法恢复时通知检修人员处理。

6）加强对变压器的巡视。

7）冷却器电源不能及时恢复且变压器负荷较高，油温达到报警值或升高趋势明显时，应立即上报调度，申请转移变压器负荷。

（二）变压器冷却器故障

1. 信号释义

任一组风扇、油泵故障发此信号。

2. 信号产生原因

1）冷却器的风扇或油泵电气过热，热耦继电器动作；

2）风扇、油泵本身故障（轴承损坏，摩擦过大等）；

3）电动机故障（缺相或断线）；

4）控制回路继电器故障；

5）回路绝缘损坏，冷却器组空气开关跳闸；

6）冷却器动力电源消失；

7）冷却器控制电源消失；

8）一组冷却器故障后，备用冷却器由于自动切换回路问题而不能自动投入。

3. 后果及危险点分析

故障冷却器退出运行，备用冷却器投入运行。如果备用、辅助冷却器故障，可能导致散热能力不足，变压器过热。

4. 监控处置要点

1）通知运维人员检查设备；

2）核实现场变压器冷却器运行状况；

3）加强对变压器负荷和油温的监视；

4）跟踪现场检查结果及处理进度，做好相关记录和沟通汇报。

5. 运维处置要点

1）检查变压器冷却器风扇及潜油泵运行状况；

2）将故障冷却器切至停止位置，检查备用冷却器有无自动投入，若无手动投入；

3）无法恢复时通知检修人员处理；

4）加强对变压器的巡视。

（三）变压器冷却器控制装置故障

1. 信号释义

冷却器控制电源失电或自动控制故障导致备用冷却器无法投入时发出此信号。

2. 信号产生原因

1）控制电源空气开关跳闸；

2）备用冷却器接触器故障；

3）备用冷却器启动继电器故障。

3. 后果及危险点分析

将造成备用冷却器无法投入或备用冷却器与工作、辅助冷却器同时投入。

4. 监控处置要点

1）通知运维人员检查设备；

2）核实现场冷却器控制装置运行状况；

3）加强对变压器负荷和油温的监视；

4）跟踪现场检查结果及处理进度，做好相关记录和沟通汇报。

5. 运维处置要点

1）检查变压器冷却器控制装置运行状况；

2）如冷却器控制电源空气开关跳闸，尝试恢复冷却器控制电源；

3）无法恢复时通知检修人员处理；

4）加强对变压器的巡视。

（四）变压器冷却器油泵故障

1. 信号释义

任一组油泵故障发此信号，由变压器相应的告警继电器触点发出。

2. 信号产生原因

1）油泵电源断相；

2）油泵电源短路；

3）油泵电机损坏。

3. 后果及危险点分析

油泵功能丧失，变压器散热能力下降，可能导致变压器温度异常升高，如果此时其他冷却器出现故障，对变压器寿命造成影响。

4. 监控处置要点

1）通知运维人员检查设备；

2）核实现场冷却器油泵运行状况；

3）加强对变压器负荷和油温的监视；

4）跟踪现场检查结果及处理进度，做好相关记录和沟通汇报。

5. 运维处置要点

1）检查变压器冷却器油泵故障情况；

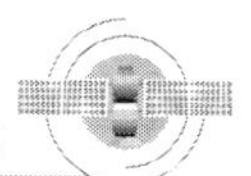

2）无法恢复时通知检修人员处理；

3）加强对变压器的巡视。

（五）变压器冷却器风扇故障

1. 信号释义

任一组风扇故障发此信号，由变压器相应的告警继电器触点发出。

2. 信号产生原因

1）风扇电源开关跳开；

2）风扇热耦继电器动作；

3）二次回路故障；

4）风扇电机损坏。

3. 后果及危险点分析

部分风扇停止运转，影响变压器散热，可能导致变压器温度异常升高，如果此时其他冷却器出现故障，对变压器寿命造成影响。

4. 监控处置要点

1）通知运维人员检查设备；

2）核实现场冷却器风扇运行状况；

3）加强对变压器负荷和油温的监视；

4）跟踪现场检查结果及处理进度，做好相关记录和沟通汇报。

5. 运维处置要点

1）检查变压器冷却器风扇故障情况；

2）若风扇空气开关跳开，尝试手合一次；

3）无法恢复时通知检修人员处理；

4）加强对变压器的巡视。

（六）变压器辅助冷却器投入

1. 信号释义

变压器温度或负荷达到整定值，辅助状态的冷却风扇投入运行时发出。

2. 信号产生原因

1）按上层油温启动：上层油温高于55℃时，辅助风扇启动，启动后即使油温低于55℃，经保持回路继续运行，当上层油温低于45℃时，辅助冷却器停止；不同厂家的变压器冷却器风扇启动的温度值存在一定差异，要以厂家技术说明为准。

2）按绕组温度启动：当绕组温度高于整定值时，辅助冷却器启动。

3）按负荷启动：当负荷电流高于整定值时，辅助冷却器启动。

3. 后果及危险点分析

无。

4. 监控处置要点

1）查看变压器负荷及油温，若负荷和油温较低，应通知运维人员检查辅助冷却器异常启动原因；

2）正常辅助冷却器投入，无需处理，但监控员应加强对变压器负荷和油温的监视，若油温继续上升，应立即汇报调度，通知运维人员检查；

3）跟踪现场检查结果及处理进度，做好相关记录和沟通汇报。

5. 运维处置要点

1）检查变压器辅助冷却器运行情况；

2）若变压器油温持续上升，应手动将所有风扇投入，并汇报调度；

3）加强对变压器的巡视。

（七）变压器备用冷却器投入

1. 信号释义

因有电源开关跳闸、风扇热偶继电器动作等原因，变压器冷却器任一工作风扇故障，备用状态风扇投入，由变压器相应的告警继电器触点发出。

2. 信号产生原因

1）工作冷却器故障；

2）辅助冷却器投入后故障。

3. 后果及危险点分析

工作或辅助冷却器停止运转，虽有备用冷却器投入，但仍可能影响变压器散热。

4. 监控处置原则

1）查看是否有冷却器故障或风扇故障等信息发出；

2）通知运维人员到站检查；

3）加强变压器负荷和油温的监视；

4）跟踪现场检查结果及处理进度，做好相关记录和沟通汇报。

5. 运维处置要点

1）检查变压器冷却器运行情况；

2）检查现场是存在故障冷却器；

3）无法恢复时通知检修人员处理；

4）加强对变压器的巡视。

（八）变压器冷却器第 × 组电源消失

1. 信号释义

变压器冷却系统第 × 组电源故障，或电源监视继电器故障，由电源监视继电器发出。

2. 信号产生原因

1）变压器冷却器第 × 组电源故障；

2）变压器冷却器电源监视继电器故障。

3. 后果及危险点分析

变压器冷却器失去备用 / 工作电源，如果此时另一组冷却器电源故障，则会导致冷却器全停。

4. 监控处置要点

1）通知运维人员到站检查；

2）核实现场冷却器运行情况，工作电源故障后，是否切换至备用电源；

3）加强变压器负荷和油温的监视；

4）跟踪现场检查结果及处理进度，做好相关记录和沟通汇报。

5. 运维处置要点

1）检查变压器冷却器运行情况，确认工作电源故障后，是否切换至备用电源；

2）检查故障电源的空气开关是否跳开，若已跳开可手合一次；

3）无法恢复时通知检修人员处理；

4）加强对变压器的巡视。

（九）变压器冷却器控制电源消失

1. 信号释义

变压器冷却器控制电源一般包括变压器冷却器电源自动投入控制回路、冷却器全停跳闸启动回路，控制电源失电后发出该信息。

2. 信号产生原因

1）直流电源失电；

2）直流电源监视继电器故障。

3. 后果及危险点分析

变压器冷却器失去直流控制电源，可能导致风扇全停。冷却器长时间停止，导致变压器温度异常升高。

4. 监控处置要点

1）通知运维人员到站检查；

2）核实现场冷却器运行情况；

3）加强变压器负荷和油温的监视；

4）跟踪现场检查结果及处理进度，做好相关记录和沟通汇报。

5. 运维处置要点

1）检查变压器冷却器运行情况；

2）检查冷却器控制电源空气开关是否跳开，若已跳开可手合一次；

3）无法恢复时通知检修人员处理；

4）加强对变压器的巡视。

四、在线滤油装置

（一）变压器在线滤油运转超时

1. 信号释义

有载调压开关配有在线滤油装置，用于清洁并干燥有载分接开关油箱中的绝缘油。滤油装置正常运行应设为“自动”工作方式，即在有载调压开关动作时自动启动运转，若在线滤油装置运行时间超过整定时限发此信号。

2. 信号产生原因

1）变压器在线滤油装置启动回路故障；

2）在线滤油装置超时整定时间有误。

3. 后果及危险点分析

在线滤油装置无法及时停止，长期运转可能造成电机损坏。

4. 监控处置要点

1）梳理告警信息，通知运维人员检查设备；

2）申请将该变压器间隔 AVC 退出；

3）跟踪现场检查结果及处理进度，做好相关记录和沟通汇报；

4）消缺后及时申请将 AVC 投入。

5. 运维处置要点

1）检查变压器在线滤油装置运行情况；

2）无法恢复时通知检修人员处理。

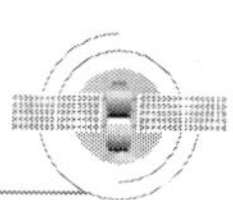

（二）变压器在线滤油异常

1. 信号释义

有载调压开关配有在线滤油装置，用于清洁并干燥有载分接开关油箱中的油。滤油装置正常运行应设为“自动”工作方式，即在有载调压开关动作时自动启动运转，若在线滤油装置异常发此信号。

2. 信号产生原因

变压器在线滤油装置内部板件或程序故障。

3. 后果及危险点分析

在线滤油装置无法正常工作。在线滤油装置无法正常完成滤油，可能导致分接开关油质下降。

4. 监控处置要点

1）梳理告警信息，通知运维人员检查设备；

2）申请将该变压器间隔 AVC 退出；

3）跟踪现场检查结果及处理进度，做好相关记录和沟通汇报；

4）消缺后及时申请将 AVC 投入。

5. 运维处置要点

1）检查变压器在线滤油装置运行情况；

2）无法恢复时通知检修人员处理。

第二节 断路器

断路器是指能导通、关合、开断正常电流与在设计范围内异常电流（如短路电流）的电气设备。按灭弧介质划分，我国常用的断路器为 SF_6 断路器与真空断路器。按操作机构划分，可分为液压机构、气动机构、弹簧机构和液簧机构四类断路器。

一、SF_6 断路器本体

（一）断路器 SF_6 气压低告警

1. 信号释义

当 SF_6 气体密度继电器监视得到的 SF_6 压力值低于预设定的告警值时，SF_6 气体密度控制器对应的辅助触点闭合，发出 SF_6 气压低告警信号。该信号用于反馈 SF_6 断路器的绝缘状态。

2. 信号产生原因

1）断路器本体存在泄漏点，例如充气阀密封不良处、法兰连接处、密度继电器接口、密封圈等；

2）SF_6 气体密度继电器损坏；

3）二次回路故障，辅助触点接触不良；

4）SF_6 气体在低温下体积压缩，甚至在断路器内部压力作用下 SF_6 气体部分液化，导致压力下降。

3. 后果及危险点分析

SF_6 气体压力过低将导致密度继电器动作，当压力低于报警值时，其触点闭合，发出低气压报警信号。当压力进一步降低时，导致断路器 SF_6 压力低闭锁，该触点切断了分、合闸控制回路。此时，若与本断路器有关设备故障，断路器无法正常跳开，可能发生越级跳闸事故，扩大事故范围。

4. 监控处置要点

1）梳理告警信号，通知运维人员到现场检查 SF_6 气体密度继电器的实际压力值，检查现场有无气体泄漏点；

2）提示运维人员观察 SF_6 气体压力的变化趋势，询问 SF_6 气体压力的额定压力值、报警压力值、闭锁压力值；

3）记录时间、站名、断路器编号、告警信息，汇报调度；

4）跟踪现场检查结果及处理进度，做好相关记录和沟通汇报。

5. 运维处置要点

1）检查压力表，查看信号报出是否正确，是否存在漏气现象，将检查结果汇报给监控。

2）若没有漏气，是由于运行正常压力降低或温度变化引起的压力降低，则报缺，请检修人员进行带电补气作业。

3）若漏气不明显，请检修人员进行定期带电补气。若漏气明显，则应报缺，申请停电处理，及时消缺。

4）若是气体密度继电器或二次回路故障造成误发信号，应对回路及继电器进行检查，及时消除相应缺陷。

5）如泄漏较大需停电处理，按调令改变运行方式，将断路器隔离。

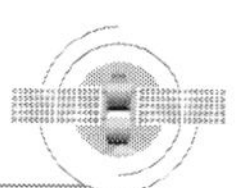

（二）断路器 SF_6 气压低闭锁

1. 信号释义

由 SF_6 气体密度继电器监视得到的 SF_6 压力值低于预设定的闭锁压力值，则发出 SF_6 气压低闭锁信号，闭锁断路器分、合闸回路。

2. 信号产生原因

1）断路器本体存在泄漏点，例如充气阀密封不良处、法兰连接处、密度继电器接口、密封圈等；

2）SF_6 气体密度继电器损坏；

3）二次回路故障，辅助触点接触不良等；

4）SF_6 气体在低温下体积压缩，甚至在断路器内部压力作用下 SF_6 气体部分液化，导致压力下降。

3. 后果及危险点分析

SF_6 气体压力过低将造成断路器分合闸闭锁，无法进行分合操作。若此时发生故障，断路器拒动可能引发越级跳闸，扩大事故范围。

4. 监控处置要点

1）梳理告警信号，通知运维人员到现场检查 SF_6 气体密度继电器的实际压力值，检查现场有无气体泄漏点；

2）提示运维人员观察 SF_6 气体压力的变化趋势，询问 SF_6 气体压力的额定压力值、报警压力值、闭锁压力值；

3）记录时间、站名、断路器编号、告警信息，汇报调度；

4）跟踪现场检查结果及处理进度，做好相关记录和沟通汇报。

5. 运维处置要点

1）检查压力表，查看信号报出是否正确，是否存在漏气现象，将检查结果汇报给监控。

2）若没有漏气，是由于运行正常压力降低或温度变化引起的压力降低，则报缺，请检修人员进行带电补气作业。

3）若漏气不明显，请检修人员进行定期带电补气。若漏气明显，则应报缺，申请停电处理，及时消缺。

4）若是气体密度继电器或二次回路故障造成误发信号，应对回路及继电器进行检查，及时消除相应缺陷。

5）若伴有断路器 SF_6 压力低告警和控制回路断线信号，应检查断路器操作箱控制回路状态，确定是两回控制回路均已断线还是只有一回断线。

二、液压机构

（一）断路器油压低分合闸总闭锁

1. 信号释义

断路器液压操作机构的油压值降低至分闸闭锁压力值，则发出断路器油压低分合闸总闭锁告警信号，通常伴有控制回路断线与合闸闭锁信号出现。

2. 信号产生原因

1）液压操作机构存在漏油点：油管连接处、法兰阀、密封圈等；

2）压力继电器损坏或继电器触点黏连误发信号；

3）液压操作机构二次控制回路故障或启动回路故障；

4）温度降低引起油的体积压缩，油压降低触发闭锁信号。

3. 后果及危险点分析

液压操作机构油压低将造成断路器分合闸总闭锁，无法进行分合操作。若此时发生故障，断路器拒动可能引发越级跳闸，扩大事故范围。

4. 监控处置要点

1）梳理告警信号，通过辅助综合监控系统查看现场有无明显的渗漏油痕迹；

2）通知运维人员到现场检查液压操作机构的油压值、闭锁合闸压力值、闭锁分闸压力值、油泵运转情况、油压变化趋势；

3）记录时间、站名、断路器编号、告警信息；

4）跟踪现场检查结果及处理进度，做好相关记录和沟通汇报。

5. 运维处置要点

1）到现场检查断路器液压操作机构的实际油压值，检查油泵的运转情况、机构是否存在渗漏油、监视压力变化情况，将检查结果汇报给监控；

2）若现场无渗漏油迹象，判断为是由于温度变化引起的油压降低，则由专业人员带电处理；

3）若现场压力表指示正常，则检查分闸闭锁继电器、二次回路是否误动作，结合相应情况进行处理；

4）若现场压力表指示异常，但未发现漏油，则检查油泵、储能电源是否正常工作，结合相应情况进行处理；

5）若现场发现渗漏油，应汇报调度和监控申请停电处理，根据调度指令做好安全措施，将故障断路器隔离。

（二）断路器油压低合闸闭锁

1. 信号释义

断路器液压操作机构的油压值降低至闭锁合闸压力值，闭锁断路器合闸，发出断路器油压低合闸闭锁信号。

2. 信号产生原因

1）液压操作机构存在漏油点：油管连接处、法兰阀、密封圈等；

2）压力继电器损坏或继电器触点黏连误发信号；

3）液压操作机构二次控制回路故障或启动回路故障；

4）温度降低引起油体积压缩，油压降低触发闭锁信号。

3. 后果及危险点分析

断路器液压操作机构油压低合闸闭锁将造成断路器无法进行合闸操作。

4. 监控处置要点

1）梳理告警信号，通过辅助综合监控系统查看现场有无明显的渗漏油痕迹；

2）通知运维人员到现场检查液压操作机构的油压值、闭锁合闸压力值、油泵运转情况、油压变化趋势；

3）记录时间、站名、断路器编号、告警信息；

4）跟踪现场检查结果及处理进度，做好相关记录和沟通汇报。

5. 运维处置要点

1）到现场检查断路器液压操作机构的实际油压值，检查油泵的运转情况、机构是否存在渗漏油、监视压力变化情况，将检查结果汇报给监控；

2）若现场无渗漏油迹象，判断为是由于温度变化引起的油压降低，则由专业人员带电处理；

3）若现场压力表指示正常，则检查分闸闭锁继电器、二次回路是否误动作，结合相应情况进行处理；

4）若现场压力表指示异常，但未发现漏油，则检查油泵、储能电源是否正常工作，结合相应情况进行处理；

5）若现场发现渗漏油，应汇报调度和监控申请停电处理，根据调度指令做好安全措施，将故障断路器隔离。

（三）断路器油压低重合闸闭锁

1. 信号释义

断路器液压操作机构的油压降低至闭锁重合闸压力值，闭锁断路器的重合闸，发出断路器油压低重合闸闭锁信号。

2. 信号产生原因

1）液压操作机构存在漏油点：油管连接处、法兰阀、密封圈等；

2）压力继电器损坏或继电器触点黏连误发信号；

3）液压操作机构二次控制回路故障或启动回路故障；

4）温度降低引起油体积压缩，油压降低触发闭锁信号。

3. 后果及危险点分析

断路器油压低重合闸闭锁，发生事故跳闸后，断路器将无法重合。

4. 监控处置要点

1）梳理告警信号，通过辅助综合监控系统查看现场有无明显的渗漏油痕迹；

2）通知运维人员到现场检查液压操作机构的油压值，查看重合闸闭锁压力值、油泵运转情况、油压变化趋势；

3）记录时间、站名、断路器编号、告警信息；

4）跟踪现场检查结果及处理进度，做好相关记录和沟通汇报。

5. 运维处置要点

1）到现场检查断路器液压操作机构的实际油压值，检查油泵的运转情况、机构是否存在渗漏油、监视压力变化情况，将检查结果汇报给监控；

2）若现场无渗漏油迹象，判断为是由于温度变化引起的油压降低，则由专业人员带电处理；

3）若现场压力表指示正常，则检查分闸闭锁继电器、二次回路是否误动作，结合相应情况进行处理；

4）若现场压力表指示异常，但未发现漏油，则检查油泵、储能电源是否正常工作，结合相应情况进行处理；

5）若现场发现渗漏油，应汇报调度和监控申请停电处理，根据调度指令做好安全措施，将故障断路器隔离。

（四）断路器氮气泄漏告警

1. 信号释义

液压机构的建压是通过油泵打压，由高压液压油推动活塞压缩氮气实现的。正常情况下，在电机运转的打压过程中油压不会迅速上升到告警值。如果发生氮气泄漏，电机打压，油压迅速上升，并在时间继电器未返回之前达到告警值，触发压力开关中相应的行程开关，发出“N_2 泄漏”告警信号。断路器氮气泄漏告警逻辑如图 1-1 所示。

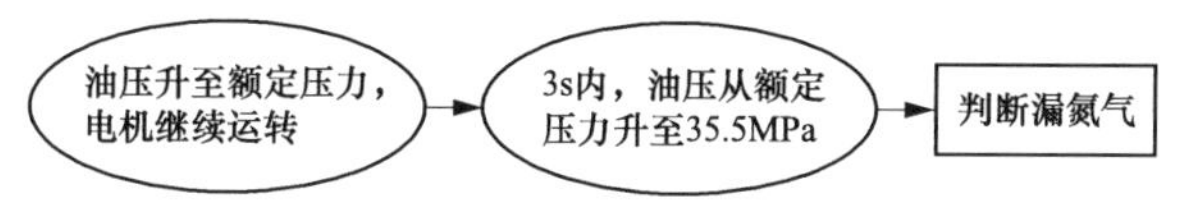

图 1-1　断路器氮气泄漏告警逻辑图

2. 信号产生原因

1）液压操作机构中存在氮气气体泄漏点；

2）压力继电器损坏或继电器触点黏连误发信号；

3）二次控制回路故障；

4）温度降低变化引起氮气体积压缩，影响压力值。

3. 后果及危险点分析

氮气压力持续降低，经延时后闭锁断路器分闸、合闸、重合闸，若此时发生事故，断路器将无法正常跳开，将扩大事故范围。

4. 监控处置要点

1）通知运维人员到现场检查氮气压力表的实际值，观察现场有无气体泄漏点，检查油泵是否正常工作；

2）记录时间、站名、断路器编号、告警信息；

3）跟踪现场检查结果及处理进度，做好相关记录和沟通汇报。

5. 运维处置要点

1）检查现场断路器运行的状态，检查氮气压力表的实际值、油泵油压值、油泵是否正常工作，将检查结果反馈给监控人员。

2）判断现场有无漏氮，若存在泄漏氮气情况，则应向调度申请停电处理，根据调度指令隔离故障设备。若判断现场未发生漏氮，则检查压力继电器与信号回路，并做出相应的处理，及时报缺处理。

（五）断路器氮气泄漏闭锁

1. 信号释义

当氮气泄漏较多时，油泵多次启动打压后活塞移动至挡板处，此时，压力仍未到达额定值，油泵继续运转打压。由于液体的不可压缩性，油压迅速上升至氮气泄漏告警值，延时闭锁开关分合闸回路。

2. 信号产生原因

1）液压操作机构中存在氮气泄漏点；

2）压力继电器损坏或继电器触点黏连误发信号；

3）二次控制回路故障；

4）温度降低变化引起氮气体积压缩，影响压力值。

3. 后果及危险点分析

闭锁断路器分合闸回路后，断路器无法进行分合闸操作。若此时发生事故，断路器将无法正常跳开，将扩大事故范围。

4. 监控处置要点

1）通知运维人员到现场检查氮气压力表的实际值，观察现场有无气体泄漏点，检查油泵是否正常工作；

2）记录时间、站名、断路器编号、告警信息；

3）跟踪现场检查结果及处理进度，做好相关记录和沟通汇报。

5. 运维处置要点

1）检查现场断路器运行的状态，检查氮气压力表的实际值、油泵油压值、油泵是否正常工作，将检查结果反馈给监控人员；

2）判断现场有无漏氮，若存在泄漏氮气情况，则应向调度申请停电处理，根据调度指令隔离故障设备；若判断现场未发生漏氮，则检查压力继电器与信号回路，并做出相应的处理，及时报缺处理。

（六）断路器油泵启动

1. 信号释义

当油压于启动值时，液压监控器 B1 的动合触点闭合，启动时间继电器 K15，时间继电器对应的触点闭合，启动油泵打压接触器 K9，其接入马达的动合触点闭合，马达启动，断路器开始打压。油压降低至油泵启动值，触发断路器油泵启动信号。

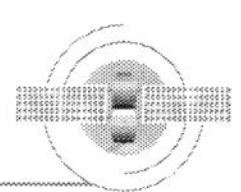

2. 信号产生原因

1）液压操作机构存在漏油点：油管连接处、法兰阀、密封圈等；

2）油泵二次控制回路故障，打压不能自动停止；

3）继电器触点黏连，误发信号。

3. 后果及危险点分析

机构频繁启动可能会损坏储能电机，若油压持续降低，将导致断路器分合闸闭锁。

4. 监控处置要点

1）若油泵频繁启动，应通知运维人员到站检查，询问油泵启动频率与油压情况；

2）记录时间、站名、断路器编号、告警信息；

3）跟踪现场检查结果及处理进度，做好相关记录和沟通汇报。

5. 运维处置要点

1）检查现场断路器油泵打压情况，检查油压值是否正常工作；

2）若油泵频繁打压，则报缺，请专业人员对油泵进行排气处理；

3）检查氮气是否存在泄漏现象，若由氮气泄漏引起的频繁打压，则需向调度申请停电处理，配合做好相关安全措施，隔离故障断路器。

（七）断路器油泵打压超时

1. 信号释义

电机启动时间过长，发出断路器油泵打压超时信号。

2. 信号产生原因

1）油泵损坏导致运转异常；

2）时间继电器功能错误或失效，行程开关接触不良；

3）高压放油阀等处有泄漏点；

4）油泵内存在异物不能重建；

5）继电器的触点黏连，导致油泵打压控制回路未被切断。

3. 后果及危险点分析

储能电机启动时间过长可能造成电机过热损坏，以及液压机构压力过高。

4. 监控处置要点

1）通知运维人员到站检查设备情况，询问启泵与停泵的压力值、油泵压力建立情况，以及油泵电机运转情况；

2）记录时间、站名、断路器编号、告警信息；

3）跟踪现场检查结果及处理进度，做好相关记录和沟通汇报。

5. 运维处置要点

1）检查现场断路器液压机构实际压力值，监视压力建立情况与油泵运转情况；

2）检查高压放油阀是否关紧，安全阀是否动作，机构是否有内漏和外漏现象，油面是否过低，吸油管有无变形，油泵低压侧有无气体等；

3）若油泵压力保持不住，则应报缺处理，并向调度申请停电处理；

4）将设备处理检查与处理情况及时汇报给监控人员。

（八）断路器液压油箱油位低

1. 信号释义

液压操作机构的油位低于设定值时，发出断路器液压油箱油位低信号。

2. 信号产生原因

1）液压操作机构存在漏油点：油管连接处、法兰阀、密封圈等；

2）继电器触点黏连误发告警信号；

3）温度降低引起油体积压缩，油压降低触发信号；

4）液压操作机构油箱内的油量确实已减少。

3. 后果及危险点分析

油位过低造成油压无法建立，将影响断路器分合闸操作。若此时发生事故，断路器将无法正常跳开，将扩大事故范围。

4. 监控处置要点

1）梳理告警信号，通知运维人员到站检查设备情况，询问断路器液压油箱的实际油位；

2）记录时间、站名、断路器编号、告警信息；

3）跟踪现场检查结果及处理进度，做好相关记录和沟通汇报。

5. 运维处置要点

1）检查现场断路器液压机构的实际油压，现场是否存在渗漏油现象；

2）若油压表显示正常，则检查继电器的触点是否存在黏连，二次回路是否正常，信号是否可以手动复归；

3）若在现场发现漏油情况，则应向调度申请停电处理，配合做好安全措施隔离故障断路器；

4）将设备处理检查与处理情况及时汇报给监控人员。

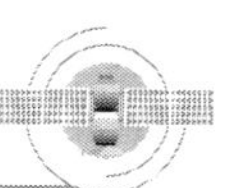

三、气动机构

（一）断路器气压低分合闸总闭锁

1. 信号释义

断路器气动操作机构的气压值降低至分合闸总闭锁压力值，发出断路器气压低分合闸总闭锁信号，该信号出现通常伴随控制回路断线、气压低合闸闭锁信号一起出现。

2. 信号产生原因

1）气动操作机构存在漏气点：管路连接处、安全阀、逆止阀、密封圈面等；

2）压力继电器损坏或继电器触点黏连误发信号；

3）气动操作机构二次控制回路故障或启动回路故障；

4）压缩机故障或电机电源断开，导致无法正常建压。

3. 后果及危险点分析

气动操作机构气压低可能造成断路器分合闸总闭锁，无法进行断路器的分合操作。若此时发生故障，断路器无法分闸切断故障线路，扩大事故影响范围。

4. 监控处置要点

1）梳理告警信号，通知运维人员，询问现场气动操作机构的气压值、闭锁合闸压力值、闭锁分闸压力值、气压变化趋势；

2）记录时间、站名、断路器编号、告警信息；

3）跟踪现场检查结果及处理进度，做好相关记录和沟通汇报。

5. 运维处置要点

1）到现场检查现场压力表是否指示正常，若正常继续检查各类继电器触点、二次回路是否误动作，结合相应情况进行处理；

2）若压力表本体正常，数值异常，检查空气压缩机、电机电源是否正常工作，若发现异常，应及时在系统上填报缺陷；

3）若现场发现气动操作机构存在漏气现象，应汇报调度和监控申请停电处理，根据调度指令做好安全措施，将故障断路器隔离；

4）将检查结果与消缺过程反馈给监控与调度人员。

（二）断路器气压低合闸闭锁

1. 信号释义

断路器气动操作机构的空气压力降低至闭锁合闸压力值，发出断路器气压低合闸闭锁信号，闭锁断路器合闸回路。

2. 信号产生原因

1）气动操作机构存在漏气点：管路连接处、安全阀、逆止阀、密封圈面等；

2）压力继电器损坏或继电器触点黏连误发信号；

3）气动操作机构二次控制回路故障或启动回路故障；

4）压缩机故障或电机电源断开，导致无法正常建压。

3. 后果及危险点分析

断路器气动操作机构气压低合闸闭锁将造成断路器无法进行合闸操作，可能会延误送电。

4. 监控处置要点

1）梳理告警信号，通知运维人员，询问现场气动操作机构的气压值、闭锁合闸压力值、气压变化趋势；

2）记录时间、站名、断路器编号、告警信息；

3）跟踪现场检查结果及处理进度，做好相关记录和沟通汇报。

5. 运维处置要点

1）到现场检查断路器气动操作机构的实际压力值，若现场压力表指示正常，则继续检查各类继电器触点、二次回路是否误动作，结合相应情况进行处理；

2）若压力表本体正常，数值异常，检查空气压缩机、电机电源是否正常工作，若发现异常，应及时在系统上填报缺陷；

3）若现场发现气动操作机构存在漏气现象，应汇报调度和监控申请停电处理，根据调度指令做好安全措施，将故障断路器隔离；

4）将检查结果与消缺过程反馈给监控与调度人员。

（三）断路器气压低重合闸闭锁

1. 信号释义

断路器气动操作机构的气压降低至闭锁重合闸压力值，发出断路器气压低重合闸闭锁信号，闭锁断路器的重合闸回路。

2. 信号产生原因

1）气动操作机构存在漏气点：管路连接处、安全阀、逆止阀、密封圈面等；

2）压力继电器损坏或继电器触点黏连误发信号；

3）气动操作机构二次控制回路故障或启动回路故障；

4）压缩机故障或电机电源断开，导致无法正常建压。

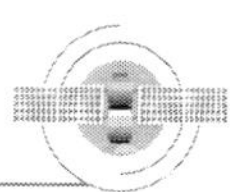

3. 后果及危险点分析

断路器气压低重合闸闭锁，发生事故跳闸后，断路器将无法完成重合。

4. 监控处置要点

1）梳理告警信息，通知运维人员，询问现场气动操作机构的气压值、额定压力值、闭锁重合闸压力值、气压变化趋势；

2）记录时间、站名、断路器编号、告警信息；

3）跟踪现场检查结果及处理进度，做好相关记录和沟通汇报。

5. 运维处置要点

1）到现场检查断路器气动操作机构的实际压力值，若现场压力表指示正常，则继续检查各类继电器触点、二次回路是否误动作，结合相应情况进行处理；

2）若压力表本体正常，数值异常，检查空气压缩机、电机电源是否正常工作；

3）若现场发现气动操作机构存在漏气现象，应汇报调度和监控申请停电处理，根据调度指令做好安全措施，将故障断路器隔离；

4）将检查结果与消缺过程反馈给监控与调度人员。

（四）断路器气泵启动

1. 信号释义

气动操作机构的空气压力降低至启动值，空气压缩机启动建压，并发出断路器气泵启动信号。

2. 信号产生原因

1）气动操作机构存在漏气点：管路连接处、安全阀、逆止阀、密封圈面等；

2）气动操作机构二次控制回路故障，打压不能自动停止；

3）继电器触点黏连，误发信号。

3. 后果及危险点分析

机构频繁启动可能会损坏储能电机，若气压持续降低，将导致断路器分合闸闭锁。

4. 监控处置要点

1）若空气压缩机频繁启动，应通知运维人员到站检查，询问空气压缩机启动频率与气压情况；

2）记录时间、站名、断路器编号、告警信息；

3）跟踪现场检查结果及处理进度，做好相关记录和沟通汇报。

5. 运维处置要点

1）到检查现场断路器空气压缩机打压情况，检查气压值是否正常工作；

2）若空气压缩机频繁打压，检查气动操作机构是否存在漏气现象，若发现漏气，则应立即填报缺陷，必要时向调度申请停电处理，配合做好安全措施隔离故障断路器；

3）将检查结果与消缺过程反馈给监控与调度人员。

（五）断路器气泵打压超时

1. 信号释义

空气压缩机启动时间过长，发出断路器气泵打压超时信号，闭锁空气压缩机的电机回路。

2. 信号产生原因

1）气动操作机构存在漏气点：管路连接处、安全阀、逆止阀、泄压阀、密封圈面等；

2）空气压缩机损坏导致运转异常；

3）时间继电器损坏或功能故障；

4）继电器的触点黏连，导致气泵打压控制回路未被切断。

3. 后果及危险点分析

空气压缩机启动时间过长可能造成电机过热损坏，以及气动机构压力过高。

4. 监控处置要点

1）梳理告警信息，通知运维人员到站检查设备情况，询问启泵与停泵的压力值、空气压缩机实际压力值、电机运转情况；

2）记录时间、站名、断路器编号、告警信息；

3）跟踪现场检查结果及处理进度，做好相关记录和沟通汇报。

5. 运维处置要点

1）检查现场断路器气动操作机构实际压力值，监视压力建立情况与空气压缩机运转情况；

2）检查时间继电器、空气压缩机、二次控制回路是否工作正常，并针对具体问题进行相应报缺处理；

3）检查气动操作机构是否存在漏气现象，若发现漏气，则应及时填报缺陷，并向调度申请停电处理，根据调度指令做好隔离故障断路器的相关倒闸操作；

4）将检查结果与消缺过程反馈给监控与调度人员。

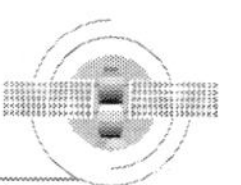

（六）断路器气泵压力高告警

1. 信号释义

气动操作机构的空气压力值升高至告警值，发出断路器气泵压力高告警信号。

2. 信号产生原因

1）压力开关损坏或触点故障；

2）高气压报警继电器触点粘连误发信号。

3. 后果及危险点分析

空气压力值持续升高将使得安全阀动作。

4. 监控处置要点

1）梳理告警信息，通知运维人员到站检查设备情况，询问现场气泵压力值、告警值、压力变化趋势；

2）记录时间、站名、断路器编号、告警信息；

3）跟踪现场检查结果及处理进度，做好相关记录和沟通汇报。

5. 运维处置要点

1）检查现场断路器气动操作机构实际压力值，监视压力变化情况，若压力表显示正常，则检查高气压报警继电器触点、压力开关触点是否正常；

2）若压力表数值异常，应及时填报缺陷，请检修人员进行处理；

3）将检查结果与消缺过程及时反馈给监控人员。

（七）断路器气泵压力低告警

1. 信号释义

气动操作机构的空气压力值降低至告警值，发出断路器气泵压力高告警信号。

2. 信号产生原因

1）气动操作机构存在漏气点：管路连接处、安全阀、逆止阀、泄压阀、密封圈面等；

2）压力继电器损坏或继电器触点黏连误发信号；

3）气动操作机构二次控制回路故障；

4）空气压缩机故障或电机电源断开，导致无法正常建压。

3. 后果及危险点分析

若气压持续降低，将闭锁断路器分合闸。

4. 监控处置要点

梳理告警信息，通知运维人员到站检查设备情况，询问实际压力值、告警值、压力变化趋势，做好相应记录，并进行跟踪。

5. 运维处置要点

1）检查现场断路器气动操作机构实际压力值，监视压力变化情况，若压力表指示正常，则检查继电器触点、压力开关触点是否存在黏连误发信号的情况；

2）若现场发现气动操作机构存在漏气现象，应汇报调度和监控申请停电处理，根据调度指令做好隔离故障断路器的相关倒闸操作；

3）将检查结果与消缺过程及时反馈给监控人员。

四、弹簧机构

1. 信号释义

断路器的合闸弹簧未储能，或合闸操作之后弹簧储能能量释放，发出断路器弹簧未储能信号。

2. 信号产生原因

1）断路器正常合闸后发出该信号；

2）断路器储能电机损坏；

3）断路器储能电机电源消缺或控制回路故障；

4）断路器储能限位开关接触不良。

3. 后果及危险点分析

弹簧未储能无法完成断路器的合闸操作，跳闸后也无法进行重合闸。若此时与该断路器有关的设备故障，断路器无法重合闸，造成负荷丢失。

4. 监控处置要点

1）梳理告警信息，通知运维人员到站检查设备情况，询问现场设备的实际储能状态，并汇报调度；

2）记录时间、站名、断路器编号、告警信息；

3）跟踪现场检查结果及处理进度，做好相关记录和沟通汇报。

5. 运维处置要点

1）检查断路器弹簧储能状态与电机电源正常，则检查接触器是否卡涩，如卡涩则按接触器上的复归按钮，否则为电机回路故障；

2）检查断路器机构箱内电机电源转换开关电压不正常，检查断路器汇控箱内“打压电源开关”；

3）检查交流回路以及控制回路是否故障；

4）检查储能限位开关、电机电源、储能电机是否正常，必要时应向调度申请停电处理；

5）将检查结果与消缺过程及时反馈给监控人员。

五、液簧操作机构

（一）断路器油压低分合闸总闭锁

1. 信号释义

断路器液簧操作机构的油压降低至分闸闭锁压力，通常伴有控制回路断线与合闸闭锁信号。

2. 信号产生原因

1）液簧操作机构存在漏油点：油管连接处、法兰阀、密封圈等；

2）压力继电器损坏或继电器触点黏连误发信号；

3）液簧操作机构二次控制回路故障或启动回路故障；

4）温度降低引起油体积压缩，油压降低触发闭锁信号。

3. 后果及危险点分析

液簧操作机构油压低将造成断路器分合闸总闭锁，无法进行分合操作。若此时发生故障，断路器拒动可能引发越级跳闸，扩大事故范围。

4. 监控处置要点

1）梳理告警信号，通知运维人员，询问现场液簧操作机构的油压值、闭锁合闸压力值、闭锁分闸压力值、油泵运转情况、油压变化趋势；

2）记录时间、站名、断路器编号、告警信息；

3）跟踪现场检查结果及处理进度，做好相关记录和沟通汇报。

5. 运维处置要点

1）到现场检查断路器液簧操作机构的实际油压值；

2）检查油泵的运转情况、机构是否存在渗漏油、监视压力变化情况；

3）若是由于温度变化引起的油压降低，则填报缺陷，由检修人员带电处理；

4）若压力表指示正常，则检查继电器触点、二次回路是否存在触点黏连误发信号的情况；

5）若现场发现液簧系统渗漏油，应汇报调度和监控申请停电处理，根据调度指令做好隔离故障断路器的相关倒闸操作；

6）将检查结果与消缺过程及时反馈给监控人员。

（二）断路器油压低合闸闭锁

1. 信号释义

断路器液簧操作机构的油压降低至闭锁合闸压力值，闭锁断路器合闸。

2. 信号产生原因

1）液簧操作机构存在漏油点：油管连接处、法兰阀、密封圈等；

2）压力继电器损坏或继电器触点黏连误发信号；

3）液簧操作机构二次控制回路故障或启动回路故障；

4）温度降低引起油体积压缩，油压降低触发闭锁信号。

3. 后果及危险点分析

断路器液簧操作机构油压低合闸闭锁将造成断路器无法进行合闸操作。

4. 监控处置要点

1）梳理告警信号，通知运维人员，询问现场液簧操作机构的油压值、闭锁合闸压力值、油泵运转情况、油压变化趋势；

2）记录时间、站名、断路器编号、告警信息；

3）跟踪现场检查结果及处理进度，做好相关记录和沟通汇报。

5. 运维处置要点

1）到现场检查断路器液簧操作机构的实际油压值；

2）检查油泵的运转情况、机构是否存在渗漏油、监视压力变化情况；

3）若是由于温度变化引起的油压降低，则填报缺陷，由检修人员带电处理；

4）若压力表指示正常，则检查继电器触点、二次回路是否存在触点黏连误发信号的情况；

5）若现场发现液簧系统渗漏油，应汇报调度和监控申请停电处理，根据调度指令做好隔离故障断路器的相关倒闸操作；

6）将检查结果与消缺过程及时反馈给监控人员。

（三）断路器油压低重合闸闭锁

1. 信号释义

断路器液簧操作机构的油压降低至闭锁重合闸压力值，闭锁断路器的重合闸。

2. 信号产生原因

1）液簧操作机构存在漏油点：油管连接处、法兰阀、密封圈等；

2）压力继电器损坏或继电器触点黏连误发信号；

3）液簧操作机构二次控制回路故障或启动回路故障；

4）温度降低引起油体积压缩，油压降低触发闭锁信号。

3. 后果及危险点分析

断路器油压低重合闸闭锁，发生事故跳闸后，断路器将无法重合。

4. 监控处置要点

1）梳理告警信号，通知运维人员，询问现场液簧操作机构的油压值、闭锁重合闸压力值、油泵运转情况、油压变化趋势；

2）记录时间、站名、断路器编号、告警信息；

3）跟踪现场检查结果及处理进度，做好相关记录和沟通汇报。

5. 运维处置要点

1）到现场检查断路器液簧操作机构的实际油压值；

2）检查油泵的运转情况、机构是否存在渗漏油、监视压力变化情况；

3）若是由于温度变化引起的油压降低，则填报缺陷，由检修人员带电处理；

4）若压力表指示正常，则检查继电器触点、二次回路是否存在触点黏连误发信号的情况；

5）若现场发现液簧系统渗漏油，应汇报调度申请停电处理，根据调度指令做好隔离故障断路器的相关倒闸操作；

6）将检查结果与消缺过程及时反馈给监控人员。

（四）断路器油泵启动

1. 信号释义

液簧操作机构的油压降低至油泵启动值，回路继电器动作，触发断路器油泵启动信号。

2. 信号产生原因

1）液簧操作机构存在漏油点：油管连接处、法兰阀、密封圈等；

2）油泵二次控制回路故障，打压不能自动停止；

3）继电器触点黏连，误发信号。

3. 后果及危险点分析

机构频繁启动可能会损坏储能电机，若油压持续降低，将导致断路器分合闸闭锁。

4. 监控处置要点

1）梳理告警信息，若油泵频繁启动，应通知运维人员到站检查，询问油泵启动频率与油压情况；

2）记录时间、站名、断路器编号、告警信息；

3）跟踪现场检查结果及处理进度，做好相关记录和沟通汇报。

5. 运维处置要点

1）检查现场断路器油泵打压情况，检查油压值是否正常工作；

2）检查氮气是否存在泄漏现象，若由氮气泄漏引起的频繁打压，应汇报调度申请停电处理，根据调度指令做好隔离故障断路器的相关倒闸操作；

3）将检查结果与消缺过程及时反馈给监控人员。

（五）断路器油泵打压超时

1. 信号释义

电机启动时间过长，发出断路器油泵打压超时信号。

2. 信号产生原因

1）油泵损坏导致运转异常；

2）时间继电器功能错误或失效，行程开关接触不良；

3）高压放油阀等处有泄漏点；

4）油泵内存在异物不能重建；

5）继电器的触点黏连，导致油泵打压控制回路未被切断。

3. 后果及危险点分析

储能电机启动时间过长可能造成电机过热损坏，以及液压机构压力过高。

4. 监控处置要点

1）梳理告警信息，通知运维人员到站检查设备情况，询问启泵与停泵的压力值、油泵压力建立情况，以及油泵电机运转情况；

2）记录时间、站名、断路器编号、告警信息；

3）跟踪现场检查结果及处理进度，做好相关记录和沟通汇报。

5. 运维处置要点

1）检查现场断路器液压机构实际压力值，监视压力建立情况与油泵运转情况；

2）现场处置：检查高压放油阀是否关紧、安全阀是否动作、油面是否过低等；

3）若油泵压力保持不住，则应向调度申请停电处理。应汇报调度申请停电处理，根据调度指令做好隔离故障断路器的相关倒闸操作；

4）将检查结果与消缺过程及时反馈给监控人员。

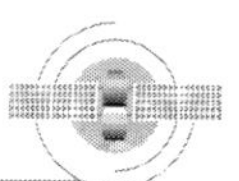

六、通用异常信号

（一）间隔事故总

1. 信号释义

断路器因故障跳闸或误跳，发出间隔事故总信号。

合后位置继电器（KKJ）触点串接跳位继电器（TWJ）触点，当保护动作时，开关处于合后位置（KKJ=1），断路器在跳闸位置（TWJ=1），KKJ 与 TWJ 的动合触点闭合形成通路，发出间隔事故总信号。

2. 信号产生原因

线路故障、设备故障等原因引起断路器跳闸，或者断路器发生误跳。

3. 后果及危险点分析

无。

4. 监控处置要点

1）梳理告警信号，判断是否存在保护动作，通知运维人员到站核查断路器跳闸情况，将事故信息及时汇报给调度；

2）记录跳闸时间、站名、跳闸线路、故障信息、保护动作信息、重合闸动作情况；

3）跟踪现场检查结果及处理进度，做好相关记录和沟通汇报。

5. 运维处置要点

1）到现场核实断路器的位置信息，保护的动作情况，查看故障录波详情，若有发现故障跳闸情况，应及时汇报给调度与监控；

2）若仅有间隔事故总信号，现场断路器没有跳闸，则可以尝试手动复归，无法复归时，检查断路器的辅助触点、合后位置触点、跳闸位置触点是否损坏，回路是否正确，联系检修人员进行处理，将检查结果与消缺过程及时反馈给监控人员。

（二）断路器机构三相不一致跳闸

1. 信号释义

断路器三相位置不一致时，发出断路器机构三相不一致跳闸信号。

断路器的一组 A、B、C 三相动合触点并联，另一组 A、B、C 三相动断触点并联，动断触点与动合触点串联。当断路器出现只有一相或者两相合闸时，断路器的两组触点中总有触点处于导通状态，触发继电器动作发出断路器机构三相不一致跳闸信号，如图 1-2 所示。

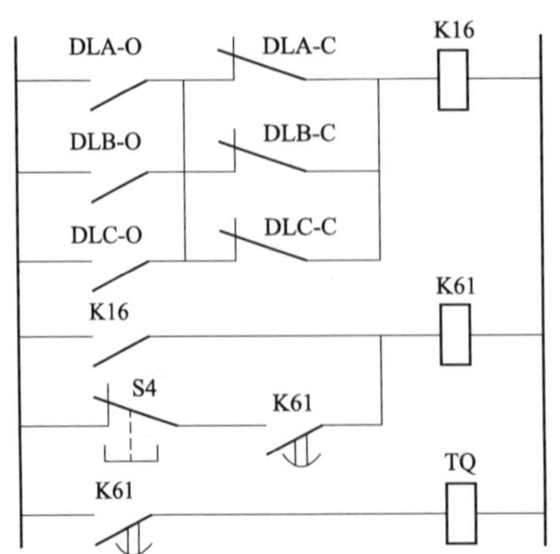

图 1-2　断路器机构三相不一致跳闸信号逻辑图

2. 信号产生原因

1）断路器的三相位置不一致；

2）断路器的位置触点损坏。

3. 后果及危险点分析

断路器缺相运行，在时间继电器的阈值之后，将会让断路器三相跳闸。

4. 监控处置要点

1）梳理告警信号，查看监控主机上断路器位置与三相电流是否正常；

2）通知运维人员到现场检查设备情况，将事故信息及时汇报给调度；

3）记录跳闸时间、站名、跳闸线路、故障信息、保护动作信息、重合闸动作情况；

4）跟踪现场检查结果及处理进度，做好相关记录和沟通汇报。

5. 运维处置要点

1）到现场检查断路器位置信息，若断路器确实发生非全相运行，值班监控员、厂站运行值班人员及输变电设备运维人员应立即拉开该断路器，并立即汇报值班调度员。若断开非全相断路器将导致供电负荷损失，则值班监控员、厂站运行值班人员及输变电设备运维人员应立即试合一次该断路器，若仍合不上应立即断开该断路器。

2）运维人员应立即检查断路器 A、B、C 三相机械指示实际位置，如果断路器三相均在合闸位置，保护装置误发告警信号，马上退出断路器三相不一致保护压板，检查位置触点是否损坏、二次回路是否存在异常，根据相应问题进行缺陷填报，由检修人员进行缺陷处理，将检查结果与消缺过程及时反馈给监控人员。

（三）断路器储能电机故障

1. 信号释义

断路器储能电机电源跳开，发出断路器储能电机故障信号。

2. 信号产生原因

1）储能电源空气开关跳闸；

2）电机故障或二次控制回路故障。

3. 后果及危险点分析

断路器操作一次合、分闸后，其操作机构无法再次储能，此时断路器将无法合闸。若此时与该断路器相关的线路需要送电，将延长送电时间。

4. 监控处置要点

1）梳理告警信息，通知运维人员到现场检查断路器的储能状态；

2）记录时间、站名、断路器编号、告警信息；

3）跟踪现场检查结果及处理进度，做好相关记录和沟通汇报。

5. 运维处置要点

1）到现场检查断路器的储能状态，检查储能电机、储能电源空气开关、储能回路是否正常，如未发现故障，可以根据调度指令进行试合闸一次。

2）将检查结果与消缺过程及时反馈给监控人员。

（四）断路器加热器故障

1. 信号释义

断路器机构箱内加热器电源回路跳开，发出断路器加热器故障。

2. 信号产生原因

1）加热器电源空气开关故障跳开；

2）加热器故障或二次控制回路故障。

3. 后果及危险点分析

断路器机构箱内加热器不能正常工作，导致机构箱内容易发生受潮结露。特别是在雨雪天气，端子排等设备受潮容易造成二次回路故障，可能造成设备拒动或误动。

4. 监控处置要点

1）梳理告警信号，通知运维人员到现场检查加热器的工作情况；

2）记录时间、站名、断路器编号、告警信息；

3）跟踪现场检查结果及处理进度，做好相关记录和沟通汇报。

5. 运维处置要点

1）到现场检查加热器的电源空气开关是否跳闸，加热器本体是否存在故障，若加热器确已损坏，应及时在系统上填报缺陷，由检修人员进行更换；

2）将检查结果与消缺过程及时汇报给监控人员。

七、控制回路

（一）断路器第 x 组控制回路断线

1. 信号释义

断路器控制回路不完好，或控制电源消失，用来监视断路器二次控制回路是否完整。

断路器控制回路监视回路如图 1–3 所示，跳位继电器（TWJ）和合位继电器（HWJ）的动断触点串接，构成控制回路断线信号。当跳位继电器（TWJ）和合位继电器（HWJ）同时失磁，其对应的动断触点均闭合，发出断路器控制回路断线信号。

图 1–3　断路器控制回路监视回路

2. 信号产生原因

1）外部原因：

a）控制电源空气开关跳开，或回路失去电源；

b）手车开关电源插件没插好或手车开关没有推到预备位或工作；

c）断开器的储能电源开关断开；

d）断路器汇控柜内的远 / 近控开关在“就地”位置；

e）SF_6 低气压闭锁动作。

2）分闸状态时的原因：

a）动断触点（DL）异常；

b）弹簧储能电机的相关辅助触点松动或异常导致弹簧储能触点（S1）断开；

c）合闸线圈故障烧坏导致合闸回路断线；

d）触点由于合闸闭锁电磁铁故障不励磁而不能闭合，使合闸回路断线；

e）合闸回路中其他电气元件故障，导致合闸回路断开。

3）分闸状态时的原因：

a）动合触点（DL）异常；

b）分闸线圈故障烧坏导致分闸回路断线；

c）分闸回路中其他电气元件故障，导致分闸回路断开。

3. 后果及危险点分析

断路器不能进行分合闸操作。断路器出现控制回路断线信号时，若断路器处于分闸状态，则不能合闸；若断路器处于合闸状态，则不能分闸。

4. 监控处置要点

1）在监控主机上查看该间隔是否有弹簧未储能、气压低等信号；

2）通知运维人员到现场检查设备状态，汇报调度；

3）跟踪现场检查结果及处理进度，做好相关记录和沟通汇报。

5. 运维处置要点

1）查看指示灯是否正常，以此判断控制回路是否断线；

2）到现场检查控制电源空气开关是否合上、断路器是否已储能、压力值是否正常、“远方 / 就地”切换断路器位置是否正确；

3）检查合闸线圈、跳闸线圈是否有损坏，检查二次回路是否完好；

4）将检查结果与消缺过程及时汇报给监控人员。

（二）断路器第 × 组控制电源消失

1. 信号释义

断路器控制电源断开或回路失电，发出断路器第 × 组控制电源消失信号。

2. 信号产生原因

1）控制直流电源消失；

2）控制电源空气开关跳开。

3. 后果及危险点分析

断路器的控制电源消失将影响分合闸操作，第一组控制电源消失将导致断路器无法合闸，两组控制电源均消失，将导致断路器既无法分闸也无法合闸。若此时与本断路器有关的线路或设备发生故障需要跳闸，则断路器无法跳开，可能扩大事故范围。

4. 监控处置要点

1）梳理告警信号，通知运维人员到现场检查设备状态；

2）记录时间、站名、断路器编号、告警信息，汇报调度；

3）跟踪现场检查结果及处理进度，做好相关记录和沟通汇报。

5. 运维处置要点

1）到现场检查控制回路电源空气开关，若发现现场控制电源空气开关跳开，在检查无其他异常的情况下，可手动试合一次；

2）若试合不成功，应检查直流系统、二次回路是否存在异常，及时在系统上填报缺陷；

3）将检查结果与消缺过程及时汇报给调度与监控人员。

第三节　组合电器

气体绝缘全封闭组合电器（gas insulated substation，GIS）由断路器、隔离开关、接地开关、互感器、避雷器、母线、连接件和出线终端等组成，这些设备或部件全部封闭在金属接地的外壳中，在其内部充有一定压力的 SF_6 绝缘气体，故也称 SF_6 全封闭组合电器。

HGIS（hybrid gas insulated switchgear) 是一种介于 GIS 和 AIS 之间的新型高压开关设备。HGIS 的结构与 GIS 基本相同，但它不包括母线设备。母线是外露的，具有接线清晰、简洁、紧凑，安装及维护检修方便的优点。

（一）气室 SF_6 气压低告警

1. 信号释义

SF_6 气室的压力低于告警值，由密度继电器发出气室 SF_6 气压低告警信号。

2. 信号产生原因

1）断路器本体存在泄漏点，例如气管连接处、法兰连接处、密度继电器接口、密封圈等。

2）SF_6 气体密度继电器损坏。

3）SF_6 气体在低温下体积压缩，甚至在断路器内部压力作用下 SF_6 气体部分液化，导致压力下降。

3. 后果及危险点分析

GIS 漏气使气室绝缘降低、灭弧能力减弱，甚至造成气体密度继电器闭锁动作，在出现故障时会扩大停电范围。

4. 监控处置要点

1）梳理告警信息，通知运维人员到现场检查设备状态，询问该气室的压力值、包含哪些电气设备；

2）记录时间、站名、间隔、告警信息，汇报调度；

3）跟踪现场检查结果及处理进度，做好相关记录和沟通汇报。

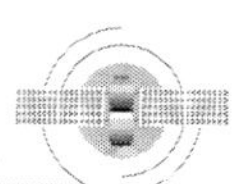

5. 运维处置要点

1）到现场检查相应气室 SF_6 气体压力表的实际压力值，监视压力变化情况；

2）若现场没有漏气，是由于运行正常压力降低或温度变化引起的压力降低，则在系统上填报缺陷，由检修人员进行补气处理；

3）若是气体密度继电器或二次回路故障造成误发信号，应对回路及继电器进行检查，及时消除相应缺陷；

4）若漏气明显，则应向调度申请停电处理，配合做好隔离故障间隔的倒闸操作。

（二）开关汇控柜开关（隔离开关）就地控制

1. 信号释义

开关（隔离开关）只能在现场汇控柜上操作。

2. 信号产生原因

开关（隔离开关）的现场汇控柜上“远方 / 就地”切换开关切至就地位置。

3. 后果及危险点分析

只能在现场汇控柜上进行开关（隔离开关）的分合闸操作，无法在监控系统上通过遥控操作，大大增加了操作时间。

4. 监控处置要点

1）梳理告警信息，通知运维人员到现场检查汇控柜上开关（隔离开关）的“远方 / 就地”切换开关的实际位置；

2）记录时间、站名、间隔、告警信息；

3）跟踪现场检查结果及处理进度，做好相关记录和沟通汇报。

5. 运维处置要点

1）到现场检查汇控柜上开关（隔离开关）的“远方 / 就地”切换开关的实际位置，若现场在进行开关或隔离开关的检修工作，“远方 / 就地”切换开关应在就地位置，工作结束之后切回远方位置；

2）若现场开关以及隔离开关在运行状态，则需检查二次回路、切换开关是否存在异常，并及时填报缺陷；

3）将检查结果与消缺过程及时反馈给监控人员。

（三）开关汇控柜交流电源消失

1. 信号释义

汇控柜上任一回路的交流电源消失。

2. 信号产生原因

交流电源空气开关跳开，或是交流电源回路存在故障。

3. 后果及危险点分析

无法进行相关操作。

4. 监控处置要点

1）梳理告警信息，通知运维人员到现场检查交流电源；

2）记录时间、站名、间隔、告警信息；

3）跟踪现场检查结果及处理进度，做好相关记录和沟通汇报。

5. 运维处置要点

1）到现场检查交流电源空气开关是否跳开，若发现现场交流电源空气开关跳开，在检查无其他异常的情况下，可手动试合一次。若试合不成功，应检查交流电源回路是否存在异常，并在系统上填报缺陷。

2）将检查结果与消缺过程及时反馈给监控人员。

（四）开关汇控柜直流电源消失

1. 信号释义

汇控柜上任一回路的直流电源消失。

2. 信号产生原因

直流电源空气开关跳开，或是直流电源回路存在故障。

3. 后果及危险点分析

无法进行相关操作，相关信号无法发送至后台。

4. 监控处置要点

1）通知运维人员到现场检查直流电源；

2）记录时间、站名、间隔、告警信息；

3）跟踪现场检查结果及处理进度，做好相关记录和沟通汇报。

5. 运维处置要点

1）到现场检查直流电源空气开关是否跳开，若发现现场直流电源空气开关跳开，在检查无其他异常的情况下，可手动试合一次；若试合不成功，应检查直流电源回路是否存在异常。

2）将检查结果与消缺过程及时反馈给监控人员。

第四节　隔离开关

隔离开关在电路中起到隔离作用，主要用于隔离电源、倒闸操作、连通和切断小电源，是一个无灭弧功能的开关器件，只能在没有负荷电流的情况下进行分、合电路。隔离开关按照触头运动方式分为水平回转式、垂直回转式和伸缩式。

一、隔离开关机构

（一）隔离开关机构就地控制

1. 信号释义

隔离开关只能在现场机构箱上操作。

2. 信号产生原因

隔离开关的现场机构箱上“远方 / 就地”切换开关切至就地位置。

3. 后果及危险点分析

只能在现场机构箱上进行隔离开关的分合闸操作，无法在监控系统上通过遥控操作，大大增加了操作时间。

4. 监控处置要点

1）梳理告警信息，通知运维人员到现场检查机构箱内隔离开关的“远方 / 就地”切换开关的实际位置；

2）记录时间、站名、隔离开关编号、告警信息；

3）跟踪现场检查结果及处理进度，做好相关记录和沟通汇报。

5. 运维处置要点

1）到现场检查机构箱内隔离开关的“远方 / 就地”切换开关的实际位置；

2）将检查结果及时反馈给监控人员。

（二）隔离开关电机电源消失

1. 信号释义

隔离开关的电机电源消失，隔离开关无法实现电动操作。

2. 信号产生原因

隔离开关的电机电源空气开关跳开，或是电机电源回路存在故障。

3. 后果及危险点分析

无法进行电动操作。

4. 监控处置要点

1）梳理告警信息，通知运维人员到现场检查隔离开关电机电源；

2）记录时间、站名、隔离开关编号、告警信息；

3）跟踪现场检查结果及处理进度，做好相关记录和沟通汇报。

5. 运维处置要点

1）到现场检查隔离开关电机电源空气开关是否跳开，若发现机构箱内电机电源空气开关跳开，在检查无其他异常的情况下，可手动试合一次；若试合不成功，应检查电机电源回路是否存在异常，并进行填报缺陷。

2）将检查结果与消缺过程反馈给监控人员。

（三）隔离开关机构加热器故障

1. 信号释义

隔离开关机构箱内加热器电源回路跳开，发出隔离开关机构加热器故障信号。

2. 信号产生原因

1）加热器电源空气开关故障跳开；

2）加热器故障或二次控制回路故障。

3. 后果及危险点分析

隔离开关机构箱内加热器不能正常工作，导致机构箱内容易发生受潮结露。特别是在雨雪天气，端子排等设备受潮容易造成二次回路故障，可能造成设备拒动或误动。

4. 监控处置要点

1）梳理告警信息，通知运维人员到现场检查加热器的工作情况，记录并进行跟踪处理；

2）记录时间、站名、隔离开关编号、告警信息；

3）跟踪现场检查结果及处理进度，做好相关记录和沟通汇报。

5. 运维处置要点

1）到现场检查加热器的电源空气开关是否跳闸，加热器本体是否存在故障，若加热器确已损坏，应及时在系统上填报缺陷，由检修人员进行更换；

2）将检查结果与消缺过程及时汇报给监控人员。

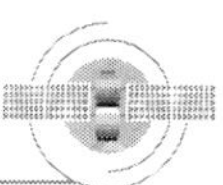

二、隔离开关控制回路

1. 信号释义

隔离开关控制电源断开或回路失电，发出隔离开关控制电源消失信号。

2. 信号产生原因

1）隔离开关控制电源回路故障；

2）隔离开关控制电源空气开关跳开。

3. 后果及危险点分析

隔离开关控制电源消失导致隔离开关无法遥控操作，增加倒闸操作的时间。

4. 监控处置要点

1）梳理告警信息，通知运维人员到现场检查设备状态；

2）记录时间、站名、隔离开关编号、告警信息；

3）跟踪现场检查结果及处理进度，做好相关记录和沟通汇报。

5. 运维处置要点

1）到现场检查隔离开关控制回路电源空气开关，若发现隔离开关控制电源空气开关跳开，在检查无其他异常的情况下，可手动试合一次；若试合不成功，应寻找控制电源回路异常问题，直流系统是否异常，并在系统上及时填报缺陷。

2）将检查结果与消缺过程及时汇报给监控人员。

第五节　母线

母线在变电站中起着汇集和分配电流的作用，如果母线发生故障会造成大面积停电，所以发现母线异常应立即进行处理。

1. 信号释义

适用于小电流接地系统，母线发生单相接地时，发出该信息。

1）预告声响，同时发出系统接地报文。

2）如故障点高阻接地，则接地相电压降低，其他两相电压高于相电压；如金属性接地，则接地相电压降为零，其他两相对地电压升高为线电压；若三相电压来回波动，则为间歇性接地。

3）发生弧光接地时，产生过电压，非故障相电压很高，电压互感器高压熔断器可能熔断，甚至可能烧坏电压互感器。

2. 信号产生原因

1）母线发生单相接地；

2）母线上的出线发生单相接地。

3. 后果及危险点分析

单相接地后，非接地相对地电压升高，影响设备绝缘。若此时其他相接地即发生短路，会引起设备跳闸。

4. 监控处置要点

1）查看接地母线电压变化是否符合接地情况，区分电压互感器熔丝熔断。

a. 电压互感器高压熔丝一相熔断时，监控后台发 10（35）kV 系统接地信号，熔断相电压降低，但通常情况下不会为零，其余两相电压不变，与熔断相相关的线电压降低；

b. 电压互感器低压熔丝一相熔断时，熔断相电压降为 0，其余两相电压不变，与熔断相相关的线电压降低，与同相高压熔丝一相熔断时的信号差异在于监控后台不会发 10（35）kV 系统接地信号。

2）查看是否有接地选线信息动作。

3）通知运维人员，汇报相关调度。

4）根据调度指令，试停接地线路。

5）跟进母线接地现象是否消失，若选线不正确，应上报缺陷。

5. 运维处置要点

1）核对站端后台告警信息，检查小电流选线装置的选线信息。

2）检查站内设备是否有明显接地点，重点检查母线及相连设备、主变低压侧母线桥未热缩部分。

3）发生小电流接地系统母线单相接地故障时，室内人员应距离故障点 4m 以外，室外人员应距离故障点 8m 以外。进入上述范围人员应穿绝缘靴，接触设备的外壳和构架时，应戴绝缘手套。

4）加强监视消弧线圈电容电流。

5）关注母线接地持续时间，小电流接地系统发生母线单相接地，运行时间不得超过 2 h。

6）配合调度及监控做好处理工作。

第六节　低压并联电抗器

低压并联电抗器（以下简称低抗）是变电站重要的补偿装置，主要起着补偿系统的无功功率，维持系统电压的作用，其发生异常会影响变电站无功补偿能力，造成系统电压质量降低。以下为油浸式电抗器反映本体异常、故障的告警信息。

（一）电抗器重瓦斯出口

1. 信号释义

电抗器内部故障引起油流涌动冲击挡板，接通其气体继电器重瓦斯干簧触点，造成重瓦斯保护动作，跳开断路器。

2. 信号产生原因

1）电抗器内部发生严重故障；

2）电抗器气体继电器故障或二次回路故障。

3. 后果及危险点分析

电抗器断路器跳闸，导致该电抗器无法参与调压。

4. 监控处置要点

1）结合断路器变位及其他事故类信息处理；

2）查看是否有消防火灾类告警信息发动作；

3）通知运维人员，汇报相关调度；

4）跟进现场检查结果及处理进度。

5. 运维处置要点

1）检查电抗器保护动作情况；

2）现场检查电抗器气体继电器，本体有无放电痕迹，有无喷油现象；

3）根据调度令隔离电抗，进行事故处理；

4）将设备检查及处理情况及时汇报调度及监控人员。

（二）电抗器油温高告警

1. 信号释义

该信号由温度计的微动开关（行程开关）来实现，当电抗器上层油温升高到告警限值（一般 85℃）时，温度计的指针到微动开关设定值，微动开关的动断触点闭合，发出告警信号。

2. 信号产生原因

1）电抗器内部轻微故障；

2）油面温度计或二次回路故障。

3. 后果及危险点分析

根据绝缘老化“6 度法则”，超出低抗允许温升情况下的长时间运行将严重损害电抗器寿命。长时间高温运行容易导致电抗器绝缘性能下降，引起内部放电，造成设备故障。

4. 监控处置要点

1）通知运维人员检查设备；

2）汇报相关调度；

3）跟进现场检查结果及处理进度。

5. 运维处置要点

1）核对站端后台告警信息；

2）检查电抗器运行情况；

3）必要时申请将电抗器停运；

4）无法恢复时通知检修人员处理；

5）将设备检查及处理情况及时汇报调度及监控人员。

（三）电抗器轻瓦斯告警

1. 信号释义

电抗器内部轻微故障，接通其气体继电器轻瓦斯干簧触点，造成轻瓦斯告警。

2. 信号产生原因

1）电抗器内部有轻微故障；

2）油温骤然下降或渗漏油使油位降低；

3）滤油、加油、换油等工作后空气进入电抗器；

4）电抗器气体继电器故障或二次回路故障。

3. 后果及危险点分析

电抗器内部可能有轻微故障，可能会损害电抗器，进一步发展成严重故障，造成重瓦斯动作跳闸。

4. 监控处置要点

1）通知运维人员检查设备；

2）汇报相关调度；

3）跟进现场检查结果及处理进度。

5. 运维处置要点

1）核对站端后台告警信息；

2）检查电抗器运行情况；

3）必要时申请将电抗器停运；

4）无法恢复时通知检修人员处理；

5）将设备检查及处理情况及时汇报调度及监控人员。

（四）电抗器压力释放告警

1. 信号释义

因电抗器本体故障造成压力释放告警，同时释放阀顶杆打开，与外界联通，释放电抗器压力，防止故障扩大。

2. 信号产生原因

1）电抗器铁芯或线圈故障，油压过大，从释放阀中喷出；

2）大修后电抗器注油过满；

3）温度高，使油位上升，向压力释放阀喷油；

4）电抗器压力释放阀触点故障或二次回路故障。

3. 后果及危险点分析

电抗器压力释放阀喷油可能导致电抗器油位过低；如果内部故障继续发展，可能导致电抗器跳闸或损坏。

4. 监控处置要点

1）查看是否伴随发出瓦斯动作信息；

2）通知运维人员检查设备；

3）汇报相关调度；

4）跟进现场检查结果及处理进度。

5. 运维处置要点

1）核对站端后台告警信息；

2）检查电抗器运行情况；

3）必要时申请将电抗器停运 ；

4）无法恢复时通知检修人员处理；

5）将设备检查及处理情况及时汇报调度及监控人员。

（五）电抗器油位异常

1. 信号释义

电抗器油位过高或过低。当油位上升到最高油位或下降到最低油位时，电抗器油位计相应的干簧触点开关（或微动开关）接通，发出报警信号。

2. 信号产生原因

1）油位过高：

a. 大修后电抗器储油柜加油过满；

b. 电抗器油位计损坏造成假油位；

c. 电抗器油温急剧升高。

2）油位过低：

a. 电抗器存在长期渗漏油，造成油位偏低；

b. 电抗器油位计损坏造成假油位；

c. 电抗器油温急剧降低；

d. 工作放油后未及时加油或加油不足。

3. 后果及危险点分析

油位过低，将会影响电抗器内部线圈的散热与绝缘。油位过高，会造成油压过高，影响设备安全。油位异常可能导致过热、绝缘击穿、喷油以及跳闸等情况发生。

4. 监控处置要点

1）通知运维人员检查设备；

2）汇报相关调度；

3）询问电抗器实际油位；

4）跟进现场检查结果及处理进度，做好沟通汇报。

5. 运维处置要点

1）核对站端后台告警信息；

2）现场检查油位计是否有故障，电抗器是否有严重漏油处。

3）发现油位确实异常时，应立即联系检修人员，并汇报调度；

4）补、放油时应将重瓦斯改投信号；

5）将设备检查及处理情况及时汇报调度及监控人员。

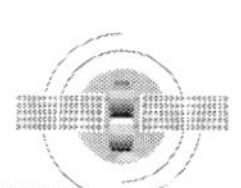

第七节　互感器

互感器在电力系统中起着将高电压、大电流变换为低电压、小电流的作用，互感器二次侧连接着继电保护和自动装置、仪表或监控系统、电能计量等设备，对电力系统的稳定可靠性运行至关重要。

一、电流互感器

电流互感器 SF_6 气体气压低告警：

1. 信号释义

该信号适用采用 SF_6 气体做绝缘介质的电流互感器，当 SF_6 压力值降低至报警值，由 SF_6 气体密度继电器触点发出该信息。

2. 信号产生原因

1）SF_6 气体泄漏；

2）气体密度继电器故障；

3）SF_6 气体压力报警继电器触点黏连；

4）环境温度突然下降；

5）户外安装的气体继电器没有防雨罩或防雨罩损坏雨季表计接线受潮误报警。

3. 后果及危险点分析

1）降低电流互感器的绝缘程度；

2）密度继电器故障无法准确监视 SF_6 气体压力。SF_6 压力进一步降低，可能导致放电。

4. 监控处置要点

1）通知运维人员，汇报相关调度；

2）核实现场 SF_6 实际压力值、额定值及告警值；

3）询问压力变化趋势；

4）跟进现场检查结果及处理进度，做好相关记录。

5. 运维处置要点

1）核对站端后台告警信息；

2）检查现场 SF_6 实际压力值；

3）加强监视 SF_6 压力变化趋势；

4）无法恢复时通知检修人员处理；

5）若压力下降趋势明显，应立即汇报调度，配合调度停电操作；

6）将设备处理情况及时汇报调度及监控人员。

二、电压互感器

（一）TV 二次电压空气开关跳开

1. 信号释义

TV 间隔电压二次保护、测量或计量任一回路空气开关跳闸。

2. 信号产生原因

1）二次电压回路由于异物、污秽、潮湿、小动物等原因引起的短路；

2）人为误碰、震动等原因引起的空气开关跳闸；

3）空气开关老化严重及产品质量等原因导致空气开关跳闸；

4）操作中顺序不对造成反充电失压跳闸。

3. 后果及危险点分析

影响与电压相关的保护及备自投、低频减负荷等自动装置正确动作；影响母线电压测量及母线上所接全部间隔的计量。

4. 监控处置要点

1）通知运维人员检查设备；

2）核实现场哪些装置受到影响，及时汇报相关调度；

3）跟进现场检查结果及处理进度，做好相关记录。

5. 运维处置要点

1）核对站端后台告警信息；

2）检查现场二次空气开关跳闸情况；

3）经检查，若无其他异常情况，试合空气开关一次；

4）无法恢复时通知检修人员处理；

5）汇报调度，申请停用受影响的保护及自动装置；

6）将设备处理情况及时汇报调度及监控人员。

（二）TV 保护电压空气开关跳开

1. 信号释义

TV 保护电压二次空气开关跳闸。

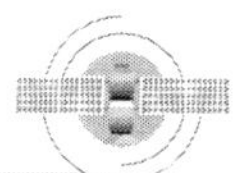

2. 信号产生原因

1）二次电压回路由于异物、污秽、潮湿、小动物等原因引起的短路；

2）人为误碰、震动等原因引起的空气开关跳闸；

3）空气开关老化严重及产品质量等原因导致空气开关跳闸；

4）操作中顺序不对造成反充电失压跳闸。

3. 后果及危险点分析

影响与该间隔相关的保护电压异常。测量电压失去后会影响主站的功率测算，对潮流计算产生较大影响。

4. 监控处置要点

1）通知运维人员检查设备；

2）关注母线电压变化；

3）跟进现场检查结果及处理进度，做好相关记录。

5. 运维处置要点

1）核对站端后台告警信息；

2）检查现场二次保护空气开关跳闸情况；

3）经检查，若无其他异常情况，试合空气开关一次；

4）无法恢复时通知检修人员处理；

5）汇报调度，申请停用受影响的保护及自动装置；

6）将设备处理情况及时汇报调度及监控人员。

（三）TV 测量电压空气开关跳开

1. 信号释义

TV 测量电压二次空气开关跳闸。

2. 信号产生原因

1）二次电压回路由于异物、污秽、潮湿、小动物等原因引起的短路；

2）人为误碰、震动等原因引起的空气开关跳闸；

3）空气开关老化严重及产品质量等原因导致空气开关跳闸；

4）谐振过电压、TV 内部故障、系统接地等原因造成一次熔丝熔断。

3. 后果及危险点分析

影响与该间隔相关的电压和功率测量数据，母线电压监视。测量电压失去后会影响主站的功率测算，对潮流计算产生较大影响。

4. 监控处置要点

1）通知运维人员检查设备；

2）关注母线电压变化；

3）跟进现场检查结果及处理进度，做好相关记录。

5. 运维处置要点

1）核对站端后台告警信息；

2）检查现场二次测量空气开关跳闸情况；

3）经检查，若无其他异常情况，试合空气开关一次；

4）无法恢复时通知检修人员处理；

5）将设备处理情况及时汇报调度及监控人员。

（四）TV 计量电压空气开关跳开

1. 信号释义

计量电压二次空气开关跳闸。

2. 信号产生原因

1）二次电压回路由于异物、污秽、潮湿、小动物等原因引起的短路；

2）人为误碰、震动等原因引起的空气开关跳闸；

3）空气开关老化严重及产品质量等原因导致空气开关跳闸；

4）谐振过电压、TV 内部故障、系统接地等原因造成一次熔丝熔断。

3. 后果及危险点分析

影响计量电压及功率的计算。

4. 监控处置要点

1）通知运维人员检查设备；

2）跟进现场检查结果及处理进度，做好相关记录。

5. 运维处置要点

1）核对站端后台告警信息；

2）检查现场二次空气开关跳闸情况；

3）经检查，若无其他异常情况，试合空气开关一次；

4）无法恢复时通知检修人员处理；

5）将设备处理情况及时汇报调度及监控人员。

（五）母线 TV 二次电压并列

1. 信号释义

反映双母线接线方式下两段母线 TV 二次并列。双母线系统上所连接的电气元件，为了保证其一次系统和二次系统在电压上保持对应，要求保护及自动装置的二次电压回路随同主接线一起进行切换。一般由隔离开关辅助触点启动电压切换中间继电器，利用其触点实现电压回路的自动切换，当两段母线的母联或分段断路器及其两侧隔离开关均在合闸位置，将电压并列切换开关切至并列位置，发出母线电压并列信号。

2. 信号产生原因

1）正常倒母线操作过程中，隔离开关位置双跨；

2）隔离开关辅助触点损坏；

3）电压切换继电器损坏；

4）电压切换回路存在异常。

3. 后果及危险点分析

可能引起相关测量、计量、保护装置异常；可能导致部分保护误动或拒动。

4. 监控处置要点

1）判断信号是否因正常操作引起；

2）通知运维人员检查设备；

3）跟进现场检查结果及处理进度，做好相关记录。

5. 运维处置要点

1）核对站端后台告警信息；

2）检查现场设备情况；

3）检查电压并列装置切换指示灯；

4）无法恢复时通知检修人员处理；

5）将设备处理情况及时汇报监控人员。

（六）电压切换继电器同时动作

1. 信号释义

双母线接线方式下任一间隔Ⅰ、Ⅱ母隔离开关同时合上时，该间隔操作箱或智能终端上的二次电压切换继电器同时得电，其辅助触点同时闭合发出该信号。

2. 信号产生原因

1）正常倒母线操作过程中，隔离开关位置双跨；

2）隔离开关辅助触点损坏；

3）电压切换继电器损坏；

4）电压切换回路存在异常。

3. 后果及危险点分析

可能造成双母线二次电压并列，导致部分保护误动或拒动。当操作涉及其中一段母线转冷备用时可能导致运行母线电压互感器（TV）二次反充电失压。

4. 监控处置要点

1）通知运维人员检查设备；

2）跟进现场检查结果及处理进度，做好相关记录。

5. 运维处置要点

1）核对站端后台告警信息；

2）检查该间隔的母线隔离开关位置及其辅助触点情况，检查相关保护装置电压切换情况；

3）无法恢复时通知检修人员处理；

4）将设备处理情况及时汇报监控人员。

（七）电压切换继电器失压

1. 信号释义

双母线接线方式下任一间隔Ⅰ、Ⅱ母隔离开关同时拉开时，该间隔操作箱或智能终端上的二次电压切换继电器 1YQJ 和 2YQJ 同时失电，其辅助触点同时断开发出该信号。

2. 信号产生原因

1）闭合的母线隔离开关辅助触点未可靠返回；

2）切换继电器故障。

3. 后果及危险点分析

可能引起相关测量、计量、保护装置异常，导致部分保护误动或拒动。

4. 监控处置要点

1）通知运维人员检查设备；

2）跟进现场检查结果及处理进度，做好相关记录。

5. 运维处置要点

1）核对站端后台告警信息；

2）检查该间隔的母线隔离开关位置及其辅助触点情况，检查相关保护装置电压切换情况；

3）无法恢复时通知检修人员处理；

4）将设备处理情况及时汇报监控人员。

第八节　消弧线圈

消弧线圈可以补偿小电流接地系统接地电流，消弧线圈出现故障和系统中的故障及异常运行情况紧密相关，一般在系统有接地、断线及三相电流严重不对称时，才有较大的电流通过，内部故障的现象才会显现出来。

（一）消弧线圈控制装置故障

1. 信号释义

消弧线圈控制装置软硬件自检、巡检发生错误，且装置全部控制功能已失去，或消弧线圈控制装置电源失电。

2. 信号产生原因

1）消弧线圈控制装置电源消失；

2）消弧线圈控制装置程序错误；

3）消弧线圈控制装置内部故障。

3. 后果及危险点分析

控制器不能正常工作，电容电流、脱谐度调节不满足运行要求。如果消弧线圈长时间无法正常工作，会导致灭弧能力下降，同时接地电流限制能力下降，可能会损害变压器。

4. 监控处置要点

1）通知运维人员检查设备；

2）加强对该消弧线圈信号监视；

3）跟进现场检查结果及处理进度，做好相关记录。

5. 运维处置要点

1）核对站端后台告警信息；

2）检查消弧线圈调谐控制装置工作情况；

3）如控制屏电源空气开关跳闸，可以尝试合闸一次；

4）联系检修人员到场处理；

5）将设备处理情况及时汇报监控人员。

（二）消弧线圈控制装置异常

1. 信号释义

消弧线圈控制装置软硬件自检、巡检发生错误，可能影响部分控制功能。

2. 信号产生原因

1）消弧线圈分接开关运行异常，如电机拒动等；

2）消弧线圈消谐相关装置异常；

3）消弧线圈控制装置程序异常。

3. 后果及危险点分析

消弧线圈消谐装置不能正常工作，消弧线圈消谐装置无法进行分接头的自动调节，不能正常补偿系统电容电流。如果消弧线圈长时间无法正常工作，会导致灭弧能力下降，同时接地电流限制能力下降。

4. 监控处置要点

1）通知运维人员检查设备；

2）加强对该消弧线圈信号监视；

3）跟进现场检查结果及处理进度，做好相关记录。

5. 运维处置要点

1）核对站端后台告警信息；

2）检查消弧线圈调谐控制装置工作情况；

3）联系检修人员到场处理；

4）将设备处理情况及时汇报监控人员。

（三）消弧线圈调谐异常

1. 信号释义

调谐控制装置脱谐度超标时发此信号。

2. 信号产生原因

脱谐度超出规定范围。

3. 后果及危险点分析

电容电流、脱谐度不符合规定。消弧线圈的感性电流不足以抵消系统的容性电流，导致单相接地带故障运行时间缩短。

4. 监控处置要点

1）通知运维人员检查设备；

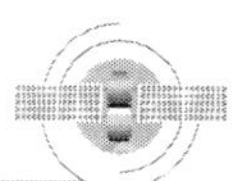

2）加强对该消弧线圈信号监视；

3）跟进现场检查结果及处理进度，做好相关记录。

5. 运维处置要点

1）核对站端后台告警信息；

2）检查消弧线圈调谐控制装置工作情况；

3）联系检修人员到场处理；

4）将设备处理情况及时汇报监控人员。

（四）消弧线圈调档拒动

1. 信号释义

消弧线圈调档时发生拒动，无法调整至规定档位。

2. 信号产生原因

1）消弧线圈分接头卡涩，不能切换；

2）调档电机损坏。

3. 后果及危险点分析

消弧线圈不能正常进行调档。如果此时发生单相接地，消弧线圈灭弧能力可能不足以抵消容性电流，将导致设备损坏。

4. 监控处置要点

1）通知运维人员检查设备；

2）加强对该消弧线圈信号监视；

3）跟进现场检查结果及处理进度，做好相关记录。

5. 运维处置要点

1）核对站端后台告警信息；

2）检查消弧线圈实际档位是否发生变化，观察现场分接开关，是否有蜂鸣器报警、相序保护动作等信号，是否处于最高档且处于欠补偿状态；

3）检查调档电机电源是否失电，重合上一级交流电源空气开关，切换消弧线圈至手动调档状态，尝试升、降档，观察档位是否发生变化；

4）检查装置，如存在死机情况应重启。

5）联系检修人员到场处理；

6）将设备处理情况及时汇报监控人员。

（五）消弧线圈档位到头

1. 信号释义

消弧线圈在最高档位运行。

2. 信号产生原因

消弧线圈档位指示器在最高档位。

3. 后果及危险点分析

当发生消弧线圈在最高档位运行，且脱谐度为负值，说明消弧线圈的容量已不能满足要求。如果此时发生单相接地，消弧线圈灭弧能力可能不足以抵消容性电流，可能会导致设备损坏。

4. 监控处置要点

消弧线圈最高档位属于正常信息，一般无需告知运维人员，可结合定期统计分析，如长期处于最高档位，应告知运维单位分析处理。

5. 运维处置要点

检查消弧线圈有无异常，无法恢复时通知检修人员处理。

（六）消弧线圈位移过限

1. 信号释义

中性点位移电压在相电压额定值的 15% 以上，发出此信号。

2. 信号产生原因

1）三相负载不对称；

2）阻尼电阻故障；

3）发生接地故障。

3. 后果及危险点分析

位移过限会加大变压器损耗，同时会导致零序电流过大，造成局部过热。长期位移过限太多，可能导致变压器损坏。

4. 监控处置要点

1）通知运维人员检查设备；

2）加强监控中性点位移电压：中性点位移电压在相电压额定值的 15%~30% 之间，消弧装置允许运行时间不超过 1h，中性点位移电压在相电压额定值的 30%~100% 之间，消弧装置允许在事故时限内运行；

3）跟进现场检查结果及处理进度，做好相关记录。

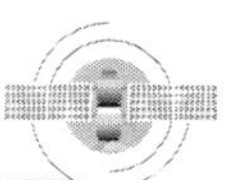

5. 运维处置要点

1）核对站端后台告警信息；

2）记录中性点位移电压和母线三相电压；

3）加强中性点位移电压监视；

4）联系检修人员到场处理；

5）将设备处理情况及时汇报监控人员。

（七）消弧线圈控制装置通信中断

1. 信号释义

消弧线圈控制装置与后台机、远动、规约转换等装置通信中断。

2. 信号产生原因

1）消弧线圈控制装置的通信板件或通信接口故障；

2）装置网线接口损坏或接触不良；

3）交换机故障。

3. 后果及危险点分析

该装置部分信息无法上传。无法及时监视到消弧线圈运行故障或异常，存在安全隐患。

4. 监控处置要点

1）通知运维人员检查设备；

2）将消弧线圈监控职责移交至站端；

3）跟进现场检查结果及处理进度，做好相关记录。

5. 运维处置要点

1）核对站端后台告警信息；

2）检查消弧线圈控制装置是否失电；

3）联系检修人员到场处理；

4）加强现场设备巡视；

5）将设备处理情况及时汇报监控人员。

（八）消弧线圈接地告警

1. 信号释义

消弧线圈补偿系统发生单相接地故障时发出。

2. 信号产生原因

消弧线圈补偿系统发生单相接地故障。

3. 后果及危险点分析

单相接地后，非接地相对地电压升高，影响设备绝缘，若此时其他相接地即发生短路，会引起设备跳闸。接地持续时间过长，还将造成消弧线圈损坏，甚至着火。

4. 监控处置要点

1）查看接地母线电压变化是否符合接地情况；

2）查看是否有接地选线信息动作；

3）通知运维人员现场检查，并向相应调度汇报；

4）根据调度指令，试停接地线路；

5）跟进接地现象是否消失。

5. 运维处置要点

1）核对站端后台告警信息；

2）检查站内设备是否有明显接地点；

3）加强监视消弧线圈电容电流；

4）关注接地持续时间；

5）配合调度及监控做好处理工作。

第九节　高压并联电抗器

高压并联电抗器用于补偿超高压长线路的容性充电功率，吸收线路容性功率，降低线路容升效应，限制系统中工频电压升高和操作过电压，有利于消除由于同步电机带空载长线路出现的自励磁效应。高压并联电抗器的中性点电抗器与三相并联电抗器相配合，补偿相间电容和相对地电容，限制过电压，消除潜供电流，缩短燃弧时间，保证线路单相自动重合闸装置正常工作，限制电抗器非全相断开时的谐振过电压。

（一）本体重瓦斯动作

1. 信号释义

当任一相高压并联电抗器本体气体继电器内气体流速达到一定时，通过其对应相本体重瓦斯机械触点开入进高压并联电抗器非电量装置重动后发出重瓦斯动作信号，一般还会伴有“本体轻瓦斯发信”信号，表明高压并联电抗器本体内部有故障。（当“投本体重瓦斯跳闸”硬压板置投入时，还会伴有高压并联电抗器所接线路跳闸事项及其他相关软报文）

1）常规站。

高压并联电抗器本体气体继电器触点经高压并联电抗器本体端子箱开入进非电量保

护（见图 1–4）。经非电量保护双位置继电器动作后：发信自保持、同时驱动中间继电器励磁。发信自保持可以在非电量保护上观察故障相信息，同时非电量保护开出给测控硬触点信号告知重瓦斯动作。

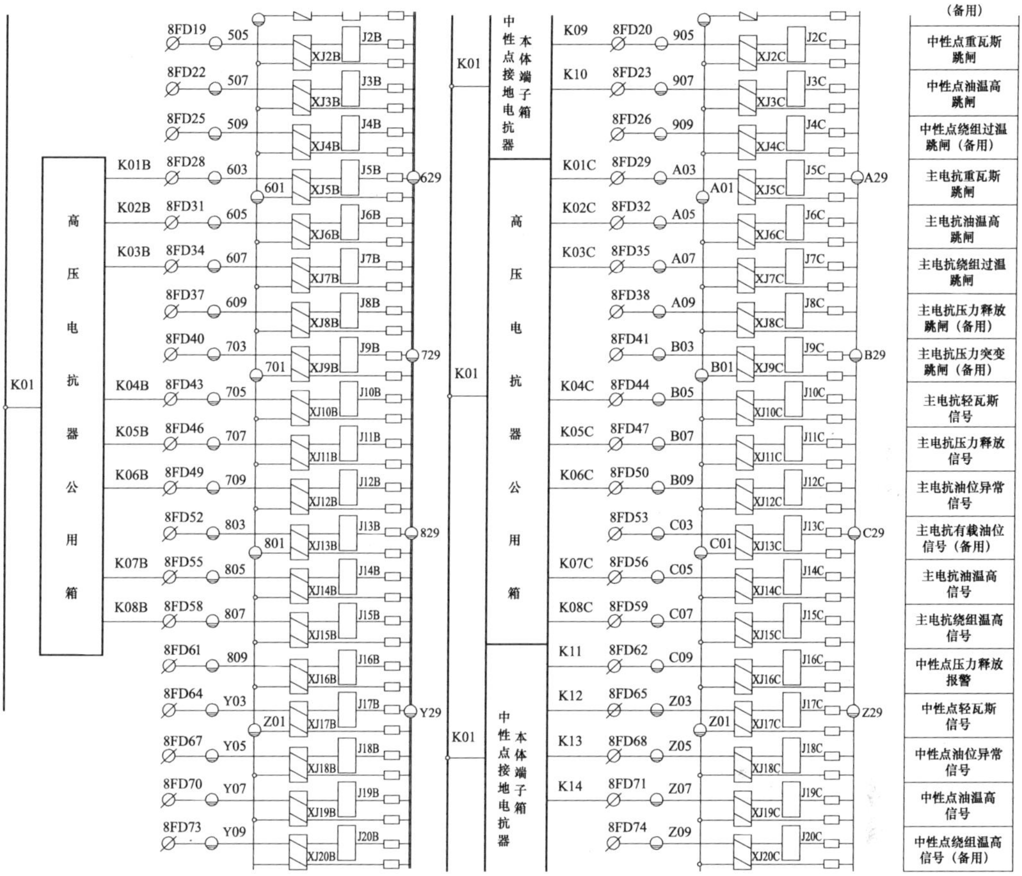

图 1–4　气体继电器经本体端子箱开入进非电量保护

中间继电器励磁再经过“本体重瓦斯启动跳闸”压板开入给非电量保护跳闸继电器，由跳闸继电器开出给各断路器三跳不启动重合闸不启动失灵出口跳闸，如图 1–5~ 图 1–7 所示。

2）智能站。

高压并联电抗器本体气体继电器触点经高压并联电抗器本体端子箱开入进本体智能终端（见图 1–8）。智能终端开出经重动继电器后经压板控制再驱动继电器，由驱动继电器开出各侧断路器跳闸，如图 1–9 和图 1–10 所示。

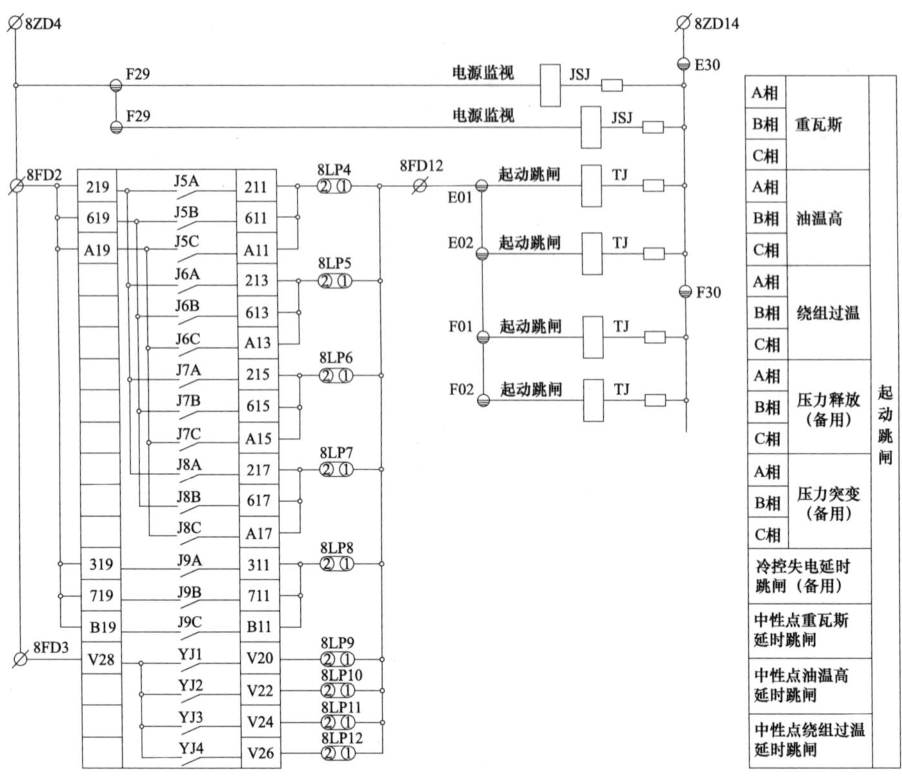

图 1–5　非电量保护经压板开入 TJ 继电器

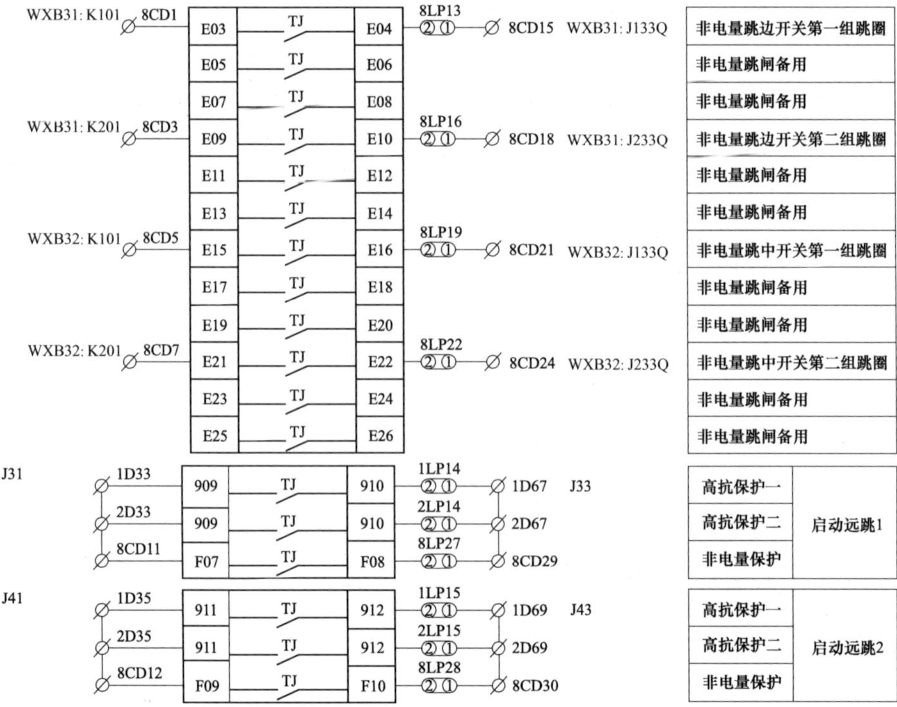

图 1–6　非电量保护经压板开出

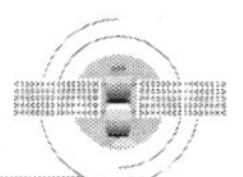

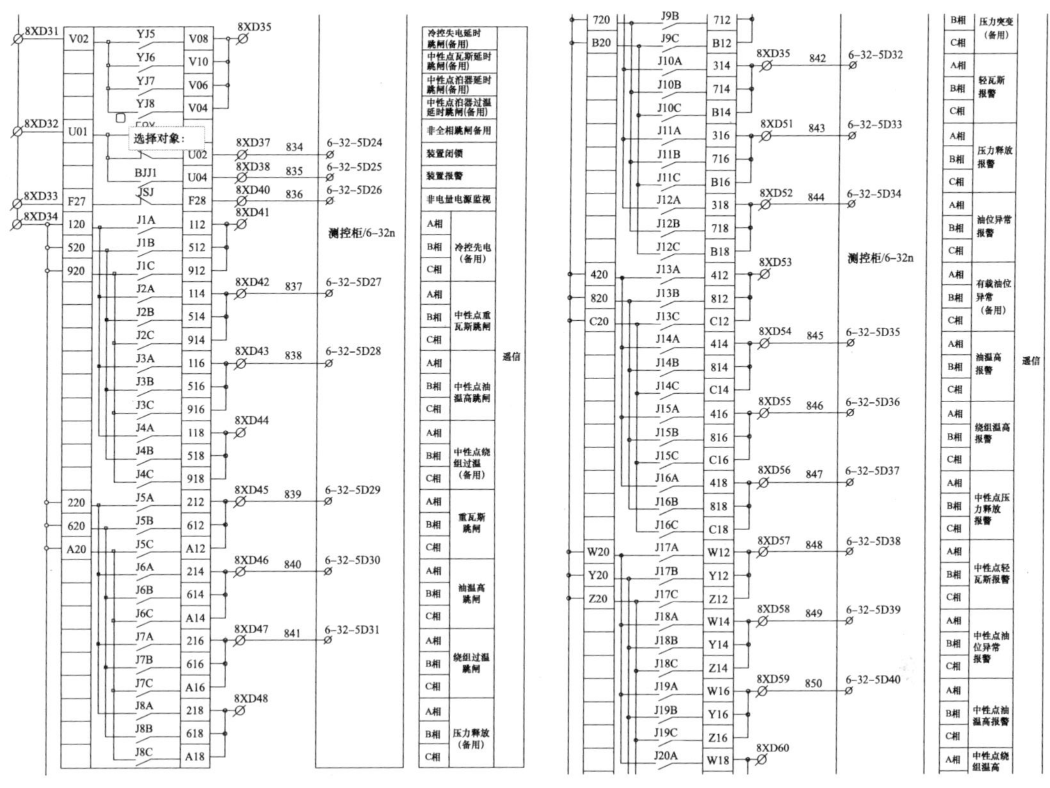

图 1–7　非电量保护信号回路

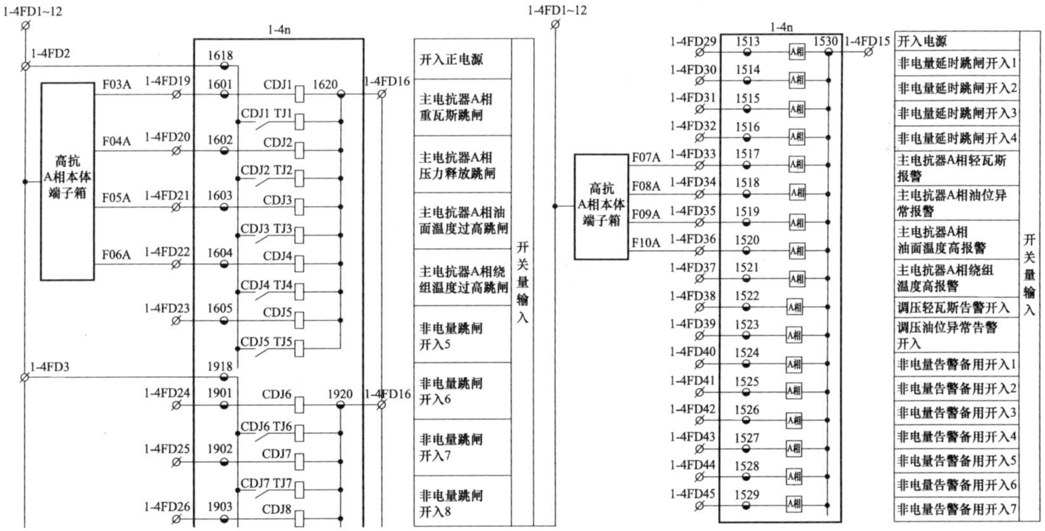

图 1–8　气体继电器经高压并联电抗器本体端子箱开入进本体智能终端

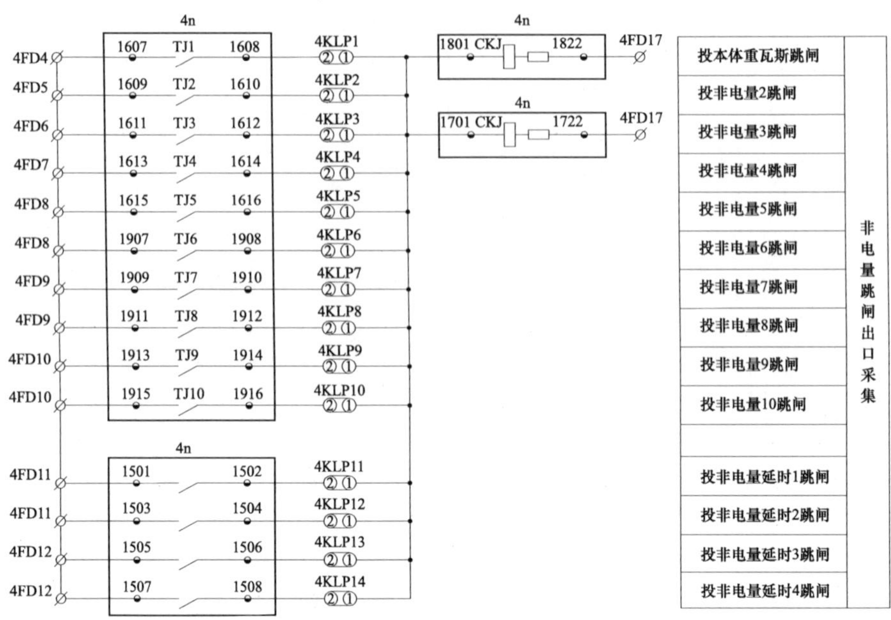

图 1–9　智能终端经压板重新开入进智能终端

端子	回路号	1-4n			端子	压板	回路号	端子	说明
1-4C1D1	W22:K101	1802	CKJ1	1803	1-4K1D1	1-4CLP1	W22:131	1-4K1D3	跳5022断路器1
1-4C1D2	W23:K101	1804	CKJ1	1805	1-4K1D5	1-4CLP2	W23:131	1-4K1D7	跳5023断路器1
1-4C1D3		1806	CKJ1	1807	1-4K1D9	1-4CLP3		1-4K1D11	非电量跳闸出口3
1-4C1D4		1808	CKJ1	1809	1-4K1D13	1-4CLP4		1-4K1D15	非电量跳闸出口4
1-4C1D5		1810	CKJ1	1811	1-4K1D17	1-4CLP5		1-4K1D19	非电量跳闸出口5
1-4C1D6		1812	CKJ1	1813	1-4K1D21	1-4CLP6		1-4K1D23	非电量跳闸出口6
1-4C1D7		1814	CKJ1	1815	1-4K1D25	1-4CLP7		1-4K1D27	非电量跳闸出口7
1-4C1D8		1816	CKJ1	1817	1-4K1D29	1-4CLP8		1-4K1D31	非电量跳闸出口8
1-4C1D9		1818	CKJ1	1819	1-4K1D33	1-4CLP9		1-4K1D35	非电量跳闸出口9
1-4C1D10		1820	CKJ1	1821	1-4K1D37	1-4CLP10		1-4K1D39	非电量跳闸出口10

跳闸出口回路

端子	回路号	1-4n			端子	压板	回路号	端子	说明
1-4CD1	W22:K201	1702	CKJ1	1703	1-4KD1~2	1-4CLP21	W22:231	1-4KD3	跳5022断路器2
1-4CD2	W23:K201	1704	CKJ1	1705	1-4KD5~6	1-4CLP22	W23:231	1-4KD7	跳5023断路器2
1-4CD3		1706	CKJ1	1707	1-4KD9~10	1-4CLP23		1-4KD11	非电量跳闸出口13
1-4CD4		1708	CKJ1	1709	1-4KD13~14	1-4CLP24		1-4KD15	非电量跳闸出口14
1-4CD5		1710	CKJ1	1711	1-4KD17~18	1-4CLP25		1-4KD19	非电量跳闸出口15
1-4CD6		1712	CKJ1	1713	1-4KD21~22	1-4CLP26		1-4KD23	非电量跳闸出口16
1-4CD7		1714	CKJ1	1715	1-4KD25~26	1-4CLP27		1-4KD27	非电量跳闸出口17
1-4CD8		1716	CKJ1	1717	1-4KD29~30	1-4CLP28		1-4KD31	非电量跳闸出口18
1-4CD9		1718	CKJ1	1719	1-4KD33~34	1-4CLP29		1-4KD35	非电量跳闸出口19
1-4CD10		1720	CKJ1	1721	1-4KD37~38	1-4CLP30		1-4KD39	非电量跳闸出口20

跳闸出口回路

图 1–10　智能终端经压板开出各侧智能终端跳闸

2. 信号产生原因

高压并联电抗器内部故障动作跳闸。重瓦斯二次回路故障、外部原因造成流经气体继电器油流过快，及油位太低等因素造成误动跳闸。

内部故障等原因造成油流速度很快，油流冲击气体继电器挡板造成气体继电器触点闭合，产生动作信号。油位太低导致气体继电器内部形成空腔，油位持续下降导致重瓦斯保护动作。

3. 后果及危险点分析

重瓦斯保护动作将造成大量负荷损失，造成运行高压并联电抗器所接线路跳闸。高压并联电抗器内部故障有可能引发火灾，若故障引发火灾还应联系当地消防部门灭火。

重瓦斯保护动作若起火时检查人员应远离设备，防止高压并联电抗器喷油爆燃。

4. 监控处置要点

1）监控员核实开关跳闸情况并立即上报调度，通知运维人员，加强运行线路监控，做好相关操作准备。

2）了解高压并联电抗器重瓦斯动作原因，及时掌握 $N-1$ 后设备运行情况，根据故障后运行方式调整相应的监控措施。

3）如果高压并联电抗器无开关或线路不允许无高压并联电抗器运行，高压并联电抗器保护动作发远跳将造成线路停运，参照线路保护动作处理。

4）若高压并联电抗器重瓦斯保护和其他主保护同时动作跳闸时，说明高压并联电抗器内部有故障，应立即向调控中心、本单位领导汇报，由专业维护人员对高压并联电抗器进行详细检查，对收集的气体进行分析，在未查明原因及消除故障前，未经本单位总工批准，不得进行强送电。如系统急需对故障线路送电，在强送前则应将高压并联电抗器退出后才能对线路强送。同时必须符合无高压并联电抗器运行的规定。

5）了解异常的原因、现场处置的情况，现场处置结束后检查信号是否复归并做好记录。

5. 运维处置要点

1）运维人员应立即检查监控后台信息，结合故障录波系统和其他保护动作或启动情况，综合分析初步判断故障原因。检查高压并联电抗器外壳、储油柜是否有破裂、漏油及喷油现象，重点关注高压并联电抗器是否有爆燃造成人身伤害风险，并及时汇报现场检查情况。

2）若高压并联电抗器的重瓦斯保护或差动保护之一动作跳闸，在检查外部无明显故障时，应通知专业维护人员检查气体继电器，收集分析气体继电器内的气体及故障录波器动作情况，证明高压并联电抗器内部无明显故障者，经本单位总工批准可以试送电一次。

3）高压并联电抗器重瓦斯保护和其他主保护同时动作跳闸时，说明高压并联电抗器内部有故障，应立即向设备所辖调控中心值班员及相关领导汇报，通知检修人员进站对高压并联电抗器进行检查，在未查明原因及消除故障前不得进行强送电。

4）高压并联电抗器的后备保护动作后线路开关跳闸，在查明原因及排除故障后，经设备所辖调控中心值班员批准可试送电一次。

5）经查明确系二次回路故障而引起的误动，经本单位总工批准，将重瓦斯改投信号后可以试送电一次，运行过程中应加强监视。

（二）高压并联电抗器本体轻瓦斯告警

1. 信号释义

轻瓦斯主要反映运行或轻微故障（如超载发热、铁芯局部发热、漏磁导致油箱发热等）时，油分解的气体上升进入气体继电器集气室，气压使油面缓慢下降，继电器随油面落下，轻瓦斯干簧触点导通发出信号，发出“本体轻瓦斯发信”信号告警。

2. 信号产生原因

高压并联电抗器轻瓦斯动作异常现象原因分析

1）高压并联电抗器进行带电滤油、加油或冷却器密封口不严而进气；

2）气温下降而使高压并联电抗器的油面下降或因漏油使油面缓慢下降；

3）高压并联电抗器所带线路发生近区短路故障；

4）高压并联电抗器内部故障；

5）气体继电器触点绝缘劣化或二次回路绝缘劣化造成误动；

6）新充油或换油的高压并联电抗器排出空气；

7）气体继电器本身有缺陷等。

3. 后果及危险点分析

本体轻瓦斯动作说明高压并联电抗器本体内部可能有故障或油位下降。当发生高压并联电抗器突发性严重故障时轻瓦斯可能先于重瓦斯动作。若运行人员贸然进行设备检查有人身伤害危险。

轻瓦斯动作应快速明确判别故障原因，防止故障进一步发展，造成高压并联电抗器损坏。

4. 监控处置要点

1）监控员立即通知运维人员并汇报调度，了解现场一、二次检查情况，通过辅助综合监控系统查看高压并联电抗器情况，气体继电器内是否有气体。通过 OMDS 系统查看高压并联电抗器油色谱数据并跟踪数据是否有劣化情况。

2）若核实为空气且外部检查无问题的，高压并联电抗器可以继续运行。

3）做好异常发展造成重瓦斯动作跳闸的事故预想。

4）了解异常的原因、现场处置的情况，现场处置结束后，检查信号是否复归并做好记录。

5）推送危急缺陷，配合做好生产信息报送相关工作。

5. 运维处置要点

1）运维人员立即检查一、二次设备，并及时汇报，需要调度采取的措施及时汇报调度。运维人员要时刻注意高压并联电抗器爆燃可能，不可贸然靠近高压并联电抗器。如需调度采取措施的及时汇报调度。

2）当变压器一天内连续发生两次轻瓦斯报警时，应立即申请停电检查。非强迫油循环结构且未装排油注氮装置的变压器本体轻瓦斯报警，应立即申请停电检查。

a. 立即将情况向省调汇报并申请将线路转检修。同时汇报有关领导和管控中心。

b. 待高压并联电抗器转检修后，启动油色谱在线监测装置进行复测，同时进行现场检查本体及套管、冷却系统、非电量保护装置、储油柜，并取油样分析，重点对油位、气体继电器进行检查，包括油位是否正常、气体继电器及引线外观是否良好，内部是否有气体，浮球是否下沉。

若油位正常，气体继电器内无气体，浮球下沉，判断为气体继电器本身故障，更换气体继电器。

若气体继电器内无气体，且浮球未下沉，需对二次回路进行检查、处理。

若气体继电器内有气体，对气样进行成分分析。若气体主要成分为空气，需查明原因并处理。

若发现油色谱或气样异常，如确认数据无误，启动专家团队异常分析流程，并开展相关停电诊断性试验。

3）在取气及油色谱分析过程中，应高度注意人身安全，严防设备突发故障。

（三）本体压力释放

1. 信号释义

本体压力释放阀即压力释放阀动作主要作用就是在油浸式高压并联电抗器发生内部故障时，开启压力释放阀释放油箱内部膨胀了的绝缘油，降低油箱内部的压力，防止高压并联电抗器油箱破裂和高压并联电抗器爆炸。当压力降到关闭压力值时，压力释放阀便可靠关闭，使高压并联电抗器油箱内永远保持正压，有效地防止外部空气、水分及其他杂项进入油箱。

2. 信号产生原因

高压并联电抗器压力释放阀冒油或动作异常原因分析

1）内部故障；

2）高压并联电抗器承受大的穿越性短路；

3）压力释放装置二次信号回路故障，如高压并联电抗器非电量保护压力释放阀重动继电器或二次回路绝缘降低；

4）大修后高压并联电抗器注油较满，补充油时操作不当；

5）负荷过大，温度过高，致使油位上升而向压力释放装置喷油；

6）新投运的高压并联电抗器或大修后投运的高压并联电抗器本体与储油柜连接阀未开启；

7）呼吸系统堵塞。

3. 后果及危险点分析

500kV 高压并联电抗器本体压力释放投信号状态，非误动情况若真动作说明高压并联电抗器内部压力突增，需要释放内部压力。本体压力释放阀喷油，防止释放阀喷油造成人身伤害。

4. 监控处置要点

高压并联电抗器本体压力释放阀动作异常处理：

1）监控员立即通知运维人员并汇报调度，检查是否伴随高压并联电抗器电量保护及非电量保护动作，了解高压并联电抗器压力释放的原因。检查高压并联电抗器油温遥测有无异常。

2）若站内无运维人员，通过辅助综合监控系统查看现场高压并联电抗器情况，通过 OMDS 系统查看油色谱数据，汇报调度若故障进一步发展可能造成高压并联电抗器停运。若站内有运维人员，了解现场的处理方法及需要调度采取的措施，如需调度采取措施的及时汇报调度。

3）压力释放阀冒油，且瓦斯保护动作跳闸时，在未查明原因。故障未消除前，不得将高压并联电抗器投入运行。

4）了解压力释放后，压力释放阀有无恢复原状态。了解异常的原因、现场处置的情况，现场处置结束后，检查信号是否复归并做好记录。

5）推送危急缺陷，配合做好生产信息报送相关工作。

5. 运维处置要点

1）运维人员立即开展一、二次设备检查，检查高压并联电抗器油温和绕温、运行声音是否正常，有无喷油、冒烟、强烈噪声和振动。检查是否是压力释放阀误动。运维人员要时刻注意高压并联电抗器爆燃可能，不可贸然靠近高压并联电抗器。如需调度采取措施的及时汇报调度。

2）现场检查高压并联电抗器本体及附件，重点检查压力释放阀有无喷油、漏油，检查气体继电器内部有无气体积聚，检查油色谱在线监测装置数据，检查高压并联电抗器本体油温、油位变化情况。

3）检查核对高压并联电抗器保护动作信息，同时检查其他设备保护动作信号、一二次回路、直流电源系统运行情况。记录保护动作时间及一、二次设备检查结果并汇报。

4）压力释放阀冒油，且瓦斯保护动作跳闸时，在未查明原因。故障未消除前，不得将高压并联电抗器投入运行。

5）压力释放阀动作，只能通过人工现场复归。

6）若仅压力释放装置喷油但无压力释放装置动作信号，则可能是大修后高压并联电抗器注油得较满，或是温度过高，致使油面上升所致。

7）压力释放阀冒油而高压并联电抗器的气体继电器和差动保护等保护未动作时，应检查高压并联电抗器油温、油位、运行声音是否正常，检查高压并联电抗器是否过负荷和冷却器投入情况、检查本体与储油柜连接阀门是否开启、吸湿器是否畅通。并立即联系检修人员进行色谱分析。如果色谱正常，应查明压力释放阀是否误动及误动原因。

8）现场检查未发现渗油、冒油，应联系检修人员检查二次回路。

（四）本体油位异常

1. 信号释义

油位计是一种储油油面显示装置。油面的升降通过传感器转换成指针显示。使人们能清楚看见储油柜中的油面。当高压并联电抗器储油柜的油面升高或下降时，油位计的浮球或储油柜的隔膜随之上下浮动，使摆杆作上下摆动运动，从而带动传动部分转动，通过耦合磁钢使报警部分的磁铁（或凸轮）和显示部分的指针旋转，指针指到相应位置，当油位上升到最高油位或下降到最低油位时，磁铁吸合（或凸轮拨动）相应的干簧触点开关（或微动开关）发出报警信号。

2. 信号产生原因

1）高压并联电抗器本体油位偏高或偏低时告警。油位指示异常的主要原因有：渗漏油带来的油位降低；安装检修时本体注油偏高或偏低，温度变化后引起油位异常；油路不通或储油柜呼吸通道堵塞；油位指示器异常，出现假油位；产品设计制造不合理带来的油位异常等。

2）油位发生异常变化时应首先要确定是否是假油位，并迅速做出具有针对性的处理方案，避免事故扩大。一般如果油温变化正常而油位变化不正常、不变化或异常变化，则说明油面是假的，出现假油位的原因主要有：油表管堵塞、吸湿器堵塞、油位表卡塞、浮球进油等。

3）若真油位异常，过高则在夏季高温可能会溢出或引起压力释放阀动作喷油，过低则在冬季空载、停运时油位可能低于气体继电器，引起轻瓦斯动作报警或重瓦斯动作跳闸。出现真油位的可能原因主要有：高压并联电抗器内部故障、冷却器故障或异常、漏油造成的油位低、补充油时操作不当、环境温度变化造成油位异常、储油柜胶囊或隔膜破裂或油位计损坏。

4）高压并联电抗器油位异常过高现象及原因：

a. 油温和油位之间关系的偏差超过标准曲线，或油位高于在极限位置上线；

b. 吸湿器堵塞，储油柜不能正常呼吸；

c. 油位计故障；

d. 储油柜内胶囊与油面之间有空气；

e. 高压并联电抗器温度急剧升高。

5）高压并联电抗器油位异常过低现象及原因：

a. 油温和油位之间关系的偏差超过标准曲线，或油位低于在极限位置下限；

b. 高压并联电抗器严重渗漏或长期渗漏油；

c. 油位计故障；

d. 储油柜内胶囊破裂；

e. 检修人员多次放油，未及时补油。

3. 后果及危险点分析

高压并联电抗器本体油位偏高可能造成油压过高，有导致高压并联电抗器本体压力释放阀动作的危险。高压并联电抗器本体油位偏低，可能影响主高压并联电抗器绝缘。

4. 监控处置要点

1）监控员立即通知运维人员，了解高压并联电抗器油位异常的原因；

2）重点核实油位是过高还是过低，如过低有无渗漏现象；

3）了解异常的原因、现场处置的情况以及需要调度做的措施，及时汇报调度，现场处置结束后，检查信号是否复归并做好记录。

5. 运维处置要点

1）运维人员检查一、二次设备情况，重点核实油位是过高还是过低，如过低有无渗漏现象。

2）根据温度油位曲线，检查高压并联电抗器本体储油柜油位表计指示值，正常运行

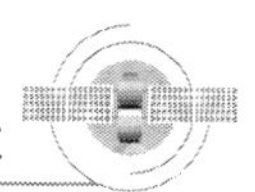

油位与温度油位曲线相符。

3）当发现高压并联电抗器的油面较当时油温所应有的油位显著降低时，应查明原因，并采取措施。同时检查事故油池中是否有明显的油渍漂浮在水面，确认事故油池中的油没有往站外排水系统排放。

4）高压并联电抗器油位异常过高处理：

a. 如果高压并联电抗器油位高出油位计的上限，且无其他异常，查明不是假油位所致，则应放油至当时温度相对应的高度，以免高压并联电抗器油溢出。

b. 如高压并联电抗器因温度上升高出油位计上限，查明不是假油位所致，则应放油至当时温度相对应的高度，以免高压并联电抗器油溢出。

c. 检查吸湿器呼吸是否畅通及油标管是否堵塞，注意做好防止重瓦斯保护误动措施。

d. 若高压并联电抗器无渗漏油现象，油温和油位偏差超过标准曲线，或油位超过极限位置上下限，联系检修人员处理。

e. 利用红外测温装置检测储油柜油位。

f. 若假油位所致油位高出油位计上限，应该通知检修人员处理。

5）高压并联电抗器油位异常过低处理：

a. 利用红外测温装置检测储油柜油位。

b. 若高压并联电抗器渗漏油造成油位下降，应立即采取措施制止漏油。若不能制止漏油，且油位计指示低于下限时，应立即将高压并联电抗器停运。

c. 若高压并联电抗器无渗漏油现象，油位明显低于当时温度下应有油位，应尽快补油。

d. 若假油位所致油位低于油位计下限，应该通知检修人员处理。

（五）本体绕组温度高告警

1. 信号释义

油浸式高压并联电抗器，其实际使用寿命主要决定于固体绝缘的寿命。对高压并联电抗器的温度进行监测、控制，保障高压并联电抗器的安全稳定运行。绕温表不同油温表是由于绕温表的探头，不能实际探入绕组内，绕温表探头对绕组的温度感应不够灵敏，需要根据负荷电流对温度进行补偿，实现绕组温度测量得更准确。高压并联电抗器绕组温度一定高于油温。

高压并联电抗器绕组温度可以认为是顶层油温与绕组对油的温升两者的叠加，一般是在油温的基础上加入负荷电流，模拟绕组对油的温升，从而最终得到绕组温度。

2. 信号产生原因

当任一相高压并联电抗器绕组温度计指示本体绕组油温达到报警值时，通过其对应相绕组油温高跳闸报警机械触点开入高压并联电抗器非电量装置重动后发出（现场不投跳闸），一般还会伴有“油温高”信号。

高压并联电抗器绕温异常升高的主要现象及原因：

1）高压并联电抗器冷却器未完全投入或有故障，应立即处理，排除故障，必要时向调度申请线路停运。

2）若远方测温装置发出温度告警信号，且温度指示很高，而现场温度计指示并不高，高压并联电抗器没有故障迹象，可能是远方测温回路故障误告警。

3）如果三相高压并联电抗器组中某一相绕温升高，明显高于该相过去同样冷却器条件下的运行绕温，冷却器、温度计正常，过热可能是高压并联电抗器内部故障引起，应通知专业人员立即取油样分析，作色谱分析。若色谱分析表明该高压并联电抗器存在内部故障，或高压并联电抗器在负荷及冷却器条件不变的情况下，绕温不断上升，可判断为内部故障。

4）散热器阀门没有打开。

5）接入绕组温度表的高压并联电抗器电流二次回路存在问题。

3. 后果及危险点分析

本体绕温高告警反应高压并联电抗器在高温下运行，持续的高温下高压并联电抗器的油绝缘与绕组绝缘都会慢慢降低，高温又加速油的劣化速度当油温在70℃以上，每升高10℃，油的氧化速度就增加1.5~2倍。高压并联电抗器油用作绝缘与冷却，在长期的高温高压下更容易使其劣化，劣化的油不管是冷却效果还是绝缘能力都会继续下降，严重的还会引起高压并联电抗器绕组或铁芯的绝缘受损，出现发热异常和故障，最终使高压并联电抗器使用寿命降低。高压并联电抗器油温高对正常或事故时过负荷能力是有影响的。

高温下的高压并联电抗器由于内部压力发生变化，可能会导致安全释放装置的动作，严重时造成绝缘损坏高压并联电抗器跳闸，对设备本身、电网系统影响是很大的。

4. 监控处置要点

1）监控员立即通知运维人员，了解高压并联电抗器绕温高的原因，检查高压并联电抗器绕温遥测数值；

2）了解现场的处置方法（如风扇带电水冲洗）以及需要调度做的措施，及时汇报调度；

3）监控员加强该高压并联电抗器绕温实时监视，如有继续升高情况立即汇报调度；

4）若现场检查为表计问题，高压并联电抗器绕温正常，应通知运维单位加强巡视及测温，有异常情况及时汇报；

5）了解异常的原因、现场处置的情况，现场处置结束后，检查信号是否复归并做好记录；

6）推送危急缺陷，配合做好生产信息报送相关工作。

5. 运维处置要点

1）运维人员检查高压并联电抗器运行及辅助风冷是否均已正常投入，如有风扇故障，备用风扇是否正确投入；

2）检查各个温度计的工作情况，根据油位油温曲线表或热成像仪判明温度是否确实升高；

3）检查冷却器是否开启，借助红外热成像仪检查高压并联电抗器散热器温度，检查蝶阀开闭位置是否正确；

4）检查高压并联电抗器的气体继电器内是否积聚了气体；

5）高压并联电抗器绕温不正常并不断上升，且经检查证明绕温指示正确，则认为高压并联电抗器已发生内部故障，应立即向调控中心汇报并经许可后将线路停运；

6）高压并联电抗器的很多故障都有可能伴随急剧的温升，应检查运行电压是否过高，内部有无异常响声。

（六）本体油温高告警

1. 信号释义

油浸式高压并联电抗器，其实际使用寿命主要决定于固体绝缘的寿命。对高压并联电抗器的温度进行监测、控制，保障高压并联电抗器的安全稳定运行。当温度指示达到设定定值时，保护装置就会发出告警信号或者启动 / 停止风机、超温跳闸（为防止误动作投信号）等。

2. 信号产生原因

当任一相高压并联电抗器上层油温温度计指示本体油温达到报警值时，通过其对应相本体油温高跳闸报警机械触点开入高压并联电抗器非电量装置重动后发出（现场不投跳闸），一般还会伴有“绕温高”信号。

高压并联电抗器油温异常升高的主要现象及原因：

1）高压并联电抗器冷却器未完全投入或有故障，应立即处理，排除故障，必要时向调度申请线路停运。

2）若远方测温装置发出温度告警信号，且温度指示很高，而现场温度计指示并不高，高压并联电抗器没有故障迹象，可能是远方测温回路故障误告警。

3）如果三相高压并联电抗器组中某一相油温升高，明显高于该相过去同样冷却器条件下的运行油温，冷却器、温度计正常，过热可能是高压并联电抗器内部故障引起，应通知专业人员立即取油样分析，作色谱分析。若色谱分析表明该高压并联电抗器存在内部故障，或高压并联电抗器在负荷及冷却器条件不变的情况下，油温不断上升，可判断为内部故障。

3. 后果及危险点分析

本体油温高告警反应高压并联电抗器在高温下运行，持续的高温下高压并联电抗器的油绝缘与绕组绝缘都会慢慢降低，高温又加速油的劣化速度当主变压器油温在70℃以上，每升高10℃，油的氧化速度就增加1.5~2倍。高压并联电抗器油用作绝缘与冷却，在长期的高温高压下更容易使其劣化，劣化的油不管是冷却效果还是绝缘能力都会继续下降，严重的还会引起高压并联电抗器绕组或铁芯的绝缘受损，出现发热异常和故障，最终使高压并联电抗器使用寿命降低。高压并联电抗器油温高对正常或事故时过负荷能力是有影响的。

高温下的高压并联电抗器由于内部压力发生变化，可能会导致安全释放装置的动作，严重时造成绝缘损坏高压并联电抗器跳闸，对设备本身、电网系统影响是很大的。

4. 监控处置要点

1）监控员立即通知运维人员，了解高压并联电抗器绕组温度高的原因，检查高压并联电抗器绕油面温度遥测数值；

2）了解现场的处置方法（如风扇带电水冲洗）以及需要调度做的措施，及时汇报调度；

3）监控员加强该高压并联电抗器油温实时监视，如有继续升高情况立即汇报调度；

4）若现场检查为表计问题，高压并联电抗器油温正常，应通知运维单位加强巡视及测温，有异常情况及时汇报；

5）了解异常的原因、现场处置的情况，现场处置结束后，检查信号是否复归并做好记录；

6）推送危急缺陷，配合做好生产信息报送相关工作。

5. 运维处置要点

1）运维人员检查高压并联电抗器运行及辅助风冷是否均已正常投入，如有风扇故障，备用风扇是否正确投入；

2）检查各个温度计的工作情况，根据油位油温曲线表或热成像仪判明温度是否确实升高；

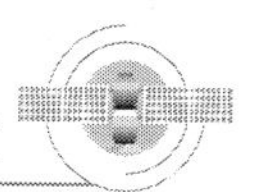

3）检查冷却器是否开启，借助红外热成像仪检查高压并联电抗器散热器温度，检查蝶阀开闭位置是否正确；

4）检查高压并联电抗器的气体继电器内是否积聚了气体；

5）高压并联电抗器油温不正常并不断上升，且经检查证明油温指示正确，则认为高压并联电抗器已发生内部故障，应立即向调控中心汇报并经许可后将线路停运；

6）高压并联电抗器的很多故障都有可能伴随急剧的温升，应检查运行电压是否过高，内部有无异常响声。

（七）高压并联电抗器中性点小电抗重瓦斯出口

1. 信号释义

反映高压并联电抗器中性点小电抗体内部故障。

2. 信号产生原因

高压并联电抗器小电抗内部发生严重故障；二次回路问题误动作；小电抗附近有较强烈的震动；气体继电器误动。

3. 后果及危险点分析

如果高压并联电抗器中性点小电抗故障将导致高压并联电抗器无法运行，若线路不允许无高压并联电抗器运行，将进一步造成线路停运。

4. 监控处置要点

1）监控员核实开关跳闸情况并立即上报调度，通知运维人员，加强运行监控，做好相关操作准备；

2）了解小电抗重瓦斯动作原因，及时掌握 $N-1$ 后设备运行情况，根据故障后运行方式调整相应的监控措施；

3）如果线路未停运，查阅现场规程并询问调度有无特殊的控制措施；

4）了解异常的原因、现场处置的情况，现场处置结束后，检查信号是否复归并做好记录。

5. 运维处置要点

1）运维人员应立即检查监控信息，结合故障录波系统和其他保护动作或启动情况，综合分析初步判断故障原因。检查中性点小电抗外壳、储油柜是否有破裂、漏油及喷油现象，重点关注中性点小电抗是否有爆燃造成人身伤害风险，并及时汇报现场检查情况。

2）若中性点小电抗的重瓦斯保护或差动保护之一动作跳闸，在检查外部无明显故障时，应通知专业维护人员检查气体继电器，收集分析气体继电器内的气体及故障录波器动作情况，证明高压并联电抗器内部无明显故障者，经本单位总工批准可以试送电一次。

3）中性点小电抗重瓦斯保护和其他主保护同时动作跳闸时，说明中性点小电抗内部有故障，应立即向设备所辖调控中心值班员及相关领导汇报，通知检修人员进站对中性点小电抗进行检查，在未查明原因及消除故障前不得进行强送电。

4）经查明确系二次回路故障而引起的误动，经本单位总工批准，将重瓦斯改投信号后可以试送电一次，运行过程中应加强监视。

（八）高压并联电抗器中性点小电抗轻瓦斯告警

1. 信号释义

反映气体继电器内有少量气体产生。

2. 信号产生原因

高压并联电抗器中性点小电抗内部发生轻微故障；因温度下降或漏油使油位下降；因穿越性短路故障或地震引起；储油柜空气不畅通；气体继电器本身有缺陷等；二次回路误动作；新充油或补油的高压并联电抗器运行一段时间后排出空气。

3. 后果及危险点分析

高压并联电抗器中性点小电抗发轻瓦斯告警信号。

4. 监控处置要点

1）监控员立即通知运维人员并汇报调度，了解现场的取气化验情况；

2）了解现场的处理方法及需要调度采取的措施，如需调度采取措施的，及时汇报调度；

3）若核实为空气且外部检查无问题的，小电抗可以继续运行；

4）做好异常发展造成重瓦斯动作跳闸的事故预想；

5）了解异常的原因、现场处置的情况，现场处置结束后，检查信号是否复归并做好记录；

6）推送危急缺陷，配合做好生产信息报送相关工作。

5. 运维处置要点

1）运维人员立即检查一、二次设备，并及时汇报，需要调度采取的措施及时汇报调度。

2）现场检查时重点关注高压并联电抗器是否有爆燃造成人身伤害风险，并及时汇报现场检查情况。（当变压器一天内连续发生两次轻瓦斯报警时，应立即申请停电检查。非强迫油循环结构且未装排油注氮装置的变压器本体轻瓦斯报警，应立即申请停

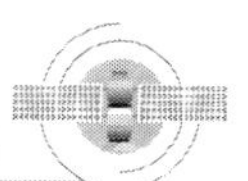

电检查。）

a. 立即将情况向省调汇报并申请将线路转检修。同时汇报有关领导和管控中心。

b. 待高压并联电抗器转检修后，进行现场检查本体及套管、冷却系统、非电量保护装置、储油柜，并取油样分析，重点对油位、气体继电器进行检查，包括油位是否正常、气体继电器及引线外观是否良好，内部是否有气体，浮球是否下沉。

若油位正常，气体继电器内无气体，浮球下沉，判断为气体继电器本身故障，更换气体继电器。

若气体继电器内无气体，且浮球未下沉，需对二次回路进行检查、处理。

若气体继电器内有气体，对气样进行成分分析。若气体主要成分为空气，需查明原因并处理。

若发现油色谱或气样异常，如确认数据无误，启动专家团队异常分析流程，并开展相关停电诊断性试验。

3）在取气及油色谱分析过程中，应高度注意人身安全，严防设备突发故障。

（九）高压并联电抗器中性点小电抗油温高告警

1. 信号释义

高压并联电抗器中性点小电抗本体油温高于告警限值。

2. 信号产生原因

高压并联电抗器中性点小电抗内部故障；油温表损坏误发。

3. 后果及危险点分析

造成高压并联电抗器中性点小电抗本体温度较高，威胁小电抗安全运行，油温过高将加速绝缘老化，严重时造成绝缘损坏。

4. 监控处置要点

1）监控员立即通知运维人员并汇报调度，了解小电抗油温高的原因；

2）了解现场的处置方法以及需要调度做的措施；

3）了解异常的原因、现场处置的情况，现场处置结束后，检查信号是否复归并做好记录。

5. 运维处置要点

1）检查各个温度计的工作情况，根据油位油温曲线表或热成像仪判明温度是否确实升高；

2）借助红外热成像仪检查中性点小电抗散热器温度，检查蝶阀开闭位置是否正确；

3）检查中性点小电抗的气体继电器内是否积聚了气体；

4）中性点小电抗油温不正常并不断上升，且经检查证明油温指示正确，则认为中性点小电抗已发生内部故障，应立即向调控中心汇报并经许可后将线路停运；

5）中性点小电抗的很多故障都有可能伴随急剧的温升，应检查运行电压是否过高，内部有无异常响声；

6）运维人员加强监视该小电抗油温监视，如有继续升高情况立即汇报调度。

（十）高压并联电抗器中性点小电抗油位异常

1. 信号释义

高压并联电抗器中性点小电抗油储油柜位异常时告警。

2. 信号产生原因

高压并联电抗器中性点小电抗内部故障；小电抗冷却器故障或异常；小电抗漏油造成的油位低；环境温度变化造成油位异常。

3. 后果及危险点分析

影响小电抗正常运行。

4. 监控处置要点

1）立即通知运维单位并汇报调度，了解小电抗油位异常的原因；

2）重点核实油位是过高还是过低，如过低有无渗漏现象；

3）了解异常的原因、现场处置的情况，现场处置结束后，检查信号是否复归并做好记录。

5. 运维处置要点

1）运维人员检查一、二次设备情况，重点核实油位是过高还是过低，如过低有无渗漏现象。

2）根据温度油位曲线，检查中性点小电抗储油柜油位表计指示值，正常运行油位与温度油位曲线相符。

3）当发现中性点小电抗的油面较当时油温所应有的油位显著降低时，应查明原因，并采取措施。同时检查事故油池中是否有明显的油渍漂浮在水面，确认事故油池中的油没有往站外排水系统排放。

4）中性点小电抗油位异常过高处理：

a. 如果中性点小电抗油位高出油位计的上限，且无其他异常，查明不是假油位所致，则应放油至当时温度相对应的高度，以免高压并联电抗器油溢出。

b. 如中性点小电抗因温度上升高出油位计上限，查明不是假油位所致，则应放油至于当时温度相对应的高度，以免中性点小电抗油溢出。

c. 检查吸湿器呼吸是否畅通及油标管是否堵塞，注意做好防止重瓦斯保护误动措施。

d. 若中性点小电抗无渗漏油现象，油温和油位偏差超过标准曲线，或油位超过极限位置上下限，联系检修人员处理。

e. 若假油位所致油位高出油位计上限，应该通知检修人员处理。

5）中性点小电抗油位异常过低处理：

a. 若中性点小电抗渗漏油造成油位下降，应立即采取措施制止漏油。若不能制止漏油，且油位计指示低于下限时，应立即将高压并联电抗器停运。

b. 若中性点小电抗无渗漏油现象，油位明显低于当时温度下应有油位，应尽快补油。

c. 若假油位所致油位低于油位计下限，应该通知检修人员处理。

第十节　站用交流系统

站用电在变电站内起着非常重要作用，380/220V 交流系统为站内设备提供操作电源、加热电源、冷却器电源、消防水系统电源、断路器储能电源等，是变电站高压设备正常运行的保障。

一、本体

（一）站用变温度高告警

1. 信号释义

站用变温度升高至报警限值时发出告警信号。

2. 信号产生原因

1）环境温度过高；

2）过电压造成的过负荷；

3）温度表或变送器等故障；

4）站用变冷却装置故障。

3. 后果及危险点分析

根据绝缘老化“6 度法则”，超出允许温升情况下的长时间运行将严重损害站用变的寿命。绝缘性能下降，可能出现绝缘放电、火灾等严重事故。

4. 监控处置要点

1）通知运维人员检查设备；

2）关注是否有伴生信息发出；

3）跟踪现场检查结果及处理进度，做好相关记录和沟通汇报。

5. 运维处置要点

1）核对站端后台告警信息。

2）检查站用变外观是否正常。

3）开启室内通风装置，检查站用变温度及冷却风机运行情况。

4）检查站用变负载情况，若站用变过负载运行，应转移、降低站用变负载。

5）检查温度控制器指示温度与红外测温数值是否相符。如果判明本体温度异常升高，应申请停用站用变及时检查处理。

6）无法恢复时通知检修人员处理。

7）将处理进度及时汇报监控。

（二）站用变温控器故障

1. 信号释义

温控器电源失电或温控器故障时发出此信号。

2. 信号产生原因

1）温控器电源空气开关跳闸；

2）温控器元件故障。

3. 后果及危险点分析

无法监视站用变温度，散热功能丧失，可能会导致站用变温度上升，造成设备绝缘老化。

4. 监控处置要点

1）通知运维人员检查设备；

2）核实温控器实际故障情况；

3）跟踪现场检查结果及处理进度，做好相关记录和沟通汇报。

5. 运维处置要点

1）现场检查温控器电源空气开关是否跳闸；

2）无法恢复时通知检修人员处理；

3）加强站用变巡视测温。

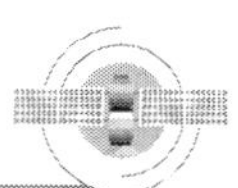

二、站用电低压

（一）站用变低压断路器跳闸

1. 信号释义

站用变低压断路器跳闸，该信号指示站用变低压断路器由合位运行状态发生故障跳闸行为。

2. 信号产生原因

1）低压回路故障，过电流保护动作跳开断路器；

2）保护模块误动作。

3. 后果及危险点分析

导致站用变低压断路器所连接母线失电，与本断路器所连接母线有关的单电源设备将不能正常工作。

4. 监控处置要点

1）通知运维人员检查设备；

2）检查一次图中断路器位置、断路器电流及低压母线电压等，核实断路器是否确实跳闸；

3）检查站用电双电源 ATS 装置或站用低压备自投保护是否可靠动作，是否有因低压失电造成的电源失电信息；

4）跟踪现场检查结果及处理进度，做好相关记录和沟通汇报。

5. 运维处置要点

1）现场检查站用变低压断路器具体位置；

2）若检查现场无异常，根据跳闸情况试合断路器，若试合失败，应通知检修人员处理；

3）有环路闸的单电源负荷进行合环运行；

4）将设备处理情况及时汇报监控人员。

（二）站用电分段断路器跳闸

1. 信号释义

站用电分段断路器跳闸。该信号指示站用电分段断路器由合位运行状态发生故障跳闸行为。

2. 信号产生原因

1）低压回路故障，过电流保护动作跳开分段断路器；

2）保护模块误动作。

3. 后果及危险点分析

导致分段断路器所带母线失电，与本断路器所带母线有关的单电源设备将不能正常工作。

4. 监控处置要点

1）通知运维人员检查设备；

2）检查一次图中断路器位置、断路器电流及低压母线电压等，核实断路器是否确实跳闸；

3）检查是否有因低压失电造成的电源失电信息；

4）跟踪现场检查结果及处理进度，做好相关记录和沟通汇报。

5. 运维处置要点

1）核对站端后台告警信息；

2）现场检查分段断路器具体位置；

3）若检查现场无异常，根据跳闸情况试合分段断路器，若试合失败，应通知检修人员处理；

4）有环路闸的单电源负荷进行合环运行；

5）将设备处理情况及时汇报监控人员。

（三）站用变低压断路器进线电源异常

1. 信号释义

站用变低压断路器进线电源异常由安装在断路器进线侧的电压监视装置发出。

2. 信号产生原因

1）站用变停电等导致的进线电源消失；

2）进线电源缺相；

3）进线电源短路。

3. 后果及危险点分析

造成站用变低压断路器所带母线电压异常或失电，威胁该母线所带负荷的正常运行。若母线失电，则与母线有关的单电源设备将不能正常工作。

4. 监控处置要点

1）通知运维人员检查设备；

2）检查一次图中站用变高压侧断路器位置、低压侧断路器电流及低压母线电压等；

3）检查是否有因低压失电造成的电源失电信息；

4）跟踪现场检查结果及处理进度，做好相关记录和沟通汇报。

5. 运维处置要点

1）核对站端后台告警信息；

2）现场检查站用变运行状况；

3）确认低压母线是否失电；

4）若低压断路器进线确已失电，分段断路器未备自投，可手动拉开低压断路器，并将分段断路器合入，保证低压正常供电；

5）无法恢复时通知检修人员处理；

6）将设备处理情况及时汇报监控人员。

（四）站用电分段断路器异常

1. 信号释义

由分段断路器的控制回路电源空气开关辅助触点或电源监视继电器动断触点、分合闸位置监视继电器动断触点、机构储能弹簧状态行程开关辅助触点合并后，经交流系统监控装置发出。

2. 信号产生原因

1）断路器机构控制回路故障；

2）断路器机构弹簧未储能；

3）断路器控制回路电源消失。

3. 后果及危险点分析

分段断路器无法正常分合闸。若分段断路器无法正常跳闸，可能造成站内低压全停。

4. 监控处置要点

1）通知运维人员检查设备；

2）跟踪现场检查结果及处理进度，做好相关记录和沟通汇报。

5. 运维处置要点

1）核对站端后台告警信息；

2）现场检查分段断路器运行状况；

3）无法恢复时通知检修人员处理；

4）将设备处理情况及时汇报监控人员。

（五）站用电低压断路器异常

1. 信号释义

由低压交流进线开关的控制回路电源空气开关辅助触点或电源监视继电器动断触点、分合闸位置监视继电器动断触点、机构储能弹簧状态行程开关辅助触点合并后经交流系统监控装置发出。

2. 信号产生原因

1）TA、TV 断线；

2）备自投装置有闭锁备自投信号开入；

3）断路器跳闸位置异常。

3. 后果及危险点分析

影响备自投功能。若备自投保护无法正确动作，可能会造成一段低压母线失电。

4. 监控处置要点

1）通知运维人员检查；

2）跟踪现场检查结果及处理进度，做好相关记录和沟通汇报。

5. 运维处置要点

1）核对站端后台告警信息；

2）现场检查低压运行状况；

3）无法恢复时通知检修人员处理；

4）将设备处理情况及时汇报监控人员。

三、低压备自投

（一）站用电备自投异常

1. 信号释义

备自投装置自检、巡检发生错误，不闭锁保护，但部分保护功能可能会受到影响。

2. 信号产生原因

1）TA、TV 断线；

2）备自投装置有闭锁备自投信号开入；

3）断路器跳闸位置异常。

3. 后果及危险点分析

影响备自投功能。若备自投保护无法正确动作，可能会造成一段低压母线失电。

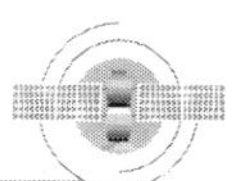

4. 监控处置要点

1）通知运维人员检查；

2）跟踪现场检查结果及处理进度，做好相关记录和沟通汇报。

5. 运维处置要点

1）现场检查备自投装置运行状况；

2）无法恢复时通知检修人员处理。

（二）站用电备自投故障

1. 信号释义

备自投装置自检、巡检发生严重错误，装置闭锁所有保护功能。

2. 信号产生原因

1）装置内部元件故障；

2）保护程序、定值出错等，自检、巡检异常；

3）装置直流电源消失。

3. 后果及危险点分析

备自投保护功能闭锁。备自投无法动作，当失去一段电源时无法自动投入。

4. 监控处置要点

1）通知运维人员检查；

2）跟踪现场检查结果及处理进度，做好相关记录和沟通汇报。

5. 运维处置要点

1）现场检查备自投装置运行状况；

2）无法恢复时通知检修人员处理。

第二章 二次设备典型信号辨识及处置

第一节　变压器保护

变压器保护为确保变压器的安全经济运行，当变压器发生短路故障时，应尽快切除变压器，而当变压器出现不正常运行方式时，应尽快发出报警信号并进行相应的处理。变压器主保护要有纵差（电流速断）保护、重瓦斯保护。后备保护主要有零序（方向）过电流、复合电压闭锁（方向）过电流、间隙过电流、间隙过电压保护、过负荷保护等。非电量保护一般包括：本体重瓦斯、本体轻瓦斯、有载重瓦斯、有载轻瓦斯、本体油位异常、本体压力释放（突变）、油温高、绕温高等。

一、事故类信号

（一）变压器保护出口

1. 信号释义

变压器保护动作发出跳闸命令。

2. 信号产生原因

变压器保护动作出口。

3. 后果及危险点分析

差动保护动作跳开各侧断路器。后备保护动作按照整定条件跳开相应的断路器，如果备自投不成功，可能造成负荷损失。

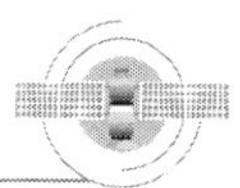

4. 监控处置要点

1）检查变压器各侧断路器位置及电流值，确认变压器各侧断路器已跳开；

2）梳理告警信息，查看备自投动作情况，是否有负荷损失；

3）记录时间、站名、跳闸变压器编号、保护信息及负荷损失情况，汇报调度，通知运维人员检查设备；

4）具备条件的，查看视频和故障录波辅助判断故障情况；

5）加强对运行变压器负载及油温的监视；

6）跟踪现场检查结果及处理进度，做好相关记录和沟通汇报；

7）配合调度做好事故处理。

5. 运维处置要点

1）迅速检查站用电及直流系统，检查 380V 母线电压是否正常。

2）站端后台检查主画面检查事故及告警信息。

3）保护（含故障录波）检查及报告打印。

4）一次设备检查：检查的重点是保护范围内的所有一次设备有无异常。

5）站用电检查：检查 380V Ⅰ、Ⅱ段母线运行正常，否则手动倒换至备用电源供电。如果无法恢复站用电，应联系移动发电车到现场支援。

6）初步分析：根据现场一、二次检查情况分析保护是否正确动作。

7）详将现场检查结果及处理进度，及时汇报调度和监控人员。

8）配合调度和监控做好事故处理。

（二）变压器差动保护出口

1. 信号释义

变压器差动保护动作发出跳闸命令。

2. 信号产生原因

变压器差动保护范围内发生故障，满足变压器差动保护动作出口条件。变压器差动保护以差动保护所用电流互感器为界，各侧电流互感器变压器侧为差动保护的保护范围。

3. 后果及危险点分析

差动保护动作跳开各侧断路器，如果备自投不成功，可能造成负荷损失。

4. 监控处置要点

1）检查变压器各侧断路器位置及电流值，确认变压器各侧断路器已跳开；

2）梳理告警信息，查看备自投动作情况，是否有负荷损失；

3）记录时间、站名、跳闸变压器编号、保护信息及负荷损失情况，汇报调度，通知运维人员检查设备；

4）具备条件的，查看视频和故障录波辅助判断故障情况；

5）加强对运行变压器负载及油温的监视；

6）跟踪现场检查结果及处理进度，做好相关记录和沟通汇报。

5. 运维处置要点

1）迅速检查站用电及直流系统，检查 380V 母线电压是否正常。

2）站端后台检查主画面检查事故及告警信息。

3）保护（含故障录波）检查及报告打印。

4）一次设备检查：检查的重点是主变压器差动保护范围内的所有一次设备有无异常。主变压器本体检查：有无喷油、冒烟及漏油现象；气体继电器、压力释放阀、有载调压开关有无异常；各侧套管、引线及接头有无异常；龙门架悬式绝缘子有无炸裂（注意高处设备检查用望远镜，发现异常时用相机拍照）；各侧断路器位置、压力及储能情况。各侧 TA 与主变压器之间设备：隔离开关支柱绝缘子、引线及接头无异常；悬式绝缘子有无炸裂。

5）站用电检查：检查 380V Ⅰ、Ⅱ段母线运行正常，否则手动倒换至备用电源供电。如果无法恢复站用电，应联系移动发电车到现场支援。

6）初步分析：现场检查差动保护范围内（各侧 TA 之间）未发现设备短路接地放电，查看故障录波等未发现故障信息，可判断为保护误动。若现场检查发现明显故障点，判断为保护正确动作。

7）详将现场检查结果及处理进度，及时汇报调度和监控人员。

8）配合调度和监控做好事故处理。

（三）变压器保护纵差差动速断出口

1. 信号释义

变压器差动速断保护动作出口。为了防止在较高短路电流水平时（nI_N），由于电流互感器饱和而产生大量高次谐波量，易造成差动保护拒动，因此设置差动速断保护。一般当短路电流达到定值要求时，差动速断元件快速出口跳闸。

2. 信号产生原因

1）变压器套管和引出线故障，差动保护范围内（差动保护用电流互感器之间）的一次设备短路故障；

2）变压器内部故障；

3）差动保护用电流互感器二次回路开路或短路。

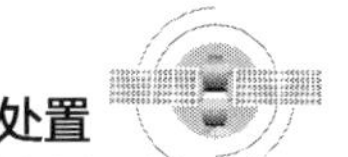

3. 后果及危险点分析

差动保护动作跳开各侧断路器，如果备自投不成功，可能造成负荷损失。

4. 监控处置要点

1）检查变压器各侧断路器位置及电流值，确认变压器各侧断路器已跳开；

2）梳理告警信息，查看备自投动作情况，是否有负荷损失；

3）记录时间、站名、跳闸变压器编号、保护信息及负荷损失情况，汇报调度，通知运维人员检查设备；

4）具备条件的，查看视频和故障录波辅助判断故障情况；

5）加强对运行变压器负载及油温的监视；

6）跟踪现场检查结果及处理进度，做好相关记录和沟通汇报；

7）配合调度做好事故处理。

5. 运维处置要点

1）迅速检查站用电及直流系统，检查 380V 母线电压是否正常。

2）站端后台检查主画面检查事故及告警信息。

3）保护（含故障录波）检查及报告打印。

4）一次设备检查：检查的重点是主变压器差动保护范围内的所有一次设备有无异常。主变压器本体检查：有无喷油、冒烟及漏油现象；气体继电器、压力释放阀、有载调压开关有无异常；各侧套管、引线及接头有无异常；龙门架悬式绝缘子有无炸裂（注意高处设备检查用望远镜，发现异常时用相机拍照）；各侧断路器位置、压力及储能情况。各侧 TA 与主变压器之间设备：隔离开关支柱绝缘子、引线及接头无异常；悬式绝缘子有无炸裂。

5）站用电检查：检查 380V Ⅰ、Ⅱ段母线运行正常，否则手动倒换至备用电源供电。如果无法恢复站用电，应联系移动发电车到现场支援。

6）初步分析：现场检查差动保护范围内（各侧 TA 之间）未发现设备短路接地放电，查看故障录波等未发现故障信息，可判断为保护误动。若现场检查发现明显故障点，判断为保护正确动作。

7）详将现场检查结果及处理进度，及时汇报调度和监控人员。

8）配合调度和监控做好事故处理。

（四）变压器保护工频变化量差动出口

1. 信号释义

变压器工频变化量差动保护动作出口。该保护利用电流工频变化量构成灵敏度很高的工频变化量比率差动元件，来检测常规稳态比率差动无法或很难反映的小电流故障。

2. 信号产生原因

1）变压器套管和引出线故障，差动保护范围内（差动保护用电流互感器之间）的一次设备短路故障；

2）变压器内部故障；

3）差动保护用电流互感器二次回路开路或短路。

3. 后果及危险点分析

差动保护动作跳开各侧断路器，如果备自投不成功，可能造成负荷损失。

4. 监控处置要点

1）检查变压器各侧断路器位置及电流值，确认变压器各侧断路器已跳开；

2）梳理告警信息，查看备自投动作情况，是否有负荷损失；

3）记录时间、站名、跳闸变压器编号、保护信息及负荷损失情况，汇报调度，通知运维人员检查设备；

4）具备条件的，查看视频和故障录波辅助判断故障情况；

5）加强对运行变压器负载及油温的监视；

6）跟踪现场检查结果及处理进度，做好相关记录和沟通汇报；

7）配合调度做好事故处理。

5. 运维处置要点

1）迅速检查站用电及直流系统，检查380V母线电压是否正常。

2）站端后台检查主画面检查事故及告警信息。

3）保护（含故障录波）检查及报告打印。

4）一次设备检查：检查的重点是主变压器差动保护范围内的所有一次设备有无异常。主变压器本体检查：有无喷油、冒烟及漏油现象；气体继电器、压力释放阀、有载调压开关有无异常；各侧套管、引线及接头有无异常；龙门架悬式绝缘子有无炸裂（注意高处设备检查用望远镜，发现异常时用相机拍照）；各侧断路器位置、压力及储能情况。各侧TA与主变压器之间设备：隔离开关支柱绝缘子、引线及接头无异常；悬式绝缘子有无炸裂。

5）站用电检查：检查380V Ⅰ、Ⅱ段母线运行正常，否则手动倒换至备用电源供电。如果无法恢复站用电，应联系移动发电车到现场支援。

6）初步分析：现场检查差动保护范围内（各侧TA之间）未发现设备短路接地放电，查看故障录波等未发现故障信息，可判断为保护误动。若现场检查发现明显故障点，判断为保护正确动作。

7）详将现场检查结果及处理进度，及时汇报调度和监控人员。

8）配合调度和监控做好事故处理。

（五）变压器分侧差动保护出口

1. 信号释义

变压器分侧差动保护动作出口。一般只适用于500kV及以上电压等级单相变压器。分侧差动保护不能保护变压器绕组常见的匝间短路，不能替代变压器比率差动保护。

2. 信号产生原因

1）保护范围内发生故障；

2）变压器分侧差动保护用电流互感器二次回路开路或短路。

3. 后果及危险点分析

差动保护动作跳开各侧断路器，如果备自投不成功，可能造成负荷损失。

4. 监控处置要点

1）检查变压器各侧断路器位置及电流值，确认变压器各侧断路器已跳开；

2）梳理告警信息，查看备自投动作情况，是否有负荷损失；

3）记录时间、站名、跳闸变压器编号、保护信息及负荷损失情况，汇报调度，通知运维人员检查设备；

4）具备条件的，查看视频和故障录波辅助判断故障情况；

5）加强对运行变压器负载及油温的监视；

6）跟踪现场检查结果及处理进度，做好相关记录和沟通汇报；

7）配合调度做好事故处理。

5. 运维处置要点

1）迅速检查站用电及直流系统，检查380V母线电压是否正常。

2）站端后台检查主画面检查事故及告警信息。

3）保护（含故障录波）检查及报告打印。

4）一次设备检查：检查的重点是主变压器差动保护范围内的所有一次设备有无异常。主变压器本体检查：有无喷油、冒烟及漏油现象；气体继电器、压力释放阀、有载调压开关有无异常；各侧套管、引线及接头有无异常；龙门架悬式绝缘子有无炸裂（注意高处设备检查用望远镜，发现异常时用相机拍照）；各侧断路器位置、压力及储能情况。各侧TA与主变压器之间设备：隔离开关支柱绝缘子、引线及接头无异常；悬式绝缘子有无炸裂。

5）站用电检查：检查380V Ⅰ、Ⅱ段母线运行正常，否则手动倒换至备用电源供电。如果无法恢复站用电，应联系移动发电车到现场支援。

6）初步分析：现场检查差动保护范围内（各侧 TA 之间）未发现设备短路接地放电，查看故障录波等未发现故障信息，可判断为保护误动。若现场检查发现明显故障点，判断为保护正确动作。

7）详将现场检查结果及处理进度，及时汇报调度和监控人员。

8）配合调度和监控做好事故处理。

（六）变压器零序分量差动保护出口

1. 信号释义

变压器零序分量差动保护动作出口。零序分量差动保护对接地短路故障的灵敏度比相间短路差动保护的灵敏度高。零序分量差动保护不受变压器励磁涌流及带负载调压的影响，动作灵敏度高。

2. 信号产生原因

1）保护范围内发生接地故障；

2）变压器零序分量差动保护用电流互感器二次回路开路或短路。

3. 后果及危险点分析

差动保护动作跳开各侧断路器，如果备自投不成功，可能造成负荷损失。

4. 监控处置要点

1）检查变压器各侧断路器位置及电流值，确认变压器各侧断路器已跳开；

2）梳理告警信息，查看备自投动作情况，是否有负荷损失；

3）记录时间、站名、跳闸变压器编号、保护信息及负荷损失情况，汇报调度，通知运维人员检查设备；

4）具备条件的，查看视频和故障录波辅助判断故障情况；

5）加强对运行变压器负载及油温的监视；

6）跟踪现场检查结果及处理进度，做好相关记录和沟通汇报；

7）配合调度做好事故处理。

5. 运维处置要点

1）迅速检查站用电及直流系统，检查 380V 母线电压是否正常。

2）站端后台检查主画面检查事故及告警信息。

3）保护（含故障录波）检查及报告打印。

4）一次设备检查：检查的重点是主变压器差动保护范围内的所有一次设备有无异常。主变压器本体检查：有无喷油、冒烟及漏油现象；气体继电器、压力释放阀、有载

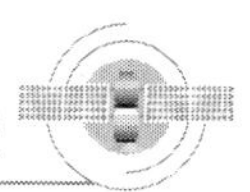

调压开关有无异常；各侧套管、引线及接头有无异常；龙门架悬式绝缘子有无炸裂（注意高处设备检查用望远镜，发现异常时用相机拍照）；各侧断路器位置、压力及储能情况。各侧 TA 与主变压器之间设备：隔离开关支柱绝缘子、引线及接头无异常；悬式绝缘子有无炸裂。

5）站用电检查：检查 380V Ⅰ、Ⅱ段母线运行正常，否则手动倒换至备用电源供电。如果无法恢复站用电，应联系移动发电车到现场支援。

6）初步分析：现场检查差动保护范围内（各侧 TA 之间）未发现设备短路接地放电，查看故障录波等未发现故障信息，可判断为保护误动。若现场检查发现明显故障点，判断为保护正确动作。

7）详将现场检查结果及处理进度，及时汇报调度和监控人员。

8）配合调度和监控做好事故处理。

（七）变压器高压侧后备保护出口

1. 信号释义

变压器高压侧后备保护动作出口至母联（分段）、本侧断路器或各侧断路器。后备保护的范围由定值整定的方式决定。可作为本侧母线保护的后备保护，也可作为变压器主保护的后备保护，还可作为中低压侧保护的远后备保护。

2. 信号产生原因

1）变压器及其套管、引出线故障，变压器主保护未动；

2）变压器高压侧母线、线路故障，相关保护拒动；

3）系统发生接地故障，大电流接地系统失去中性点后，致使变压器中性点电压升高或间隙击穿。

3. 后果及危险点分析

母联分段跳闸或变压器各侧断路器跳闸。

4. 监控处置要点

1）检查变压器断路器、母联分段断路器位置及电流值，确认相应开关已跳开；

2）梳理告警信息，查看变电站是否有负荷损失；

3）记录时间、站名、编号、保护信息及负荷损失情况，汇报调度，通知运维人员检查设备；

4）具备条件的，查看视频和故障录波辅助判断故障情况；

5）加强对运行变压器负载及油温的监视；

6）跟踪现场检查结果及处理进度，做好相关记录和沟通汇报；

7）配合调度做好事故处理。

5. 运维处置要点

1）迅速检查直流系统是否正常，检查 380V 母线电压是否正常；

2）站端后台检查主画面检查事故及告警信息；

3）保护（含故障录波）检查及报告打印；

4）检查高压侧线路保护、母差保护是否有动作信号，是否有断路器闭锁信号；

5）检查中、低压侧是否有故障、保护动作信号、断路器闭锁信号；

6）加强对运行变压器的巡视；

7）配合调度和监控做好事故处理。

（八）变压器中压侧后备保护出口

1. 信号释义

变压器中压侧后备保护动作出口至母联（分段）、本侧断路器或各侧断路器。后备保护的范围由定值整定的方式决定。

2. 信号产生原因

1）变压器及其套管、引出线故障，变压器保护拒动；

2）中压侧母线、线路故障，相关保护拒动；

3）系统发生接地故障，大电流接地系统失去中性点后，致使变压器中性点电压升高或间隙击穿。

3. 后果及危险点分析

母联分段跳闸或变压器各侧断路器跳闸，如果备自投不成功，可能造成负荷损失。

4. 监控处置要点

1）检查变压器断路器、母联分段断路器位置及电流值，确认相应开关已跳开；

2）梳理告警信息，记录时间、站名、编号、保护信息及负荷损失情况，汇报调度，通知运维人员检查设备；

3）具备条件的，查看视频和故障录波辅助判断故障情况；

4）加强对运行变压器负载及油温的监视；

5）跟踪现场检查结果及处理进度，做好相关记录和沟通汇报；

6）配合调度做好事故处理。

5. 运维处置要点

1）迅速检查直流系统是否正常，检查 380V 母线电压是否正常；

2）站端后台检查主画面检查事故及告警信息；

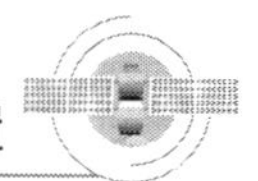

3）保护（含故障录波）检查及报告打印；

4）检查中压侧线路保护、母差保护是否有动作信号，是否有断路器闭锁信号；

5）加强对运行变压器的巡视；

6）配合调度和监控做好事故处理。

（九）变压器低压侧 × 支后备保护出口

1. 信号释义

变压器低压侧 × 支后备保护动作出口至母联（分段）、相应断路器。低压侧后备保护范围一般为变压器低压侧设备或低压侧母线及线路。

2. 信号产生原因

1）变压器及其低压套管、引出线故障，变压器保护拒动；

2）低压侧母线、线路故障，相关保护拒动。

3. 后果及危险点分析

母联（分段）或相应断路器跳闸。

4. 监控处置要点

1）检查变压器断路器、母联分段断路器位置及电流值，确认相应开关已跳开；

2）梳理告警信息，记录时间、站名、编号、保护信息及负荷损失情况，汇报调度，通知运维人员检查设备；

3）具备条件的，查看视频和故障录波辅助判断故障情况；

4）加强对运行变压器负载及油温的监视；

5）跟踪现场检查结果及处理进度，做好相关记录和沟通汇报；

6）配合调度做好事故处理。

5. 运维处置要点

1）迅速检查直流系统是否正常，检查 380V 母线电压是否正常；

2）站端后台检查主画面检查事故及告警信息；

3）保护（含故障录波）检查及报告打印；

4）检查低压侧母线是否发生短路故障或者是低压线路故障保护拒动或断路器拒动；

5）加强对运行变压器的巡视；

6）配合调度和监控做好事故处理。

（十）变压器失灵保护联跳三侧

1. 信号释义

失灵保护动作联跳变压器各侧断路器。

2. 信号产生原因

断路器拒动。

3. 后果及危险点分析

扩大停电范围。

4. 监控处置要点

1）检查相应断路器位置及电流值，确认开关已跳开；

2）梳理告警信息记录时间、站名、编号、保护信息及负荷损失情况，汇报调度，通知运维人员检查设备；

3）具备条件的，查看视频和故障录波辅助判断故障情况；

4）跟踪现场检查结果及处理进度，做好相关记录和沟通汇报；

5）配合调度做好事故处理。

5. 运维处置要点

1）迅速检查直流系统是否正常，检查 380V 母线电压是否正常；

2）站端后台检查主画面检查事故及告警信息；

3）保护（含故障录波）检查及报告打印；

4）检查跳闸断路器实际位置；站内一、二次设备是否有异常；

5）加强对运行变压器的巡视；

6）配合调度和监控做好事故处理。

（十一）变压器中性点保护出口

1. 信号释义

变压器中性点保护动作出口。

2. 信号产生原因

1）中性点间隙过电流或过电压动作；

2）中性点零序过电流或过电压动作。

3. 后果及危险点分析

变压器各侧断路器跳闸，间隙保护联切小电源，如果备自投不成功，可能造成负荷损失。

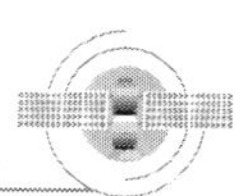

4. 监控处置要点

1）检查变压器各侧断路器位置及电流值，确认变压器各侧断路器已跳开；

2）梳理告警信息，查看备自投动作情况，是否有负荷损失；

3）记录时间、站名、跳闸变压器编号、保护信息及负荷损失情况，汇报调度，通知运维人员检查设备；

4）具备条件的，查看视频和故障录波辅助判断故障情况；

5）加强对运行变压器负载及油温的监视；

6）跟踪现场检查结果及处理进度，做好相关记录和沟通汇报；

7）配合调度做好事故处理。

5. 运维处置要点

1）迅速检查直流系统是否正常，检查 380V 母线电压是否正常；

2）站端后台检查主画面检查事故及告警信息；

3）保护（含故障录波）检查及报告打印；

4）检查实际位置；站内一、二次设备是否有异常；

5）加强对运行变压器的巡视；

6）配合调度和监控做好事故处理。

二、告警类信号

（一）变压器保护装置故障

1. 信号释义

变压器保护装置软硬件损坏或由于装置断电导致无法正常工作。

2. 信号产生原因

1）装置程序出错导致自检、巡检异常；

2）装置插件损坏；

3）装置失电。

3. 后果及危险点分析

闭锁所有保护功能，若此时保护范围发生故障，该保护拒动，可能会导致故障越级。

4. 监控处置要点

1）按照异常处理流程处置，通知运维人员现场检查并向相应调度汇报；

2）具备条件的保护装置宜尝试远方复归操作，将复归结果汇报相应调度并通知运维人员；

3）做好接收调度指令准备；

4）跟踪现场检查结果及处理进度，做好相关记录和沟通汇报。

5. 运维处置要点

1）核对站端后台告警信息。

2）现场确认保护装置故障信息，检查装置报文及指示灯：若保护装置“运行”灯灭或“故障”灯亮，代表装置已闭锁所有保护功能。应当通过查阅自检报告找出故障原因，并通知检修人员现场检查、处理。

3）需退出保护装置处理时，应向相应调度申请。

4）将现场检查结果及处理进度，及时汇报调度和监控人员。

5）配合调度做好相关操作。

（二）变压器保护装置异常

1. 信号释义

当变压器保护装置出现异常情况时，发出告警信息，部分功能可能受到影响。

2. 信号产生原因

1）变压器保护装置内部通信出错、长期启动等；

2）变压器保护装置自检、巡检异常；

3）变压器保护装置 TV、TA 断线。

3. 后果及危险点分析

可能影响部分保护功能，导致保护拒动或误动。

4. 监控处置要点

1）按照异常处理流程处置，通知运维人员现场检查并向相应调度汇报；

2）具备条件的保护装置宜尝试远方复归操作，将复归结果汇报相应调度并通知运维人员；

3）做好接收调度指令准备；

4）跟踪现场检查结果及处理进度，做好相关记录和沟通汇报。

5. 运维处置要点

1）核对站端后台告警信息。

2）现场确认保护装置异常信号，检查装置报文及指示灯：“运行 ”灯仍亮，说明装置检测到有异常，但不闭锁保护。应根据液晶屏上的异常报告，查找告警原因，并尽快恢复；“运行”灯熄灭，保护装置面板“报警”灯亮，说明装置检测到本身软硬件有故障或直流消失，闭锁保护。应设法恢复，无法复归需通知检修人员现场检查、处理。

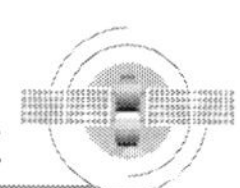

3）需退出保护装置处理时，应向相应调度申请。

4）将现场检查结果及处理进度，及时汇报调度和监控人员。

5）配合调度做好相关操作。

（三）变压器保护差流越限

1. 信号释义

变压器保护电流值达到越限定值，装置延时发告警信息。

2. 信号产生原因

1）电流达到告警值；

2）采样不准确。

3. 后果及危险点分析

启动元件动作，可能导致保护误动。

4. 监控处置要点

1）按照异常处理流程处置，通知运维人员现场检查并向相应调度汇报；

2）具备条件的保护装置宜尝试远方复归操作，将复归结果汇报相应调度并通知运维人员；

3）做好接收调度指令准备；

4）跟踪现场检查结果及处理进度，做好相关记录和沟通汇报。

5. 运维处置要点

1）核对站端后台告警信息；

2）现场确认保护装置异常信号，检查装置报文及指示灯，无论差流越限是否可以复归，均需通知检修人员现场检查、处理；

3）无法复归时向相应调度申请退出该套保护；

4）看保护装置差流值是否平衡，与定值核对差流是否越限；

5）对保护范围内一次进行检查，重点检查 TA 是否有异响等；

6）将现场检查结果及处理进度，及时汇报调度和监控人员；

7）配合调度做好相关操作。

（四）变压器保护 TA 断线

1. 信号释义

变压器保护装置检测到电流互感器二次回路开路或采样值异常等原因造成不平衡电流超过告警定值延时发 TA 断线告警信息，闭锁部分保护功能。

2. 信号产生原因

1）电流互感器本体故障；

2）电流互感器二次回路断线（含端子松动、接触不良）或短路；

3）变压器保护装置采样插件损坏。

3. 后果及危险点分析

1）根据定值单控制字决定变压器保护装置差动保护功能是否闭锁；

2）变压器保护装置过电流保护功能不可用。

4. 监控处置要点

1）按照异常处理流程处置，通知运维人员现场检查并向相应调度汇报；

2）具备条件的保护装置宜尝试远方复归操作，将复归结果汇报相应调度并通知运维人员；

3）做好接收调度指令准备；

4）跟踪现场检查结果及处理进度，做好相关记录和沟通汇报。

5. 运维处置要点

1）核对站端后台告警信息；

2）现场确认保护装置异常信号，检查装置报文及指示灯，无论是否可以复归，均需通知检修人员现场检查、处理；

3）无法复归时向相应调度申请退出该套保护；

4）检查电流回各个接线端子、线头是否松脱，连接片是否可靠，有无放电、烧焦现象（应注意可能产生的高电压），并对电流二次回路进行红外测温；

5）将现场检查结果及处理进度，及时汇报调度和监控人员；

6）配合调度做好相关操作。

（五）变压器保护高压侧 TA 断线

1. 信号释义

变压器保护装置检测到高压侧电流互感器二次回路开路或采样值异常等原因造成不平衡电流超过告警定值延时发 TA 断线告警信息，闭锁部分保护功能。

2. 信号产生原因

1）电流互感器本体故障；

2）电流互感器二次回路断线（含端子松动、接触不良）或短路；

3）变压器保护装置采样插件损坏。

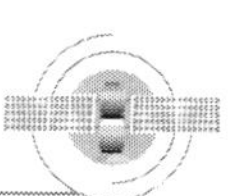

3. 后果及危险点分析

1）根据定值单控制字决定变压器保护装置差动保护功能是否闭锁；

2）变压器保护装置高压侧过电流保护功能不可用。

4. 监控处置要点

1）按照异常处理流程处置，通知运维人员现场检查并向相应调度汇报；

2）具备条件的保护装置宜尝试远方复归操作，将复归结果汇报相应调度并通知运维人员；

3）做好接收调度指令准备；

4）跟踪现场检查结果及处理进度，做好相关记录和沟通汇报。

5. 运维处置要点

1）核对站端后台告警信息；

2）现场确认保护装置异常信号，检查装置报文及指示灯，无论是否可以复归，均需通知检修人员现场检查、处理；

3）无法复归时向相应调度申请退出相关保护；

4）检查电流回各个接线端子、线头是否松脱，连接片是否可靠，有无放电、烧焦现象（应注意可能产生的高电压），并对电流二次回路进行红外测温；

5）将现场检查结果及处理进度，及时汇报调度和监控人员；

6）配合调度做好相关操作。

（六）变压器保护中压侧 TA 断线

1. 信号释义

变压器保护装置检测到中压侧电流互感器二次回路开路或采样值异常等原因造成不平衡电流超过告警定值延时发 TA 断线告警信息，闭锁部分保护功能。

2. 信号产生原因

1）电流互感器本体故障；

2）电流互感器二次回路断线（含端子松动、接触不良）或短路；

3）变压器保护装置采样插件损坏。

3. 后果及危险点分析

1）根据定值单控制字决定变压器保护装置差动保护功能是否闭锁；

2）变压器保护装置中压侧过电流保护功能不可用。

4. 监控处置要点

1）按照异常处理流程处置，通知运维人员现场检查并向相应调度汇报；

2）具备条件的保护装置宜尝试远方复归操作，将复归结果汇报相应调度并通知运维人员；

3）做好接收调度指令准备；

4）跟踪现场检查结果及处理进度，做好相关记录和沟通汇报。

5. 运维处置要点

1）核对站端后台告警信息；

2）现场确认保护装置异常信号，检查装置报文及指示灯，无论是否可以复归，均需通知检修人员现场检查、处理；

3）无法复归时向相应调度申请退出相关保护；

4）检查电流回各个接线端子、线头是否松脱，连接片是否可靠，有无放电、烧焦现象（应注意可能产生的高电压），并对电流二次回路进行红外测温；

5）将现场检查结果及处理进度，及时汇报调度和监控人员；

6）配合调度做好相关操作。

（七）变压器保护低压侧 TA 断线

1. 信号释义

变压器保护装置检测到低压侧电流互感器二次回路开路或采样值异常等原因造成不平衡电流超过告警定值延时发 TA 断线告警信息，闭锁部分保护功能。

2. 信号产生原因

1）电流互感器本体故障；

2）电流互感器二次回路断线（含端子松动、接触不良）或短路；

3）变压器保护装置采样插件损坏。

3. 后果及危险点分析

1）根据定值单控制字决定变压器保护装置差动保护功能是否闭锁；

2）变压器保护装置低压侧过电流保护功能不可用。

4. 监控处置要点

1）按照异常处理流程处置，通知运维人员现场检查并向相应调度汇报；

2）具备条件的保护装置宜尝试远方复归操作，将复归结果汇报相应调度并通知运维人员；

3）做好接收调度指令准备；

4）跟踪现场检查结果及处理进度，做好相关记录和沟通汇报。

5. 运维处置要点

1）核对站端后台告警信息；

2）现场确认保护装置异常信号，检查装置报文及指示灯，无论是否可以复归，均需通知检修人员现场检查、处理；

3）无法复归时向相应调度申请退出相关保护；

4）检查电流回各个接线端子、线头是否松脱，连接片是否可靠，有无放电、烧焦现象（应注意可能产生的高电压），并对电流二次回路进行红外测温；

5）将现场检查结果及处理进度，及时汇报调度和监控人员；

6）配合调度做好相关操作。

（八）变压器保护高（中 / 低）TV 断线

1. 信号释义

变压器保护装置检测到主变压器高（中 / 低）电压异常，延时发 TV 断线告警信息。

2. 信号产生原因

1）电压互感器本体故障；

2）电压互感器二次回路断线（含端子松动、接触不良）或短路；

3）变压器保护装置采样插件损坏。

3. 后果及危险点分析

1）变压器保护装置方向元件退出；

2）复压闭锁功能退出。

4. 监控处置要点

1）按照异常处理流程处置，通知运维人员现场检查并向相应调度汇报；

2）具备条件的保护装置宜尝试远方复归操作，将复归结果汇报相应调度并通知运维人员；

3）做好接收调度指令准备；

4）跟踪现场检查结果及处理进度，做好相关记录和沟通汇报。

5. 运维处置要点

1）核对站端后台告警信息。

2）现场确认保护装置异常信号，检查装置报文及指示灯，装置母线电压和线路电压采样值是否正常。

3）检查保护屏背后及端子箱 TV 二次空气开关是否跳闸，如确实由二次空气开关跳闸引起，则应试合一次 TV 二次空气开关；试合 TV 二次空气开关仍跳开，则检查电压二次回路有无明显接地、短路、接触不良现象，无法复归需通知检修人员现场检查、处理。

4）需退出该套装置和电压相关的保护处理时，应向相应调度申请。

5）将现场检查结果及处理进度，及时汇报调度和监控人员。

6）配合调度做好相关操作。

（九）变压器保护装置通信中断

1. 信号释义

变压器保护装置与后台机、远动、规约转换等装置通信中断。

2. 信号产生原因

1）保护装置网线接口损坏或接触不良；

2）相应交换机故障。

3. 后果及危险点分析

保护装置部分信号无法上送。保护动作信息无法正常上送，影响监控员对事故的判断和后续处理。

4. 监控处置要点

1）按照异常处理流程处置，通知运维人员现场检查并向相应调度汇报；

2）待运维人员到达现场后，将相关监控职责移交站端；

3）处理完毕后，核实站端监控期间是否有异常，确认无误后收回相应监控职责。

5. 运维处置要点

1）核对站端后台告警信息。

2）现场检查保护装置告警信息及运行工况，检查保护装置通信插件是否异常，同时用插拔网线、重启交换机等方法恢复。无法复归需通知检修人员现场检查、处理。

3）将现场检查结果及处理进度，及时汇报调度和监控人员。

（十）变压器保护 SV 总告警

1. 信号释义

变压器保护装置接收 SV 报文出现异常时，发出总告警。

2. 信号产生原因

1）SV 物理链路中断；

2）与 SV 链路对端装置检修不一致；

3）SV 报文数据异常，或发送和接收不匹配。

3. 后果及危险点分析

变压器保护装置无法正常接收 SV 报文，可能会导致保护误动或拒动。

4. 监控处置要点

1）按照异常处理流程处置，通知运维人员现场检查并向相应调度汇报；

2）具备条件的保护装置宜尝试远方复归操作，将复归结果汇报相应调度并通知运维人员；

3）做好接收调度指令准备；

4）跟踪现场检查结果及处理进度，做好相关记录和沟通汇报。

5. 运维处置要点

1）核对站端后台告警信息；

2）表明主变压器电量保护至少有一个 SV 链路告警，现场确认保护装置异常信号，检查装置报文及“采样异常”指示灯，无法复归需通知检修人员现场检查、处理，无法复归需通知检修人员现场检查、处理；

3）需退出保护装置处理时，应向相应调度申请；

4）将现场检查结果及处理进度，及时汇报调度和监控人员；

5）配合调度做好相关操作。

（十一）变压器保护 SV 采样链路中断

1. 信号释义

变压器保护装置接收 SV 链路中断引起的 SV 报文接收异常。

2. 信号产生原因

1）SV 物理链路中断；

2）SV 报文数据异常，或发送和接收不匹配。

3. 后果及危险点分析

变压器保护装置无法正常接收 SV 报文，可能会导致保护误动或拒动。

4. 监控处置要点

1）按照异常处理流程处置，通知运维人员现场检查并向相应调度汇报；

2）具备条件的保护装置宜尝试远方复归操作，将复归结果汇报相应调度并通知运维人员；

3）做好接收调度指令准备；

4）跟踪现场检查结果及处理进度，做好相关记录和沟通汇报。

5. 运维处置要点

1）核对站端后台告警信息；

2）表明主变压器电量保护至少有一 SV 链路告警，现场确认保护装置异常信号，检查装置报文及“采样异常”指示灯，无法复归需通知检修人员现场检查、处理，无法复归需通知检修人员现场检查、处理；

3）需退出保护装置处理时，应向相应调度申请；

4）将现场检查结果及处理进度，及时汇报调度和监控人员；

5）配合调度做好相关操作。

（十二）变压器保护 ××SV 采样链路中断

1. 信号释义

变压器保护装置接收 SV 链路中断引起的 SV 报文接收异常。

2. 信号产生原因

1）SV 物理链路中断；

2）SV 报文数据异常，或发送和接收不匹配。

3. 后果及危险点分析

变压器保护装置无法正常接收 SV 报文，可能会导致保护误动或拒动。

4. 监控处置要点

1）按照异常处理流程处置，通知运维人员现场检查并向相应调度汇报；

2）具备条件的保护装置宜尝试远方复归操作，将复归结果汇报相应调度并通知运维人员；

3）做好接收调度指令准备；

4）跟踪现场检查结果及处理进度，做好相关记录和沟通汇报。

5. 运维处置要点

1）核对站端后台告警信息；

2）现场确认保护装置异常信号，检查装置报文及“采样异常”指示灯，检查该路 SV 光纤接头是否有脱落、断线、松动，光纤配线盒对应的光纤跳线接头是否有脱落、断线、松动，无法复归需通知检修人员现场检查、处理；

3）需退出保护装置处理时，应向相应调度申请；

4）将现场检查结果及处理进度，及时汇报调度和监控人员；

5）配合调度做好相关操作。

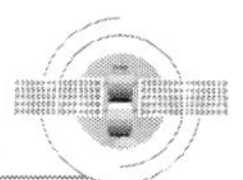

（十三）变压器保护 GOOSE 总告警

1. 信号释义

变压器保护装置接收 GOOSE 报文出现异常时，发出总告警。

2. 信号产生原因

1）GOOSE 物理链路中断；

2）与 GOOSE 链路对端装置检修不一致；

3）GOOSE 报文数据异常，或发送和接收不匹配。

3. 后果及危险点分析

变压器保护装置无法接收 GOOSE 报文，可能会导致保护误动或拒动。

4. 监控处置要点

1）按照异常处理流程处置，通知运维人员现场检查并向相应调度汇报；

2）具备条件的保护装置宜尝试远方复归操作，将复归结果汇报相应调度并通知运维人员；

3）做好接收调度指令准备；

4）跟踪现场检查结果及处理进度，做好相关记录和沟通汇报。

5. 运维处置要点

1）核对站端后台告警信息；

2）表明该套主变压器电量保护至少有一个 GOOSE 链路告警，现场确认保护装置异常信号，检查装置报文及指示灯，无法复归需通知检修人员现场检查、处理；

3）需退出保护装置或智能终端处理时，应向相应调度申请；

4）将现场检查结果及处理进度，及时汇报调度和监控人员；

5）配合调度做好相关操作。

（十四）变压器保护 GOOSE 链路中断

1. 信号释义

变压器保护装置接收 ×× 装置 GOOSE 链路中断。

2. 信号产生原因

1）GOOSE 物理链路中断；

2）GOOSE 报文数据异常，或发送和接收不匹配。

3. 后果及危险点分析

变压器保护装置无法接收 GOOSE 报文，可能会导致保护误动或拒动。

4. 监控处置要点

1）按照异常处理流程处置，通知运维人员现场检查并向相应调度汇报；

2）具备条件的保护装置宜尝试远方复归操作，将复归结果汇报相应调度并通知运维人员；

3）做好接收调度指令准备；

4）跟踪现场检查结果及处理进度，做好相关记录和沟通汇报。

5. 运维处置要点

1）核对站端后台告警信息；

2）表明该套主变压器电量保护至少有一 GOOSE 链路告警，现场确认保护装置异常信号，检查装置报文及指示灯，无法复归需通知检修人员现场检查、处理；

3）需退出保护装置或智能终端处理时，应向相应调度申请；

4）将现场检查结果及处理进度，及时汇报调度和监控人员；

5）配合调度做好相关操作。

（十五）变压器保护 ××GOOSE 链路中断

1. 信号释义

变压器保护装置接收 ×× 装置 GOOSE 链路中断。

2. 信号产生原因

1）GOOSE 物理链路中断；

2）GOOSE 报文数据异常，或发送和接收不匹配。

3. 后果及危险点分析

变压器保护装置无法接收 GOOSE 报文，可能会导致保护误动或拒动。

4. 监控处置要点

1）按照异常处理流程处置，通知运维人员现场检查并向相应调度汇报；

2）具备条件的保护装置宜尝试远方复归操作，将复归结果汇报相应调度并通知运维人员；

3）做好接收调度指令准备；

4）跟踪现场检查结果及处理进度，做好相关记录和沟通汇报。

5. 运维处置要点

1）核对站端后台告警信息。

2）现场确认保护装置异常信号，检查装置报文及指示灯，检查此时应检查该路 GOOSE 光纤接头是否有脱落、断线、松动，光纤配线盒对应的光纤跳线接头是否有脱落、断线、松动。无法复归需通知检修人员现场检查、处理。

3）需退出保护装置或智能终端处理时，应向相应调度申请。

4）将现场检查结果及处理进度，及时汇报调度和监控人员。

5）配合调度做好相关操作。

（十六）变压器保护对时异常

1. 信号释义

变压器保护装置需要接收外部时间信号，以保证装置时间的准确性。当装置外接对时源失能而又没有同步上外界时间信号时，报出该信号。

2. 信号产生原因

时钟装置发送的对时信号异常、外部时间信号丢失、对时光纤或电缆连接异常、装置对时插件故障等。

3. 后果及危险点分析

变压器保护装置长时间对时丢失，将影响就地事件（SOE）的时标精确性和对事故跳闸的分析。

4. 监控处置要点

1）按照异常处理流程处置，通知运维人员现场检查；

2）具备条件的保护装置宜尝试远方复归操作，并将复归结果通知运维人员；

3）跟踪现场检查结果及处理进度，做好相关记录和沟通汇报。

5. 运维处置要点

1）核对站端后台告警信息；

2）表明主变压器电量保护装置与同步对时装置对时异常，现场确认保护装置异常信号，检查装置报文及指示灯，无法复归需通知检修人员现场检查、处理；

3）将现场检查结果及处理进度，及时汇报监控人员。

（十七）变压器保护检修不一致

1. 信号释义

变压器保护装置与其有逻辑联系的装置检修压板投入状态不一致。

2. 信号产生原因

变压器保护装置与其有逻辑联系的智能终端、合并单元等装置检修压板投入状态不一致。

3. 后果及危险点分析

保护装置不会出口，可能造成保护拒动。

4. 监控处置要点

1）按照异常处理流程处置，通知运维人员现场检查；

2）核实现场检查结果，必要时向相应调度汇报；

3）跟踪现场检查结果及处理进度，做好相关记录和沟通汇报。

5. 运维处置要点

1）核对站端后台告警信息；

2）检查保护装置及与其有逻辑联系的智能终端、合并单元中检修压板投入情况；

3）确认相关装置检修压板状态是否正确；

4）将现场检查结果及处理进度，及时汇报监控人员。

（十八）变压器保护过负荷告警

1. 信号释义

变压器 ×× 侧电流超过过负荷告警值。

2. 信号产生原因

1）变压器负荷增大，达到过负荷告警整定值；

2）事故过负荷。

3. 后果及危险点分析

增加变压器损耗，可能加速变压器内部组件绝缘老化。

4. 监控处置要点

1）加强变压器运行监视，通知运维人员；

2）汇报相应调度；

3）做好接收调度指令和操作准备；

4）跟踪现场检查结果及处理进度，做好相关记录和沟通汇报。

5. 运维处置要点

1）核对站端后台告警信息；

2）密切监视负荷、油温、油位情况，记录过负荷起始时间、负荷值及当时环境温度；

3）查阅相应型号变压器过负荷限制表，按表内所列数据对正常过负荷和事故过负荷的幅度和时间进行监视和控制；

4）检查冷却装置投入情况，将冷却装置（风扇）全部投入运行；

5）进行设备特巡和红外测温，重点检查冷却器系统运转情况及各连触点有无发热情况；

6）将现场检查结果及处理进度，及时汇报调度和监控人员；

7）配合调度做好相关操作。

第二节　断路器保护

在 3/2 接线方式中把失灵保护、自动重合闸、三相不一致保护、死区保护、充电保护做在一个装置内，这个装置称作断路器保护装置。

一、事故类信号

（一）保护动作

1. 信号释义

当保护装置出口并触发跳闸信号保持继电器动作后发出，一般还会伴有断路器变位事项和相应信号。

2. 信号产生原因

1）线路故障保护动作，断路器保护单相或三相跟跳、两相联跳三相出口；

2）充电范围内一次设备故障，充电、零序过电流保护出口；

3）断路器非全相，不一致保护动作出口；

4）保护误动。

3. 后果及危险点分析

本间隔断路器或相邻近间隔断路器跳闸。

4. 监控处置要点

1）整理相关保护装置的告警信息，判断是否为其他保护装置（线路保护、母线保护、联变保护等）的动作引起的跟跳，如是则按相应事故处置，如为失灵或死区保护动作，则结合其他异常信息查明原因；

2）检查相应断路器的遥信位置以及电流值，确认断路器跳闸和重合闸动作情况；

3）整理故障的告警信息，记录变电站名称、准确的时间节点、跳闸断路器的编号、保护动作的信息以及负荷的损失情况，及时汇报调度，通知相应变电站或运维班的人员检查现场一、二次设备情况；

4）实时跟踪现场工作人员的检查结果以及反馈的处理进度，根据现场情况做好相关记录，并且与相关人员进行沟通汇报；

5）汇报调度，并根据指示做好事故处理。

5. 运维处置要点

1）到达现场，检查相关保护装置动作信息以及运行情况，如是其他保护装置（线路保护、母线保护、联变保护等）的动作引起的跟跳，则按相应事故处置。如为失灵或死区保护动作，则结合其他异常信息和现场检查情况查明原因。

2）检查断路器的实际分合位置。

3）确认设备的运行以及失电的情况。

4）检查站内一、二次设备的运行情况，是否有异常工况。

5）根据现场的检查结果，立即通知专业的人员进行解决相关问题。

6）将现场的检查结果以及事故处理的进度，及时汇报相关调度和监控的值班人员。

7）配合调度和监控做好事故处理。

（二）重合闸动作

1. 信号释义

当保护装置出口并触发重合闸信号保持继电器动作后发出，一般还会伴随有断路器变位事项和相应信号。

2. 信号产生原因

线路发生故障或其他原因导致断路器跳闸，经过延时时间后，装置重合闸动作，使断路器重新合闸。

3. 后果及危险点分析

本间隔断路器跳闸并且重合。

4. 监控处置要点

1）整理线路保护与断路器保护装置的告警信息，检查相应线路断路器的遥信位置以及电流值，确认线路跳闸、故障相别和相应断路器重合闸动作情况；

2）整理故障的告警信息，记录变电站名称、准确的时间节点、跳闸断路器的编号、保护动作的信息以及负荷的损失情况，及时汇报调度，通知相应变电站或运维班的人员检查现场一、二次设备情况；

3）实时跟踪现场工作人员的检查结果以及反馈的处理进度，根据现场情况做好相关记录，并且与相关人员进行沟通汇报；

4）通知调度，并根据指示做好事故处理。

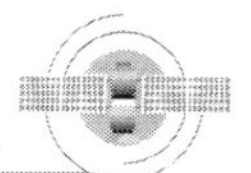

5. 运维处置要点

1）到达现场，检查相关线路保护装置动作信息以及运行情况，检查故障录波器动作情况；

2）检查断路器的实际分合位置；

3）确认设备的运行以及失电的情况；

4）根据告警信息检查站内保护范围内一、二次设备的运行情况，是否有异常工况；

5）根据现场的检查结果，立即通知专业的人员进行解决相关问题；

6）将现场的检查结果以及事故处理的进度，及时汇报相关调度和监控的值班人员；

7）配合调度和监控做好事故处理。

（三）失灵动作

1. 信号释义

线路或电气设备发生故障，继电保护动作发出跳闸命令而断路器拒动时，装置失灵保护动作，切除相邻的所有断路器以达到切除故障点的目的。

2. 信号产生原因

断路器本体或者操作机构故障、二次回路故障等原因导致断路器无法跳闸，例如跳闸线圈故障、储能机构故障、断路器的气压、油压或液压降低、直流电流消失或控制回路断线等。断路器失灵保护按照如下几种情况来考虑，即故障相失灵、非故障相失灵和发变三跳启动失灵。

故障相失灵按相对应的线路保护跳闸触点和失灵过电流高定值都动作后，先经“失灵跳本开关时间”延时发三相跳闸命令跳本断路器，再经“失灵动作时间”延时跳开相邻断路器。

非故障相失灵由三相跳闸输入触点保持失灵过电流高定值动作元件，并且失灵过电流低定值动作元件连续动作，此时输出的动作逻辑先经“失灵跳本开关时间”延时发三相跳闸命令跳本断路器，再经“失灵动作时间”延时跳开相邻断路器。

发变三跳启动失灵由发变三跳启动的失灵保护可分别经低功率因素、负序过电流和零序过电流三个辅助判据开放。三个辅助判据均可由整定控制字投退。输出的动作逻辑先经“失灵跳本开关时间”延时发三相跳闸命令跳本断路器，再经“失灵动作时间”延时跳开相邻断路器。失灵动作逻辑如图 2–1 所示。

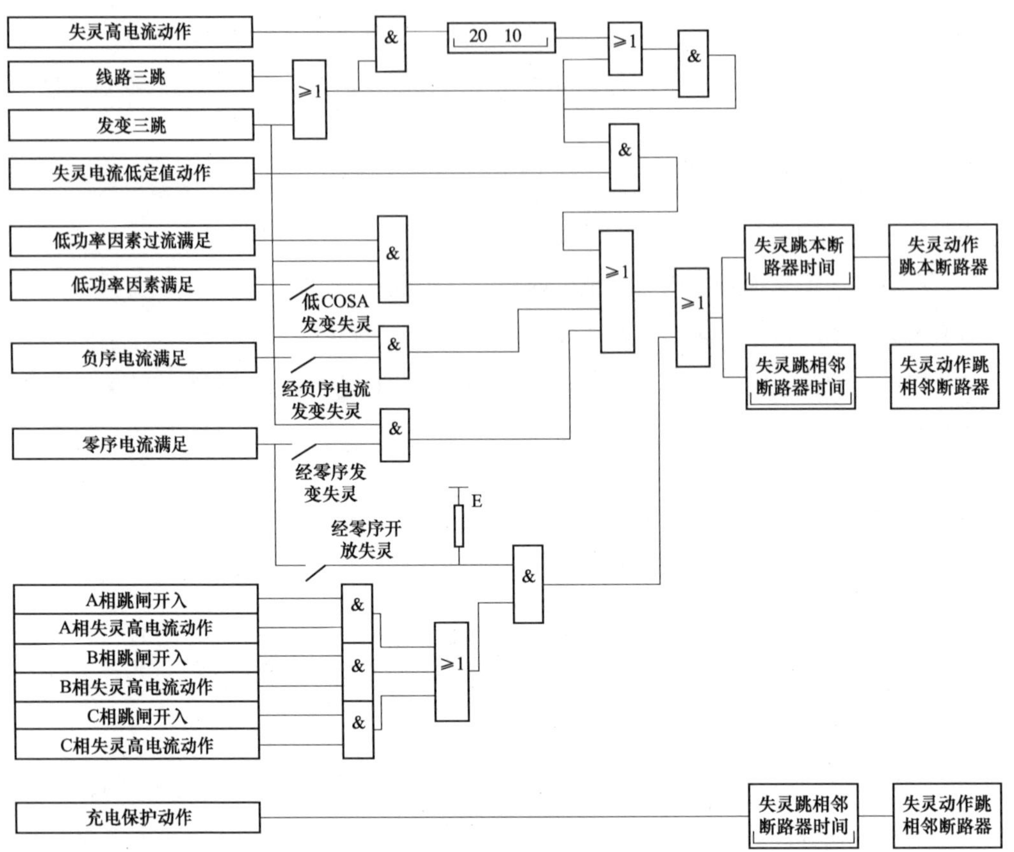

图 2–1　失灵动作逻辑图

3. 后果及危险点分析

跳相邻断路器、远跳线路对侧，扩大事故停电范围。

4. 监控处置要点

1）整理相关保护装置的告警信息，确认其他保护装置（线路保护、母线保护、联变保护等）的动作情况，并结合其他异常信息，查明原因；

2）检查跳闸断路器的遥信位置以及电流值，确认断路器跳闸情况；

3）加强其他运行设备的工况监视，如有设备过载或潮流越限，及时汇报调度；

4）整理故障的告警信息，记录变电站名称、准确的时间节点、跳闸断路器的编号、保护动作的信息以及负荷的损失情况，及时汇报调度，通知相应变电站或运维班的人员检查现场一、二次设备情况；

5）实时跟踪现场工作人员的检查结果以及反馈的处理进度，根据现场情况做好相关记录，并且与相关人员进行沟通汇报。

6）汇报调度，并根据指示做好故障点的隔离，恢复其他设备的运行。

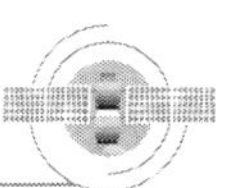

5. 运维处置要点

1）到达现场，确认其他保护装置（线路保护、母线保护、联变保护等）的动作情况，并结合其他异常信息，查明原因；

2）检查跳闸断路器的实际分合位置；

3）确认设备的运行以及失电的情况；

4）检查站内一、二次设备的运行情况，查明断路器失灵原因；

5）根据现场的检查结果，立即通知专业的人员进行解决相关问题；

6）将现场的检查结果以及事故处理的进度，及时汇报相关调度和监控的值班人员；

7）配合调度和监控做好故障点的隔离与其他设备恢复送电。

（四）死区动作

1. 信号释义

断路器与电流互感器之间的连接线发生故障，虽然相关差动保护能够快速动作，但无法切除故障点，此时需要失灵保护动作跳开有关断路器。考虑到这种站内故障，故障电流大，对系统影响较大，而失灵保护动作一般要经较长的延时，比失灵保护快的死区保护经短延时后动作，跳开相邻断路器、启主变压器或母线失灵、远跳线路对侧断路器。

2. 信号产生原因

当断路器与电流互感器之间的这一小段导线上发生短路故障时，即使线路保护或母差保护动作已经使断路器跳闸，但故障点仍未切除，即短路电流通过 TA 而不通过断路器。死区保护的动作逻辑为：当装置收到三跳信号如线路三跳、发变三跳，或 A、B、C 三相跳闸同时动作，这时如果死区过电流元件动作，对应断路器跳开，装置收到三相 TWJ，受“死区保护投入”控制经整定的时间延时启动死区保护。出口回路与失灵保护一致，动作后跳相邻断路器。死区动作逻辑如图 2–2 所示。

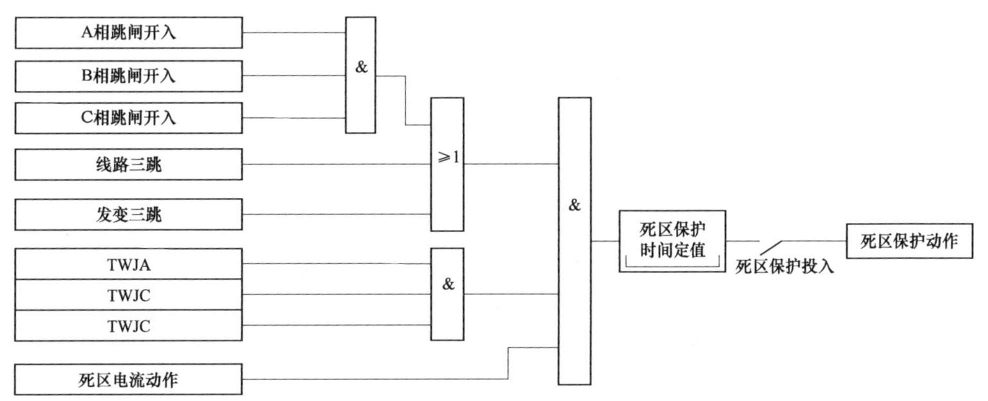

图 2–2　死区动作逻辑图

3. 后果及危险点分析

跳相邻断路器、启主变压器或母线失灵、远跳线路对侧，扩大事故停电范围。

4. 监控处置要点

1）整理相关保护装置的告警信息，并结合其他异常信息，查明原因；

2）检查跳闸断路器的遥信位置以及电流值，确认断路器跳闸情况；

3）加强其他运行设备的工况监视，如有设备过载或潮流越限，及时汇报调度；

4）整理故障的告警信息，记录变电站名称、准确的时间节点、跳闸断路器的编号、保护动作的信息以及负荷的损失情况，及时汇报调度，通知相应变电站或运维班的人员检查现场一、二次设备情况；

5）实时跟踪现场工作人员的检查结果以及反馈的处理进度，根据现场情况做好相关记录，并且与相关人员进行沟通汇报；

6）汇报调度，并根据指示做好故障点的隔离，恢复其他设备的运行。

5. 运维处置要点

1）到达现场，检查死区保护范围内设备情况，查明原因；

2）检查跳闸断路器的实际分合位置；

3）确认设备的运行以及失电的情况；

4）检查站内一、二次设备的运行情况，是否有异常工况；

5）根据现场的检查结果，立即通知专业的人员进行解决相关问题；

6）将现场的检查结果以及事故处理的进度，及时汇报相关调度和监控的值班人员；

7）配合调度和监控做好故障点的隔离与其他设备恢复送电。

二、告警类信号

（一）重合闸充电未完成

1. 信号释义

装置重合闸功能中，专门设置一个时间计数器，模仿“四统一”自动重合闸设计中电容器的充放电功能。重合闸的重合功能必须在“充电”完成后才能投入，以避免多次重合闸。在满足一定条件下，充电时间计数器清零，模仿重合闸放电的功能，此时“重合闸充电未完成”信号报出，重合闸功能失去。

2. 信号产生原因

1）重合闸方式为“停用重合闸”或“禁止重合闸”；

2）断路器保护“投直跳”压板投入，退出重合闸功能；

3）重合闸在单重方式时保护动作三跳或断路器断开三相；

4）收到外部闭锁重合闸信号（如手跳、永跳、操作箱失电闭锁重合闸等）；

5）重合闸启动前，收到低气压闭锁重合闸信号，经 200ms 延时后“放电”（可以实现跳闸过程中压力暂时降低不闭锁重合闸的功能）；

6）失灵保护、死区保护、三相不一致、充电过电流保护动作的同时“放电”；

7）重合闸动作命令发出的同时“放电”；

8）装置出现“致命”错误而装置故障告警。

3. 后果及危险点分析

断路器重合闸功能失去，任何故障断路器三相跳闸。

4. 监控处置要点

1）按照保护装置告警异常处理流程处置，结合其他告警信息初步判断原因，通知运维人员到达现场进行检查并且向相应调度人员汇报；

2）做好接收调度指令准备；

3）跟踪现场检查结果及处理进度，做好相关记录，汇报调度。

5. 运维处置要点

1）检查监控后台异常信号，现场检查保护装置告警信息及相应断路器一次设备运行情况，查明原因；

2）需退出保护装置处理时，应向相应调度申请；

3）将现场的检查结果以及事故处理的进度，及时汇报相关调度和监控的值班人员；

4）配合调度做好相关操作。

（二）装置闭锁

1. 信号释义

保护装置功能失去，此时保护装置完全退出运行，不会误动。

2. 信号产生原因

1）因装置电源空气开关跳开或装置自身电源板故障导致保护装置失电；

2）装置检测到本身硬件故障如“存储器出错、程序出错、定值出错、该区定值无效、CPU 电流异常、CPU 电压异常、DSP 电流异常、DSP 电压异常、跳合出口异常、定值校验出错、光耦电源异常、主电源异常”等异常。

3. 后果及危险点分析

1）线路发生单相瞬时性故障而满足重合条件时，该断路器无法进行重合闸，导致三相跳闸；

2）失灵保护功能失去，即线路或电气设备发生故障而断路器拒动时，无法能够以较短的时限切除相邻的所有断路器，而由其他元件的后备保护动作来切除故障，延长了故障的切除时间，并且扩大了故障范围，影响到电力系统的稳定运行；

3）死区保护功能失去，即断路器发生死区故障时，无法能够以较短的时限切除相邻的所有断路器，而由其他元件的后备保护动作来切除故障，延长了故障的切除时间，并且扩大了故障范围，直接影响到电力系统的稳定运行。

4. 监控处置要点

1）立即通知运维人员检查，并汇报调度，做好该保护拒动的事故预想；

2）具备条件的保护装置宜尝试远方复归操作，将复归结果汇报相应调度并通知运维人员；

3）若无法复归信号，则汇报调度，应申请将断路器停役，或根据调度指令要求，采取其他临时保护措施；

4）做好接收调度指令准备；

5）跟踪现场检查结果及处理进度，做好相关记录，汇报调度。

5. 运维处置要点

1）检查监控后台异常信号；

2）现场确认保护装置异常信号，检查装置报文及指示灯，无法复归需通知检修人员现场检查、处理；

3）配合调度和监控做好停役操作的准备。

（三）TV 断线

1. 信号释义

装置检测到某一侧电压消失或三相不平衡。

2. 信号产生原因

1）保护装置采样插件损坏；

2）电压互感器二次接线松动；

3）电压互感器二次空气开关跳开；

4）电压互感器一次异常。

3. 后果及危险点分析

线路重合闸方式投三重或综重方式时，保护装置三相重合闸功能闭锁，投单重时不影响；保护部分功能失去。

4. 监控处置要点

1）立即通知运维人员检查，并汇报调度；

2）具备条件的保护装置宜尝试远方复归操作，将复归结果汇报相应调度并通知运维人员；

3）核实哪些保护受到影响，是否有需要退出的保护并向调度申请；

4）做好接收调度指令准备；

5）跟踪现场检查结果及处理进度，做好相关记录，汇报调度。

5. 运维处置要点

1）检查监控后台异常信号；

2）现场确认保护装置异常信号，检查装置报文及指示灯，无法复归需通知检修人员现场检查、处理；

3）检查 TV 二次回路接线情况；

4）配合调度和监控做好操作的准备。

（四）TA 断线

1. 信号释义

断路器保护装置检测到电流互感器二次回路开路或采样值异常等原因时，发电流互感器断线信号。

2. 信号产生原因

1）保护装置采样插件损坏；

2）电流互感器二次接线松动；

3）电流互感器损坏。

3. 后果及危险点分析

保护装置失去相应电流判别功能，过电流、失灵、死区保护功能闭锁，可能造成保护拒动。

4. 监控处置要点

1）立即通知运维人员检查，并汇报调度；

2）具备条件的保护装置宜尝试远方复归操作，将复归结果汇报相应调度并通知运维人员；

3）若无法复归信号，则汇报调度，应申请将断路器停役，或根据调度指令要求，采取其他临时保护措施；

4）做好接收调度指令准备；

5）跟踪现场检查结果及处理进度，做好相关记录，汇报调度。

5. 运维处置要点

1）检查监控后台异常信号；

2）现场确认保护装置异常信号，检查装置报文及指示灯，无法复归需通知检修人员现场检查、处理；

3）检查 TA 二次回路接线情况；

4）配合调度和监控做好操作的准备。

（五）装置异常

1. 信号释义

装置自检、巡检发生错误，不闭锁保护（以保护专业意见为准），但部分保护功能可能会受到影响，一般伴随有其他告警信号。

2. 信号产生原因

1）电流互感器断线；

2）电压互感器断线；

3）内部通信出错；

4）CPU 检测到长期启动等。

3. 后果及危险点分析

保护装置部分功能不可用，保护误动或拒动。

4. 监控处置要点

1）立即通知运维人员检查，并汇报调度；

2）具备条件的保护装置宜尝试远方复归操作，将复归结果汇报相应调度并通知运维人员；

3）核实哪些保护受到影响，是否有需要退出的保护及停役的设备，并向调度申请；

4）做好接收调度指令准备；

5）跟踪现场检查结果及处理进度，做好相关记录，汇报调度。

5. 运维处置要点

1）检查监控后台异常信号；

2）现场确认保护装置异常信号，检查装置报文及指示灯，无法复归需通知检修人员现场检查、处理；

3）配合调度和监控做好操作的准备。

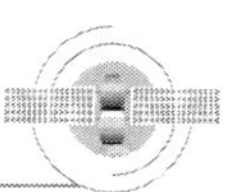

（六）GOOSE 告警

1. 信号释义

保护装置接收 GOOSE 链路中断、数据异常引起的 GOOSE 报文接收异常。

2. 信号产生原因

1）通信物理回路或端口断线、接触不良、衰耗大；

2）软件兼容性或运行异常；

3）网络风暴；

4）通信模块、传输装置（如交换机、光电转换器）等问题。

3. 后果及危险点分析

收不到母差保护跳闸启动失灵信息，母差保护动作时若该断路器失灵时，无法切除其相邻断路器，扩大事故范围。

4. 监控处置要点

1）立即通知运维人员检查，并汇报调度；

2）具备条件的保护装置宜尝试远方复归操作，将复归结果汇报相应调度并通知运维人员；

3）核实哪些保护受到影响，是否有需要退出的保护并向调度申请；

4）做好接收调度指令准备；

5）跟踪现场检查结果及处理进度，做好相关记录，汇报调度。

5. 运维处置要点

1）检查监控后台异常信号；

2）现场确认保护装置异常信号，检查装置报文及指示灯，无法复归需通知检修人员现场检查、处理；

3）检查装置的 GOOSE 网络接收光口是否有松动；

4）检查交换机运行是否运行正常；

5）配合调度和监控做好操作的准备。

（七）SV 告警

1. 信号释义

保护装置接收 SV 链路中断、数据异常引起的 GOOSE 报文接收异常。

2. 信号产生原因

1）通信物理回路或端口断线、接触不良、衰耗大；

2）软件兼容性或运行异常；

3）网络风暴；

4）通信模块、传输装置（如交换机、光电转换器）等问题。

3. 后果及危险点分析

收不到合并单元的电流信息，保护装置闭锁，发生故障时保护拒动。

4. 监控处置要点

1）立即通知运维人员检查，并汇报调度；

2）具备条件的保护装置宜尝试远方复归操作，将复归结果汇报相应调度并通知运维人员；

3）核实哪些保护受到影响，是否有需要退出的保护并向调度申请；

4）做好接收调度指令准备；

5）跟踪现场检查结果及处理进度，做好相关记录，汇报调度。

5. 运维处置要点

1）检查监控后台异常信号；

2）现场确认保护装置异常信号，检查装置报文及指示灯，无法复归需通知检修人员现场检查、处理；

3）检查装置的 SV 网络接收光口是否有松动；

4）检查交换机运行是否运行正常；

5）配合调度和监控做好操作的准备。

（八）零序长期启动

1. 信号释义

零序达到零序动作启动定值，且启动后长期未复归。

2. 信号产生原因

1）电流负荷三相不平衡，使零序电流达到保护启动定值；

2）保护装置采样值不准确或 TA 二次回路出现异常；

3）受电网运行方式影响。

3. 后果及危险点分析

保护长期启动，保护装置的出口继电器正电源开放，降低运行的可靠性，可能导致保护误动。

4. 监控处置要点

1）立即通知运维人员检查，并汇报调度；

2）检查断路器三相电流遥测值。

5. 运维处置要点

1）检查监控后台异常信号；

2）现场确认保护装置异常信号，检查装置报文及指示灯，无法复归需通知检修人员现场检查、处理；

3）检查 TA 二次回路接线情况；

4）配合调度和监控做好操作的准备。

（九）通信中断

1. 信号释义

断路器保护与后台机、远动等装置通信中断。

2. 信号产生原因

1）保护装置的网线接口损坏或接触不良；

2）交换机或保护管理机故障；

3）通信装置失电。

3. 后果及危险点分析

保护装置软报文信号无法上送。事故发生时，保护动作信息无法正常上送或上送不完整，影响监控员对事故的判断和后续处理。

4. 监控处置要点

1）立即通知运维人员检查，并汇报调度；

2）具备条件的保护装置宜尝试远方复归操作，将复归结果汇报相应调度并通知运维人员；

3）移交保护装置的监视权给运维人员；

4）跟踪现场检查结果及处理进度，做好相关记录。

5. 运维处置要点

1）检查监控后台异常信号；

2）现场确认保护装置异常信号，检查装置报文及指示灯，无法复归需通知检修人员现场检查、处理；

3）检查装置的网线、网口是否有松动；

4）检查交换机或保护管理机运行是否运行正常。

第三节 线路保护

线路保护的作用是及时切除故障所在线路，保证设备的安全，降低严重的经济损失。及时发现并处理线路的异常对电力系统稳定性有很大作用。

一、事故类信号

（一）线路保护出口

1. 信号释义

线路上出现故障，当故障电流值、电压值等特征量达到保护装置预设定值，触发保护动作，发出跳闸命令。

2. 信号产生原因

1）线路的主保护或后备保护范围内出现单相接地短路、两相短路、三相接地短路等故障时，保护动作出口；

2）线路保护继电器故障或二次回路故障。

3. 后果及危险点分析

相应保护触发的断路器跳闸。

4. 监控处置要点

1）整理保护装置的告警信息，检查相应线路断路器的分合位置以及电流值，确认线路跳闸和重合闸动作情况；

2）整理故障的告警信息，记录变电站名称、准确的时间节点、跳闸断路器的编号、保护动作的信息以及负荷的损失情况，及时上报调度，通知相应运维班的人员检查现场一、二次设备情况；

3）实时跟踪现场工作人员的检查结果以及反馈的处理进度，根据现场情况做好相关记录，并且与相关人员进行沟通汇报；

4）通知调度，并根据指示做好事故处理。

5. 运维处置要点

1）到达现场，检查相关线路保护装置动作信息以及运行情况，检查故障录波器动作情况；

2）检查断路器的实际分合位置；

3）确认设备的运行以及失电的情况；

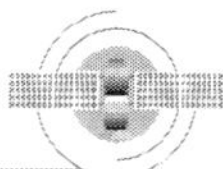

4）检查站内一、二次设备的运行情况，是否有异常工况；

5）根据现场的检查结果，立即通知专业的人员进行解决相关问题；

6）将现场的检查结果以及事故处理的进度，及时汇报相关调度和监控的值班人员；

7）配合调度和监控做好事故处理。

（二）线路主保护出口

1. 信号释义

线路的主保护范围内出现单相接地短路、两相短路、三相接地短路等故障时，保护动作出口。

2. 信号产生原因

在线路主保护范围内出现故障，保护动作出口。

3. 后果及危险点分析

线路主保护范围内的断路器跳闸。

4. 监控处置要点

1）整理保护装置的告警信息，检查相应线路断路器的分合位置以及电流值，确认线路跳闸和重合闸动作情况；

2）整理故障的告警信息，记录变电站名称、准确的时间节点、跳闸断路器的编号、保护动作的信息以及负荷的损失情况，及时上报调度，通知相应运维班的人员检查现场设备情况；

3）实时跟踪现场工作人员的检查结果以及反馈的处理进度，根据现场情况做好相关记录，并且与相关人员进行沟通汇报；

4）配合调度做好事故处理。

5. 运维处置要点

1）到达现场，检查相关线路保护装置动作信息以及运行情况，检查故障录波器动作情况。

2）检查断路器的实际分合位置；

3）确认设备的运行以及失电的情况；

4）检查站内一、二次设备的运行情况，是否有异常工况；

5）根据现场的检查结果，立即通知专业的人员进行解决相关问题；

6）将现场的检查结果以及事故处理的进度，及时汇报相关调度和监控的值班人员；

7）配合调度和监控做好事故处理。

（三）线路分相差动出口

1. 信号释义

线路两端的差动电流值达到保护动作阈值时，线路分相差动保护动作出口。

2. 信号产生原因

在线路分相差动保护范围内的出现故障，差动电流值达到动作阈值，保护动作出口。

3. 后果及危险点分析

线路两侧的断路器跳闸。

4. 监控处置要点

1）整理保护装置的告警信息，检查相应线路断路器的分合位置以及电流值，确认线路跳闸和重合闸动作情况；

2）整理故障的告警信息，记录变电站名称、准确的时间节点、跳闸断路器的编号、保护动作的信息以及负荷的损失情况，及时上报调度，通知相应运维班的人员检查现场设备情况；

3）实时跟踪现场工作人员的检查结果以及反馈的处理进度，根据现场情况做好相关记录，并且与相关人员进行沟通汇报；

4）配合调度做好事故处理。

5. 运维处置要点

1）到达现场，检查相关线路保护装置动作信息以及运行情况，检查故障录波器动作情况；

2）检查断路器的实际分合位置；

3）确认设备的运行以及失电的情况；

4）检查站内一、二次设备的运行情况，是否有异常工况；

5）根据现场的检查结果，立即通知专业的人员进行解决相关问题；

6）将现场的检查结果以及事故处理的进度，及时汇报相关调度和监控的值班人员；

7）配合调度和监控做好事故处理。

（四）线路零序差动出口

1. 信号释义

线路出现接地故障，产生零序电流，线路两侧的零序差流达到保护动作阈值时，线路零序差动保护动作出口。

2. 信号产生原因

线路零序差动保护范围内发生接地短路故障，保护动作出口。

3. 后果及危险点分析

线路断路器跳闸。

4. 监控处置要点

1）整理保护装置的告警信息，检查相应线路断路器的分合位置以及电流值，确认线路跳闸和重合闸动作情况；

2）整理故障的告警信息，记录变电站名称、准确的时间节点、跳闸断路器的编号、保护动作的信息以及负荷的损失情况，及时上报调度，通知相应运维班的人员检查现场设备情况；

3）实时跟踪现场工作人员的检查结果以及反馈的处理进度，根据现场情况做好相关记录，并且与相关人员进行沟通汇报；

4）配合调度做好事故处理。

5. 运维处置要点

1）到达现场，检查相关线路保护装置动作信息以及运行情况，检查故障录波器动作情况；

2）检查断路器的实际分合位置；

3）确认设备的运行以及失电的情况；

4）检查站内一、二次设备的运行情况，是否有异常工况；

5）根据现场的检查结果，立即通知专业的人员进行解决相关问题；

6）将现场的检查结果以及事故处理的进度，及时汇报相关调度和监控的值班人员；

7）配合调度和监控做好事故处理。

（五）线路纵联差动保护出口

1. 信号释义

纵联差动保护是一种常用于线路中的保护方式，它主要用于检测线路出现的故障和异常情况，并及时采取措施来保障线路的稳定运行。其实现方式为比较同一段线路上两端的电流是否相等，若不相等则判断为故障，线路纵联差动保护动作出口。

2. 信号产生原因

在纵联差动保护范围内的线路或者设备出现故障时，保护动作出口。

3. 后果及危险点分析

线路两侧断路器跳闸。

4. 监控处置要点

1）整理保护装置的告警信息，检查相应线路断路器的分合位置以及电流值，确认线路跳闸和重合闸动作情况；

2）整理故障的告警信息，记录变电站名称、准确的时间节点、跳闸断路器的编号、保护动作的信息以及负荷的损失情况，及时上报调度，通知相应运维班的人员检查现场设备情况；

3）实时跟踪现场工作人员的检查结果以及反馈的处理进度，根据现场情况做好相关记录，并且与相关人员进行沟通汇报；

4）配合调度做好事故处理。

5. 运维处置要点

1）到达现场，检查相关线路保护装置动作信息以及运行情况，检查故障录波器动作情况；

2）检查断路器的实际分合位置；

3）确认设备的运行以及失电的情况；

4）检查站内一、二次设备的运行情况，是否有异常工况；

5）根据现场的检查结果，立即通知专业的人员进行解决相关问题；

6）将现场的检查结果以及事故处理的进度，及时汇报相关调度和监控的值班人员；

7）配合调度和监控做好事故处理。

（六）线路纵联保护出口

1. 信号释义

线路纵联保护动作出口。

2. 信号产生原因

在该保护范围内的设备出现故障，保护动作出口。

3. 后果及危险点分析

断路器跳闸。

4. 监控处置要点

1）整理保护装置的告警信息，检查相应线路断路器的分合位置以及电流值，确认线路跳闸和重合闸动作情况；

2）整理故障的告警信息，记录变电站名称、准确的时间节点、跳闸断路器的编号、保护动作的信息以及负荷的损失情况，及时上报调度，通知相应运维班的人员检查现场设备情况；

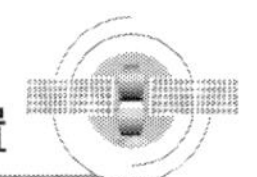

3）实时跟踪现场工作人员的检查结果以及反馈的处理进度，根据现场情况做好相关记录，并且与相关人员进行沟通汇报；

4）配合调度做好事故处理。

5. 运维处置要点

1）到达现场，检查相关线路保护装置动作信息以及运行情况，检查故障录波器动作情况；

2）检查断路器的实际分合位置；

3）确认设备的运行以及失电的情况；

4）检查站内一、二次设备的运行情况，是否有异常工况；

5）根据现场的检查结果，立即通知专业的人员进行解决相关问题；

6）将现场的检查结果以及事故处理的进度，及时汇报相关调度和监控的值班人员；

7）配合调度和监控做好事故处理；

8）检查相关线路保护装置动作信息以及运行情况，检查故障录波器动作情况。

（七）线路保护重合闸加速出口

1. 信号释义

线路重合闸加速保护动作出口。

2. 信号产生原因

线路保护重合于故障，加速保护动作出口。

3. 后果及危险点分析

断路器跳闸。

4. 监控处置要点

1）整理保护装置的告警信息，检查相应线路断路器的分合位置以及电流值，确认线路跳闸和重合闸动作情况；

2）整理故障的告警信息，记录变电站名称、准确的时间节点、跳闸断路器的编号、保护动作的信息以及负荷的损失情况，及时上报调度，通知相应运维班的人员检查现场设备情况；

3）实时跟踪现场工作人员的检查结果以及反馈的处理进度，根据现场情况做好相关记录，并且与相关人员进行沟通汇报；

4）配合调度做好事故处理。

5. 运维处置要点

1）到达现场，检查相关线路保护装置动作信息以及运行情况，检查故障录波器动作情况；

2）检查断路器的实际分合位置；

3）确认设备的运行以及失电的情况；

4）检查站内一、二次设备的运行情况，是否有异常工况；

5）根据现场的检查结果，立即通知专业的人员进行解决相关问题；

6）将现场的检查结果以及事故处理的进度，及时汇报相关调度和监控的值班人员；

7）配合调度和监控做好事故处理；

8）检查相关线路保护装置动作信息以及运行情况，检查故障录波器动作情况。

（八）线路后备保护动作

1. 信号释义

线路后备保护动作出口。

2. 信号产生原因

在该保护范围内的设备出现故障，保护动作出口。

3. 后果及危险点分析

断路器跳闸。

4. 监控处置要点

1）整理保护装置的告警信息，检查相应线路断路器的分合位置以及电流值，确认线路跳闸和重合闸动作情况；

2）整理故障的告警信息，记录变电站名称、准确的时间节点、跳闸断路器的编号、保护动作的信息以及负荷的损失情况，及时上报调度，通知相应运维班的人员检查现场设备情况；

3）实时跟踪现场工作人员的检查结果以及反馈的处理进度，根据现场情况做好相关记录，并且与相关人员进行沟通汇报；

4）配合调度做好事故处理。

5. 运维处置要点

1）到达现场，检查相关线路保护装置动作信息以及运行情况，检查故障录波器动作情况；

2）检查断路器的实际分合位置；

3）确认设备的运行以及失电的情况；

4）检查站内一、二次设备的运行情况，是否有异常工况；

5）根据现场的检查结果，立即通知专业的人员进行解决相关问题；

6）将现场的检查结果以及事故处理的进度，及时汇报相关调度和监控的值班人员；

7）配合调度和监控做好事故处理；

8）检查相关线路保护装置动作信息以及运行情况，检查故障录波器动作情况。

（九）线路保护远跳就地判别动作

1. 信号释义

当收到对侧远跳信号，满足本侧跳闸逻辑时，远跳就地判别动作。

2. 信号产生原因

对侧断路器失灵或母差等保护动作通过线路保护向本侧发远跳信号。

3. 后果及危险点分析

断路器跳闸。

4. 监控处置要点

1）整理保护装置的告警信息，检查相应线路断路器的分合位置以及电流值，确认线路跳闸和重合闸动作情况；

2）整理故障的告警信息，记录变电站名称、准确的时间节点、跳闸断路器的编号、保护动作的信息以及负荷的损失情况，及时上报调度，通知相应运维班的人员检查现场设备情况；

3）实时跟踪现场工作人员的检查结果以及反馈的处理进度，根据现场情况做好相关记录，并且与相关人员进行沟通汇报；

4）配合调度做好事故处理。

5. 运维处置要点

1）到达现场，检查相关线路保护装置动作信息以及运行情况，检查故障录波器动作情况；

2）检查断路器的实际分合位置；

3）确认设备的运行以及失电的情况；

4）检查站内一、二次设备的运行情况，是否有异常工况；

5）根据现场的检查结果，立即通知专业的人员进行解决相关问题；

6）将现场的检查结果以及事故处理的进度，及时汇报相关调度和监控的值班人员；

7）配合调度和监控做好事故处理。

（十）线路保护 A（B、C）相跳闸出口

1. 信号释义

线路保护动作出口至对应断路器 A（B、C）相。

2. 信号产生原因

线路保护范围内发生故障，保护动作出口。

3. 后果及危险点分析

断路器 A（B、C）相跳闸。

4. 监控处置要点

1）整理保护装置的告警信息，检查相应线路断路器的分合位置以及电流值，确认线路跳闸和重合闸动作情况；

2）整理故障的告警信息，记录变电站名称、准确的时间节点、跳闸断路器的编号、保护动作的信息以及负荷的损失情况，及时上报调度，通知相应运维班的人员检查现场设备情况；

3）实时跟踪现场工作人员的检查结果以及反馈的处理进度，根据现场情况做好相关记录，并且与相关人员进行沟通汇报；

4）配合调度做好事故处理。

5. 运维处置要点

1）到达现场，检查相关线路保护装置动作信息以及运行情况，检查故障录波器动作情况；

2）检查断路器的实际分合位置；

3）确认设备的运行以及失电的情况；

4）检查站内一、二次设备的运行情况，是否有异常工况；

5）根据现场的检查结果，立即通知专业的人员进行解决相关问题；

6）将现场的检查结果以及事故处理的进度，及时汇报相关调度和监控的值班人员；

7）配合调度和监控做好事故处理。

（十一）线路保护重合闸出口

1. 信号释义

线路断路器跳闸后，满足重合闸逻辑，重合闸动作出口。

2. 信号产生原因

1）线路故障后断路器跳闸启动重合闸；

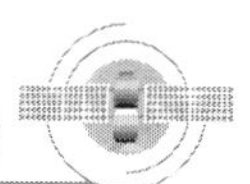

2）断路器偷跳，线路保护重合闸出口。

3. 后果及危险点分析

断路器重合闸，若重合于永久性故障，将对电网和设备造成二次冲击。

4. 监控处置要点

1）整理保护装置的告警信息，检查相应线路断路器的分合位置以及电流值，确认线路跳闸和重合闸动作情况；

2）整理故障的告警信息，记录变电站名称、准确的时间节点、跳闸断路器的编号、保护动作的信息以及负荷的损失情况，及时上报调度，通知相应运维班的人员检查现场设备情况；

3）实时跟踪现场工作人员的检查结果以及反馈的处理进度，根据现场情况做好相关记录，并且与相关人员进行沟通汇报；

4）配合调度做好事故处理。

5. 运维处置要点

1）到达现场，检查相关线路保护装置动作信息以及运行情况，检查故障录波器动作情况；

2）检查断路器的实际分合位置；检查相关线路保护装置动作信息以及运行情况，检查故障录波器动作情况；

3）确认设备的运行以及失电的情况；

4）检查站内一、二次设备的运行情况，是否有异常工况；

5）根据现场的检查结果，立即通知专业的人员进行解决相关问题；

6）将现场的检查结果以及事故处理的进度，及时汇报相关调度和监控的值班人员；

7）配合调度和监控做好事故处理。

二、告警类信号

（一）线路保护装置故障

1. 信号释义

线路保护装置硬件损坏、软件故障或者由于装置断电导致无法正常工作。

2. 信号产生原因

1）线路保护装置程序出错无法正常进行自检、巡检等；

2）线路保护装置插件损坏；

3）线路保护装置失电。

3. 后果及危险点分析

所有保护功能将被闭锁，保护范围若发生故障，该保护将拒动，可能会导致故障越级，使得停电范围扩大。

4. 监控处置要点

1）按照保护装置告警异常处理流程处置，通知运维人员到达现场进行检查并且向相应调度人员汇报；

2）具备条件的保护装置宜尝试远方复归操作，将复归结果汇报相应调度并通知运维人员；

3）做好接收调度指令准备；

4）跟踪现场检查结果及处理进度，做好相关记录和沟通汇报。

5. 运维处置要点

1）现场确认保护装置故障信息，检查装置报文及指示灯，无法复归需通知现场检查、处理。检查装置电源空气开关是否跳开，空气开关是否有异常。检查装置报文及指示灯，自检报告和开入变位报告。

2）需退出保护装置处理时，应向相应调度申请。

3）将现场的检查结果以及事故处理的进度，及时汇报相关调度和监控的值班人员。

4）配合调度做好相关操作。

（二）线路保护装置异常

1. 信号释义

当装置出现异常情况时，发出告警信息，部分功能可能受到影响。

2. 信号产生原因

1）保护装置内部通信出错、长期启动等；

2）保护装置自检、巡检异常；

3）保护装置 TV、TA 断线。

3. 后果及危险点分析

可能影响部分保护功能，导致保护拒动或误动。

4. 监控处置要点

1）按照保护装置告警异常处理流程处置，通知运维人员到达现场进行检查并且向相应调度人员汇报；

2）具备条件的保护装置宜尝试远方复归操作，将复归结果汇报相应调度并通知运维人员；

3）做好接收调度指令准备；

4）跟踪现场检查结果及处理进度，做好相关记录和沟通汇报。

5. 运维处置要点

1）现场确认保护装置异常信号，检查装置报文及指示灯，无法复归需通知现场检查、处理；检查保护装置报文及指示灯；检查保护装置及二次回路有无明显异常；检查保护装置各插件、液晶显示屏及相关回路是否正常；根据检查结果，综合处理相关问题。

2）需退出保护装置处理时，应向相应调度申请。

3）将现场的检查结果以及事故处理的进度，及时汇报相关调度和监控的值班人员。

4）配合调度做好相关操作。

（三）线路保护过负荷告警

1. 信号释义

线路电流超过过负荷告警值，延时发出过负荷告警信息。

2. 信号产生原因

1）线路负荷增大，达到过负荷告警整定值；

2）事故后线路过负荷。

3. 后果及危险点分析

增加线路损耗，影响线路的使用寿命。

4. 监控处置要点

1）查看线路实际负荷及最小载流，通知运维人员现场检查并向相应调度汇报；

2）具备条件的保护装置宜尝试远方复归操作，将复归结果汇报相应调度并通知运维人员；

3）实时跟踪现场工作人员的检查结果以及反馈的处理进度，根据现场情况做好相关记录，并且与相关人员进行沟通汇报；

4）配合调度做好后续处理工作。

5. 运维处置要点

1）现场确认保护装置异常信号，检查装置报文及指示灯；

2）通知现场人员进行处理；

3）将现场检查结果及处理进度，及时汇报调度和监控人员；

4）配合调度做好相关操作。

5）若线路是正常过负荷，则无需现场处理，若因线路长期过载损坏线路，现场应根据实际情况处理。

（四）线路保护重合闸闭锁

1. 信号释义

保护重合闸功能闭锁，重合闸功能退出。

2. 信号产生原因

1）手动跳闸、永跳闭锁重合闸；

2）断路器的操作机构异常；

3）部分后备保护动作闭锁重合闸。

3. 后果及危险点分析

故障跳闸后无法重合造成负荷损失。

4. 监控处置要点

1）查看是否有其他异常伴生信息；

2）通知运维人员到站内进行检查；

3）若无伴生信息，具备条件的保护装置宜尝试远方复归操作，并将复归结果通知运维人员；

4）实时跟踪现场工作人员的检查结果以及反馈的处理进度，根据现场情况做好相关记录，并且与相关人员进行沟通汇报。

5. 运维处置要点

1）现场确认保护装置异常信号，检查装置报文及指示灯。检查闭锁开入量信号所在回路，检查闭锁原因。

2）检查开关是否有异常。根据检查结果，综合处理相关问题。

3）通知现场处理。

4）需退出保护装置处理时，应向相应调度申请。

5）将现场检查结果及处理进度，及时汇报调度和监控人员。

6）配合调度做好相关操作。

（五）线路保护 TA 断线

1. 信号释义

保护装置检测到电流互感器二次回路开路或采样值异常等原因造成不平衡电流超过告警定值延时发 TA 断线告警信息，闭锁部分保护功能。

2. 信号产生原因

1）电流互感器本体故障；

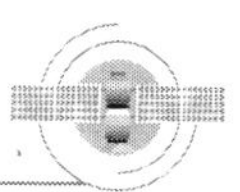

2）电流互感器二次回路断线（含端子松动、接触不良）或短路；

3）线路保护装置采样插件损坏。

3. 后果及危险点分析

根据定值单控制字决定线路保护装置保护功能是否闭锁，可能会导致保护拒动。

4. 监控处置要点

1）按照异常处理流程处置，通知运维人员现场检查并向相应调度汇报；

2）具备条件的保护装置宜尝试远方复归操作，将复归结果汇报相应调度并通知运维人员；

3）做好接收调度指令准备；

4）实时跟踪现场工作人员的检查结果以及反馈的处理进度，根据现场情况做好相关记录，并且与相关人员进行沟通汇报。

5. 运维处置要点

1）现场确认保护装置异常信号，检查装置报文及指示灯，无法复归需通知专业人员检查、处理。

2）检查保护装置交流采样插件是否有异常。检查保护装置电流接线端子紧固情况。检查电流互感器是否有异常。根据检查结果，综合处理相关问题。

3）需退出保护装置处理时，应向相应调度申请。

4）将现场检查结果及处理进度，及时汇报调度和监控人员。

5）配合调度做好相关操作。

（六）线路保护 TV 断线

1. 信号释义

线路保护装置检测到电压异常，延时发 TV 断线告警信息。

2. 信号产生原因

1）电压互感器本体故障；

2）电压互感器二次回路断线（含端子松动、接触不良）或短路；

3）线路保护装置采样插件损坏。

3. 后果及危险点分析

可能影响部分保护功能，导致保护误动或拒动。

4. 监控处置要点

1）按照异常处理流程处置，通知运维人员现场检查并向相应调度汇报；

2）具备条件的保护装置宜尝试远方复归操作，将复归结果汇报相应调度并通知运维

人员；

3）做好接收调度指令准备；

4）实时跟踪现场工作人员的检查结果以及反馈的处理进度，根据现场情况做好相关记录，并且与相关人员进行沟通汇报。

5. 运维处置要点

1）检查电压小开关是否处于合位状态。

2）现场确认保护装置异常信号，检查装置报文及指示灯，无法复归需通知专业人员检查、处理。检查保护装置交流采样插件是否有异常。检查保护装置电压接线端子紧固情况。检查电压互感器是否有异常。根据检查结果，综合处理相关问题。

3）需退出保护装置或部分保护功能处理时，应向相应调度申请。

4）将现场检查结果及处理进度，及时汇报调度和监控人员。

5）配合调度做好相关操作。

（七）线路保护零序反时限告警

1. 信号释义

保护装置检测到零序反时限满足告警条件，装置报出该告警信息。

2. 信号产生原因

反时限是指保护装置的动作时间与故障电流的大小成反比，可根据定值单控制字确定此保护发跳闸或告警信息。

3. 后果及危险点分析

对设备正常运行没有影响。

4. 监控处置要点

1）按照异常处理流程处置，通知运维人员现场检查并向相应调度汇报；

2）具备条件的保护装置宜尝试远方复归操作，将复归结果汇报相应调度并通知运维人员；

3）做好接收调度指令准备；

4）实时跟踪现场工作人员的检查结果以及反馈的处理进度，根据现场情况做好相关记录，并且与相关人员进行沟通汇报。

5. 运维处置要点

1）现场确认保护装置异常信号，检查装置报文及指示灯，无法复归需通知专业人员检查、处理；

2）需退出保护装置处理时，应向相应调度申请；

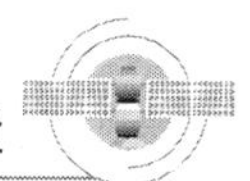

3）将现场检查结果及处理进度，及时汇报调度和监控人员；

4）配合调度做好相关操作。

（八）线路保护长期启动

1. 信号释义

线路保护装置保护长期达到启动定值，启动后长期未复归。

2. 信号产生原因

1）电流电压数据达到保护启动定值；

2）电流互感器异常导致采样不准确。

3. 后果及危险点分析

保护功能长期启动可能导致保护误动。

4. 监控处置要点

1）查看是否有其他事故类信息或断路器变位；

2）通知运维人员到站检查；

3）无其他伴生信息时，具备条件的保护装置宜尝试远方复归操作，并将复归结果通知运维人员；

4）实时跟踪现场工作人员的检查结果以及反馈的处理进度，根据现场情况做好相关记录，并且与相关人员进行沟通汇报。

5. 运维处置要点

1）现场确认保护装置异常信号，检查装置报文及指示灯，检查保护装置、电压互感器、电流互感器的二次回路有无明显异常，无法复归需通知专业人员检查、处理；

2）需退出保护装置处理时，应向相应调度申请；

3）将现场检查结果及处理进度，及时汇报调度和监控人员；

4）配合调度做好相关操作。

（九）线路保护长期有差流

1. 信号释义

线路两侧电流采样不一致导致长期存在差流，超过告警值。

2. 信号产生原因

1）线路一侧 TA 异常；

2）保护装置采样插件异常；

3）线路本身存在差流。

3. 后果及危险点分析

随着差流的增大，保护存在误动的可能。

4. 监控处置要点

1）按照异常处理流程处置，通知运维人员现场检查并向相应调度汇报；

2）具备条件的保护装置宜尝试远方复归操作，将复归结果汇报相应调度并通知运维人员；

3）做好接收调度指令准备；

4）实时跟踪现场工作人员的检查结果以及反馈的处理进度，根据现场情况做好相关记录，并且与相关人员进行沟通汇报。

5. 运维处置要点

1）现场确认保护装置异常信号，检查装置报文及指示灯，无法复归需通知现场人员检查、处理。

2）检查保护装置面板采样，确定电流采样异常相别。检查端子箱（汇控柜）、合并单元、保护装置电流接线端子紧固情况。检查保护装置交流采样插件是否有异常。检查电流互感器是否有异常。检查线路两侧电流互感器极性、变比、定值等是否有异常。根据检查结果，综合处理相关问题。

3）需退出保护装置处理时，应向相应调度申请。

4）将现场检查结果及处理进度，及时汇报调度和监控人员。

5）配合调度做好相关操作。

（十）线路保护两侧差动投退不一致

1. 信号释义

线路两侧差动保护投入情况不一致导致。

2. 信号产生原因

线路两侧差动保护硬压板或功能压板投退状态不一致。

3. 后果及危险点分析

差动保护拒动，由后备保护切除故障，故障切除时间延长。

4. 监控处置要点

1）按照异常处理流程处置，通知运维人员现场检查并向相应调度汇报；

2）做好接收调度指令准备；

3）实时跟踪现场工作人员的检查结果以及反馈的处理进度，根据现场情况做好相关记录，并且与相关人员进行沟通汇报。

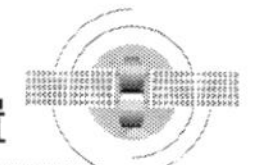

5. 运维处置要点

1）现场确认装置告警信号，检查保护装置报文及指示灯；

2）检查线路两侧差动保护压板投退情况，必要时通知现场处理；

3）将现场检查结果及处理进度，及时汇报调度和监控人员；

4）配合调度做好相关操作。

（十一）线路保护通道一（二）异常

1. 信号释义

保护装置检测到通道一（二）异常，发出告警信息。

2. 信号产生原因

1）保护装置内部元件故障；

2）光纤连接松动或损坏、法兰头损坏；

3）光电转换装置故障；

4）通信设备故障或光纤通道问题；

5）光功率异常、定值装置地址控制字有误或通道交叉等。

3. 后果及危险点分析

可能导致差动保护拒动，由后备保护切除故障，导致故障切除时间延长。

4. 监控处置要点

1）按照异常处理流程处置，通知运维人员现场检查并向相应调度汇报；

2）具备条件的保护装置宜尝试远方复归操作，将复归结果汇报相应调度并通知运维人员；

3）做好接收调度指令准备；

4）实时跟踪现场工作人员的检查结果以及反馈的处理进度，根据现场情况做好相关记录，并且与相关人员进行沟通汇报。

5. 运维处置要点

1）现场确认保护装置异常信号，检查装置报文及指示灯，无法复归需通知专业人员检查、处理；

2）需退出保护装置处理时，应向相应调度申请；

3）将现场检查结果及处理进度，及时汇报调度和监控人员；

4）配合调度做好相关操作。

（十二）线路保护电压切换装置继电器同时动作

1. 信号释义

反映双母线接线的 TV 二次发生并列。

2. 信号产生原因

1）正常倒母线操作过程中，隔离开关位置双跨；

2）隔离开关辅助触点损坏；

3）电压切换继电器损坏；

4）电压切换回路存在异常。

3. 后果及危险点分析

可能影响部分保护功能，导致二次反送电。

4. 监控处置要点

1）按照异常处理流程处置，通知运维人员现场检查并向相应调度汇报；

2）具备条件的保护装置宜尝试远方复归操作，将复归结果汇报相应调度并通知运维人员；

3）做好接收调度指令准备；

4）实时跟踪现场工作人员的检查结果以及反馈的处理进度，根据现场情况做好相关记录，并且与相关人员进行沟通汇报。

5. 运维处置要点

1）现场确认保护装置异常信号，检查装置报文及指示灯；

2）检查母线隔离开关位置是否正常；

3）通知专业人员处理；

4）需退出保护装置处理时，应向相应调度申请；

5）将现场检查结果及处理进度，及时汇报调度和监控人员；

6）配合调度做好相关操作。

（十三）线路保护装置通信中断

1. 信号释义

线路保护与后台机、远动等装置通信中断。

2. 信号产生原因

1）保护装置的网线接口损坏或接触不良；

2）交换机无法正常工作。

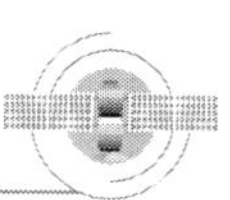

3. 后果及危险点分析

保护装置部分信号无法上送，影响监控员对事故的判断和后续处理。

4. 监控处置要点

1）按照异常处理流程处置，通知运维人员现场检查并向相应调度汇报；待运维人员到达现场后，将相关监控职责移交站端。

2）处理完毕后，核实站端监控期间是否有异常，确认无误后收回相应监控职责。

5. 运维处置要点

1）现场检查保护装置告警信息以及运行工况，必要时联系专业人员现场处理；

2）检查保护通信装置以及网线、网口是否可靠；

3）检查相应交换机是否故障；

4）需要退出保护装置或部分保护功能处理时，应向相应调度申请；

5）将现场检查结果及处理进度，及时汇报调度和监控人员。

（十四）线路保护 SV 总告警

1. 信号释义

线路保护接收 SV 报文时出现异常时，发出 SV 的总告警。

2. 信号产生原因

1）SV 的物理链路中断；

2）与 SV 链路对端装置检修情况不一致；

3）SV 报文数据异常，或者发送和接收不匹配。

3. 后果及危险点分析

线路保护装置无法正常接收 SV 报文，保护被闭锁，可能引起保护装置拒动。

4. 监控处置要点

1）按照事故异常处理流程处置，立即通知运维人员现场检查并向相应调度人员汇报；

2）保护装置宜尝试远方复归操作，并且将结果汇报调度人员，同时通知相关运维人员；

3）做好接收调度指令准备；

4）时刻关注现场的检查结果及处理进度，根据现场的反馈，做好相关记录和沟通汇报。

5. 运维处置要点

1）现场确认保护装置异常信号，检查装置报文及指示灯，无法复归需通知现场检查、处理；

2）确认告警支路，检查保护装置 SV 物理链路；

3）如若 SV 物理链路无中断，做好措施后，检查 SV 报文内容的准确性；

4）需退出保护装置处理时，应向相应调度申请；

5）将现场检查结果及处理进度，及时汇报调度和监控人员；

6）与调度工作人员相互配合，完成相关工作。

（十五）线路保护启动

1. 信号释义

由于线路保护接收 SV 链路中断引起的 SV 报文接收异常。

2. 信号产生原因

1）SV 物理链路中断；

2）SV 报文数据异常，或发送和接收不匹配。

3. 后果及危险点分析

线路保护装置无法正常接收 SV 报文，闭锁保护，可能引起保护装置拒动。

4. 监控处置要点

1）按照事故异常处理流程处置，立即通知运维人员现场检查并向相应调度人员汇报；

2）保护装置宜尝试远方复归操作，并且将结果汇报调度人员，同时通知相关运维人员；

3）做好接收调度指令准备；

4）时刻关注现场的检查结果及处理进度，根据现场的反馈，做好相关记录和沟通汇报。

5. 运维处置要点

1）现场确认保护装置异常信号，检查装置报文及指示灯，无法复归需通知现场检查、处理；

2）确认告警支路，检查保护装置 SV 物理链路；

3）如若 SV 物理链路无中断，做好措施后，检查 SV 报文内容的准确性；

4）需退出保护装置处理时，应向相应调度申请；

5）将现场检查结果及处理进度，及时汇报调度和监控人员；

6）与调度工作人员相互配合，完成相关工作。

（十六）线路保护 GOOSE 总告警

1. 信号释义

当线路保护装置接收 GOOSE 报文出现异常时，发出总告警。

2. 信号产生原因

1）GOOSE 物理链路中断；

2）与 GOOSE 链路对端装置检修不一致；

3）GOOSE 报文数据异常，或发送和接收不匹配。

3. 后果及危险点分析

线路保护装置无法接收 GOOSE 报文，可能导致故障越级，停电范围扩大。

4. 监控处置要点

1）按照事故异常处理流程处置，立即通知运维人员现场检查并向相应调度人员汇报；

2）保护装置宜尝试远方复归操作，并且将结果汇报调度人员，同时通知相关运维人员；

3）做好接收调度指令准备；

4）时刻关注现场的检查结果及处理进度，根据现场的反馈，做好相关记录和沟通汇报。

5. 运维处置要点

1）现场确认保护装置异常信号，检查装置报文及指示灯，无法复归需通知现场检查、处理；

2）确认告警支路，检查保护装置 GOOSE 物理链路；

3）如若 GOOSE 物理链路无中断，检查 GOOSE 报文内容的准确性；

4）需退出保护装置处理时，应向相应调度申请；

5）将现场检查结果及处理进度，及时汇报调度和监控人员；

6）与调度工作人员相互配合，完成相关工作。

（十七）线路保护 GOOSE 链路中断

1. 信号释义

由于线路保护装置接收 GOOSE 链路中断引起的 GOOSE 报文接收异常。

2. 信号产生原因

1）GOOSE 物理链路中断；

2）GOOSE 报文数据异常，或发送和接收不匹配。

3. 后果及危险点分析

线路保护装置无法接收 GOOSE 报文，可能导致故障越级，停电范围扩大。

4. 监控处置要点

1）按照事故异常处理流程处置，立即通知运维人员现场检查并向相应调度人员汇报；

2）保护装置宜尝试远方复归操作，并且将结果汇报调度人员，同时通知相关运维人员；

3）做好接收调度指令准备；

4）时刻关注现场的检查结果及处理进度，根据现场的反馈，做好相关记录和沟通汇报。

5. 运维处置要点

1）现场确认保护装置异常信号，检查装置报文及指示灯，无法复归需通知现场检查、处理；

2）确认告警支路，检查保护装置 GOOSE 物理链路；

3）如若 GOOSE 物理链路无中断，检查 GOOSE 报文内容的准确性；

4）需退出保护装置处理时，应向相应调度申请；

5）将现场检查结果及处理进度，及时汇报调度和监控人员；

6）与调度工作人员相互配合，完成相关工作。

（十八）线路保护对时异常

1. 信号释义

为了保证线路保护装置时钟的准确性，需要接收外部的时间信息。若装置外接对时源失能而又没有成功同步上外界时间信号时，报出该信号。

2. 信号产生原因

时钟装置发送的对时信号异常、外部时间信号丢失、对时光纤或电缆连接异常、装置对时插件故障等。

3. 后果及危险点分析

线路保护装置长时间对时丢失，将影响就地事件的时标精确性和对事故跳闸的准确分析。

4. 监控处置要点

1）按照异常处理流程处置，通知运维人员现场检查；

2）具备条件的保护装置宜尝试远方复归操作，并将复归结果通知运维人员；

3）时刻关注现场的检查结果及处理进度，根据现场的反馈，做好相关记录和沟通汇报。

5. 运维处置要点

1）现场确认保护装置异常信号，检查装置报文及指示灯，无法复归需通知现场检查、处理；

2）将现场检查结果及处理进度，及时汇报监控人员。

3）检查对时光纤或电缆连接、装置对时插件等判断故障点并进行处理。

（十九）线路保护检修不一致

1. 信号释义

线路保护装置与其有逻辑联系的装置检修压板投入状态不一致。

2. 信号产生原因

线路保护装置与其有相关逻辑联系的智能终端以及合并单元等装置的检修压板投入状态不一致。

3. 后果及危险点分析

启动元件动作，保护开放，可能导致保护拒动。

4. 监控处置要点

1）按照事故异常处理流程进行处置，立即通知运维人员现场检查；

2）根据现场运维人员反馈，核实现场的检查结果，必要时向相应调度汇报；

3）时刻关注现场的检查结果以及处理进度，根据现场的反馈，做好相关记录和沟通汇报。

5. 运维处置要点

1）检查保护装置及与其有逻辑联系的智能终端、合并单元中检修压板投入情况；确认相关装置检修压板状态是否正确，根据检查情况综合处理。

2）将现场检查结果及处理进度，及时汇报监控人员。

第四节　母线保护

母线保护的配置一般包括母线差动保护、母联失灵保护、母线死区保护、断路器失灵保护等，另外还有异常告警配置如 TA 短路告警、TV 断线告警等。220kV 及以上母线应当配置两套独立的母线保护。

一、事故类信号

（一）母线保护出口

1. 信号释义

母差或失灵动作发出跳闸命令。

2. 信号产生原因

1）母线发生接地或短路故障；

2）发生死区故障；

3）线路或变压器保护动作，因断路器拒动，引起该断路器所在母线失灵保护动作。

3. 后果及危险点分析

相应出口断路器跳闸，故障可能向相邻相近母线发展，引起更大范围故障。

4. 监控处置要点

1）梳理告警信息，检查相应母线上断路器位置及母线电压，初步分析故障情况；

2）记录时间、站名、母线编号、保护信息及负荷损失情况，汇报调度，通知运维人员检查设备；

3）具备条件的，查看视频和故障录波辅助判断故障情况；

4）跟踪现场检查结果及处理进度，做好相关记录和沟通汇报；

5）配合调度做好事故处理。

5. 运维处置要点

1）核对站端后台告警信息。

2）检查相应保护装置动作信息，如有两套母差保护，查跳闸母线的两套母差保护是否均动作；所接断路器的失灵保护或其他相邻元件保护是否动作；故障录波器是否动作，是否有故障波形。

3）现场检查母线上开关实际位置，接于同一母线上的断路器是否已全部跳开。

4）确认站内设备失电情况。

5）检查母差保护范围内一次设备外观是否正常，有无异常放电痕迹；装设局放在线监测的组合电器有无局放告警，有无典型放电图谱。

6）若接于母线上的断路器全部跳开，两套母差保护同时动作，故障录波显示确有故障波形，则可初步判断为母线本身故障，应重点检查保护范围内一次设备，必要时向调度申请隔离故障母线。

7）若接于母线上的断路器全部跳开，只有一套母差保护动作，故障录波显示无故障波形，现场检查一次设备无明显异常，局放在线监测装置无告警或典型放电图谱，则可初步判断为母差保护误动，应向调度申请隔离误动保护，并根据调度指令对跳闸母线进行试送。

8）若接于母线上的断路器失灵保护动作，且与跳闸母线相邻的线路或变压器也跳闸失电，则可初步判断为断路器失灵导致的越级跳闸，此时应根据母线及相邻元件保护动作情况、故障录波情况、现场检查情况等综合判断，向调度申请隔离失灵断路器，隔离故障的母线或相邻元件，恢复无故障母线或相邻元件正常供电。

9）根据检查结果通知检修人员处理。

10）将现场检查结果及处理进度，及时汇报调度和监控人员。

11）配合调度和监控做好事故处理。

（二）母线保护差动出口

1. 信号释义

母差保护动作发出跳闸命令。

2. 信号产生原因

母线发生接地或短路故障。

3. 后果及危险点分析

故障母线所带断路器跳闸，故障可能向相邻相近母线发展，引起更大范围故障。

4. 监控处置要点

1）梳理告警信息，检查相应母线上断路器位置及母线电压，初步分析故障情况；

2）记录时间、站名、母线编号、保护信息及负荷损失情况，汇报调度，通知运维人员检查设备；

3）具备条件的，查看视频和故障录波辅助判断故障情况；

4）跟踪现场检查结果及处理进度，做好相关记录和沟通汇报；

5）配合调度做好事故处理。

5. 运维处置要点

1）核对站端后台告警信息。

2）检查相应保护装置动作信息，如有两套母差保护，查跳闸母线的两套母差保护是否均动作；故障录波器是否动作，是否有故障波形。

3）现场检查母线上开关实际位置，接于同一母线上的断路器是否已全部跳开。

4）确认站内设备失电情况。

5）检查母差保护范围内一次设备外观是否正常，有无异常放电痕迹；装设局放在线监测的组合电器有无局放告警，有无典型放电图谱。

6）若接于母线上的断路器全部跳开，两套母差保护同时动作，故障录波显示确有故障波形，则可初步判断为母线本身故障，应重点检查保护范围内一次设备，必要时向调度申请隔离故障母线。

7）若接于母线上的断路器全部跳开，只有一套母差保护动作，故障录波显示无故障波形，现场检查一次设备无明显异常，局放在线监测装置无告警或典型放电图谱，则可初步判断为母差保护误动，应向调度申请隔离误动保护，并根据调度指令对跳闸母线进行试送。

8）根据检查结果通知检修人员处理。

9）将现场检查结果及处理进度，及时汇报调度和监控人员。

10）配合调度和监控做好事故处理。

（三）母线保护失灵出口

1. 信号释义

失灵保护动作发出跳闸命令。

2. 信号产生原因

发生故障时，相应断路器拒动。

3. 后果及危险点分析

跳开拒动断路器所在母线上的其他间隔断路器。

4. 监控处置要点

1）梳理告警信息，检查相应母线上断路器位置及母线电压，初步分析故障情况；

2）检查是否有断路器拒动；

3）记录时间、站名、母线编号、保护信息及负荷损失情况，汇报调度，通知运维人员检查设备；

4）具备条件的，查看视频和故障录波辅助判断故障情况；

5）跟踪现场检查结果及处理进度，做好相关记录和沟通汇报；

6）配合调度做好事故处理。

5. 运维处置要点

1）核对站端后台告警信息。

2）检查相应保护装置动作信息；所接断路器的失灵保护或其他相邻元件保护是否动作；故障录波器是否动作，是否有故障波形。

3）现场检查母线上开关实际位置。

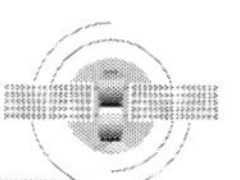

4）确认站内设备失电情况。

5）检查保护范围内一次设备外观是否正常，有无异常放电痕迹；装设局放在线监测的组合电器有无局放告警，有无典型放电图谱。

6）根据母线及相邻元件保护动作情况、故障录波情况、现场检查情况等综合判断，向调度申请隔离失灵断路器，隔离故障的母线或相邻元件，恢复无故障母线或相邻元件正常供电。

7）根据检查结果通知检修人员处理。

8）将现场检查结果及处理进度，及时汇报调度和监控人员。

9）配合调度和监控做好事故处理。

二、告警类信号

（一）母线保护装置故障

1. 信号释义

母线保护保护装置软硬件损坏或由于装置断电导致无法正常工作。

2. 信号产生原因

1）装置程序出错导致自检、巡检异常；

2）装置插件损坏；

3）装置失电。

3. 后果及危险点分析

闭锁所有保护功能，如果当时所保护设备故障，保护拒动，故障越级。

4. 监控处置要点

1）按照异常处理流程处置，通知运维人员现场检查并向相应调度汇报；

2）具备条件的保护装置宜尝试远方复归操作，将复归结果汇报相应调度并通知运维人员；

3）做好接收调度指令准备；

4）跟踪现场检查结果及处理进度，做好相关记录和沟通汇报。

5. 运维处置要点

1）核对站端后台告警信息；

2）现场确认保护装置故障信息、装置电源，检查装置报文及“运行”指示灯，若保护装置失去电源，运维人员应立即汇报调度，申请退出全部出口压板，试合一次装置电源，若故障继续存在，应通知检修人员现场检查、处理，待正常后，再投入相应保护；

3）此时装置闭锁所有保护功能，应向相应调度申请退出保护装置处理；

4）将现场检查结果及处理进度，及时汇报调度和监控人员；

5）配合调度做好相关操作。

（二）母线保护装置异常

1. 信号释义

当装置出现异常情况时，发出告警信息，部分功能可能受到影响。

2. 信号产生原因

由母差保护主机装置告警信号触点发出，装置自检出现异常，如装置报警、对时异常、通信传动报警、定值区不一致、光耦失电、稳态量差动长期启动、变化量差动长期启动、母联失灵长期启动、母联失灵开入异常、解除复压闭锁异常、外部闭锁母差开入异常、母线互联报警、支路失灵开入异常、TV 断线、电压闭锁开放、隔离开关位置报警等。

3. 后果及危险点分析

可能影响部分保护功能，导致保护拒动或误动。

4. 监控处置要点

1）按照异常处理流程处置，通知运维人员现场检查并向相应调度汇报；

2）具备条件的保护装置宜尝试远方复归操作，将复归结果汇报相应调度并通知运维人员；

3）做好接收调度指令准备；

4）跟踪现场检查结果及处理进度，做好相关记录和沟通汇报。

5. 运维处置要点

1）核对站端后台告警信息；

2）现场确认保护装置异常信号，检查装置报文及指示灯，无法复归需通知检修人员现场检查、处理；

3）需退出保护装置处理时，应向相应调度申请；

4）将现场检查结果及处理进度，及时汇报调度和监控人员；

5）配合调度做好相关操作。

（三）母线保护启动

1. 信号释义

母线保护启动元件动作。

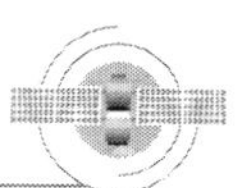

2. 信号产生原因

电流电压数据达到保护启动定值。

3. 后果及危险点分析

启动元件动作，保护开放。

4. 监控处置要点

1）查看是否有其他事故类信息或断路器变位；

2）通知运维人员到站检查；

3）无其他伴生信息时，具备条件的保护装置宜尝试远方复归操作，并将复归结果通知运维人员；

4）跟踪现场检查结果及处理进度，做好相关记录和沟通汇报。

5. 运维处置要点

1）核对站端后台告警信息；

2）现场确认保护装置异常信号，检查装置报文及指示灯，无法复归需通知检修人员现场检查、处理；

3）需退出保护装置处理时，应向相应调度申请；

4）将现场检查结果及处理进度，及时汇报调度和监控人员；

5）配合调度做好相关操作。

（四）母线保护长期启动

1. 信号释义

母线保护启动元件长期动作。

2. 信号产生原因

1）电流电压数据达到保护启动定值；

2）采样不准确。

3. 后果及危险点分析

启动元件长期动作，保护异常，可能导致保护误动。

4. 监控处置要点

1）查看是否有其他事故类信息或断路器变位；

2）通知运维人员到站检查；

3）无其他伴生信息时，具备条件的保护装置宜尝试远方复归操作，并将复归结果通知运维人员；

4）跟踪现场检查结果及处理进度，做好相关记录和沟通汇报。

5. 运维处置要点

1）核对站端后台告警信息；

2）现场确认保护装置异常信号，检查装置报文及指示灯，无法复归需通知专业人员现场检查、处理；

3）需退出保护装置处理时，应向相应调度申请；

4）将现场检查结果及处理进度，及时汇报调度和监控人员；

5）配合调度做好相关操作。

（五）母线保护 TA 断线

1. 信号释义

母线保护装置检测到电流互感器二次回路开路或采样值异常等原因造成不平衡电流超过告警定值延时发 TA 断线告警信息。

2. 信号产生原因

1）保护装置采样插件损坏；

2）保护用电流互感器二次回路断线（含端子松动、接触不良等）；

3）保护用电流互感器本体损坏。

3. 后果及危险点分析

闭锁母差保护，如果当时所保护设备故障，保护拒动，故障越级。

4. 监控处置要点

1）按照异常处理流程处置，通知运维人员现场检查并向相应调度汇报；

2）具备条件的保护装置宜尝试远方复归操作，将复归结果汇报相应调度并通知运维人员；

3）做好接收调度指令准备；

4）跟踪现场检查结果及处理进度，做好相关记录和沟通汇报。

5. 运维处置要点

1）核对站端后台告警信息。

2）现场确认保护装置异常信号，检查装置报文及指示灯，立即打印采样报告，并检查电流回路各个接线端子、线头是否松脱，压板是否可靠，有无放电、烧焦现象（应注意可能产生的高电压），并对电流二次回路进行红外测温。如运维人员不能处理，应通知检修人员处理。

3）母差保护配有 TA 断线闭锁装置。在差动保护未启动的前提下，若差电流在规定的时限内存在并不返回，则 TA 断线判别是哪一相断线，并分相闭锁母差保护，保护装置发“TA 断线”信号。无论何种原因引起 TA 断线动作，都将闭锁母差保护。

4）运维人员应立即汇报调度，申请立即停用该套母差保护。

5）在未查明原因前，不得擅自将闭锁信号复归。

6）当电流回路恢复正常后，保护程序自动将 TA 断线闭锁解除，但“TA 断线”信号必须手动复归。

7）将现场检查结果及处理进度，及时汇报调度和监控人员。

8）配合调度做好相关操作。

（六）母线保护 TV 断线

1. 信号释义

母差保护装置检测到Ⅰ母或Ⅱ母电压消失或三相不平衡。

2. 信号产生原因

1）保护装置采样插件损坏；

2）电压互感器熔断器熔断或空气开关跳闸，电压互感器二次回路断线（含端子松动、接触不良等）；

3）电压互感器本体损坏。

3. 后果及危险点分析

母差保护和失灵保护的复合电压闭锁功能自动退出，可能导致保护误动。

4. 监控处置要点

1）按照异常处理流程处置，通知运维人员现场检查并向相应调度汇报；

2）具备条件的保护装置宜尝试远方复归操作，将复归结果汇报相应调度并通知运维人员；

3）做好接收调度指令准备；

4）跟踪现场检查结果及处理进度，做好相关记录和沟通汇报。

5. 运维处置要点

1）核对站端后台告警信息。

2）现场检查护屏背后及端子箱 TV 二次空气开关是否跳闸，如确实由二次空气开关跳闸引起，则应试合一次 TV 二次空气开关，此时若信号消失，则汇报调度；若 TV 二次空气开关仍跳开，则检查电压二次回路有无明显接地、短路、接触不良现象，并通知专业人员现场检查、处理。

3）若此信号可复归，也应查明原因。

4）该信号一般不影响保护运行，可不停用母差保护。

5）将现场检查结果及处理进度，及时汇报调度和监控人员。

6）配合调度做好相关操作。

（七）母线保护装置通信中断

1. 信号释义

母线保护与后台机、远动、规约转换等装置通信中断。

2. 信号产生原因

1）保护装置网线接口损坏或接触不良；

2）交换机故障。

3. 后果及危险点分析

保护装置部分信息无法上传，影响监控员对事故的判断和后续处理。

4. 监控处置要点

1）按照异常处理流程处置，通知运维人员现场检查并向相应调度汇报；

2）待运维人员到达现场后，将相关监控职责移交站端；

3）处理完毕后，核实站端监控期间是否有异常，确认无误后收回相应监控职责。

5. 运维处置要点

1）核对站端后台告警信息；

2）现场检查保护装置告警信息及运行工况，检查通信线连接回路有无明显问题后通知检修人员处理；

3）需退出保护装置或部分保护功能处理时，应向相应调度申请；

4）将现场检查结果及处理进度，及时汇报调度和监控人员；

5）配合调度做好相关操作。

（八）母线保护开关隔离开关位置异常

1. 信号释义

母差保护检测到母线侧隔离开关位置发生变化或与实际位置不符。

2. 信号产生原因

1）隔离开关位置双跨；

2）隔离开关位置变位；

3）隔离开关开入位置与实际不符。

3. 后果及危险点分析

可能造成母差保护失去选择性，导致保护误动或拒动。

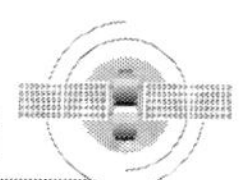

4. 监控处置要点

1）按照异常处理流程处置，通知运维人员现场检查并向相应调度汇报；

2）具备条件的保护装置宜尝试远方复归操作，将复归结果汇报相应调度并通知运维人员；

3）做好接收调度指令准备；

4）跟踪现场检查结果及处理进度，做好相关记录和沟通汇报。

5. 运维处置要点

1）核对站端后台告警信息。

2）现场确认保护装置异常信号，检查装置报文及指示灯，检查母线保护液晶显示的状态是否与实际位置一致，确认无误，按下保护屏信号复归按钮。无法复归需通知专业人员现场检查、处理。无论是否复归，均应查明原因尽快处理。

3）需退出保护装置或部分保护功能处理时，应向相应调度申请。

4）及时向值班监控员和相应调度员汇报检查和处理结果。

（九）母线保护 SV 采样链路中断

1. 信号释义

保护装置接收 SV 链路中断引起的 SV 报文接收异常。

2. 信号产生原因

1）SV 物理链路中断；

2）SV 报文数据异常，或发送和接收不匹配。

3. 后果及危险点分析

保护装置无法正常接收 SV 报文，可能导致保护装置误动或拒动。

4. 监控处置要点

1）按照异常处理流程处置，通知运维人员现场检查并向相应调度汇报；

2）具备条件的保护装置宜尝试远方复归操作，将复归结果汇报相应调度并通知运维人员；

3）做好接收调度指令准备；

4）跟踪现场检查结果及处理进度，做好相关记录和沟通汇报。

5. 运维处置要点

1）核对站端后台告警信息。

2）现场确认保护装置异常信号，检查装置报文及指示灯，应检查母差保护装置、相关合并单元 SV 光纤接头是否有脱落、断线、松动，光纤配线盒对应的光纤跳线接头是否有脱落、断线、松动。若为接收母电压 SV 链路中断，等同于 TV 断线，若为电流 SV 链路中断，等同于 TA 断线，此时会闭锁母差保护。无法复归需通知专业人员现场检查、处理。

3）需退出保护装置处理时，应向相应调度申请。

4）将现场检查结果及处理进度，及时汇报调度和监控人员。

5）配合调度做好相关操作。

（十）母线保护某支路 SV 采样链路中断

1. 信号释义

保护装置在接收某支路 SV 链路中断引起的 SV 报文接收异常。

2. 信号产生原因

1）SV 物理链路中断；

2）SV 报文数据异常，或发送和接收不匹配。

3. 后果及危险点分析

保护装置无法正常接收 SV 报文，导致保护装置误动或拒动。

4. 监控处置要点

1）按照异常处理流程处置，通知运维人员现场检查并向相应调度汇报；

2）具备条件的保护装置宜尝试远方复归操作，将复归结果汇报相应调度并通知运维人员；

3）做好接收调度指令准备；

4）跟踪现场检查结果及处理进度，做好相关记录和沟通汇报。

5. 运维处置要点

1）核对站端后台告警信息。

2）现场确认保护装置异常信号，检查装置报文及指示灯，应检查母差保护装置、相关合并单元 SV 光纤接头是否有脱落、断线、松动，光纤配线盒对应的光纤跳线接头是否有脱落、断线、松动。若为接收母电压 SV 链路中断，等同于 TV 断线，若为电流 SV 链路中断，等同于 TA 断线，此时会闭锁母差保护。无法复归需通知专业人员现场检查、处理。

3）需退出保护装置处理时，应向相应调度申请。

4）将现场检查结果及处理进度，及时汇报调度和监控人员。

5）配合调度做好相关操作。

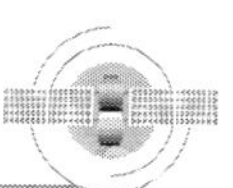

（十一）母线保护 GOOSE 总告警

1. 信号释义

保护装置接收 GOOSE 报文出现异常时，发出总告警。

2. 信号产生原因

1）GOOSE 物理链路中断；

2）与 GOOSE 链路对端装置检修不一致；

3）GOOSE 报文数据异常，或发送和接收不匹配。

3. 后果及危险点分析

保护装置可能无法接收 GOOSE 报文，导致故障越级。

4. 监控处置要点

1）按照异常处理流程处置，通知运维人员现场检查并向相应调度汇报；

2）具备条件的保护装置宜尝试远方复归操作，将复归结果汇报相应调度并通知运维人员；

3）做好接收调度指令准备；

4）跟踪现场检查结果及处理进度，做好相关记录和沟通汇报。

5. 运维处置要点

1）核对站端后台告警信息。

2）现场确认保护装置异常信号，检查装置报文及指示灯，应检查母差保护装置、相关合并单元 SV 光纤接头是否有脱落、断线、松动，光纤配线盒对应的光纤跳线接头是否有脱落、断线、松动。若为接收母电压 SV 链路中断，等同于 TV 断线，若为电流 SV 链路中断，等同于 TA 断线，此时会闭锁母差保护。无法复归需通知专业人员现场检查、处理。

3）需退出保护装置处理时，应向相应调度申请。

4）将现场检查结果及处理进度，及时汇报调度和监控人员。

5）配合调度做好相关操作。

（十二）母线保护 GOOSE 链路中断

1. 信号释义

保护装置接收 GOOSE 链路中断引起的 GOOSE 报文接收异常。

2. 信号产生原因

1）GOOSE 物理链路中断；

2）GOOSE 报文数据异常，或发送和接收不匹配。

3. 后果及危险点分析

造成保护装置可能无法接收 GOOSE 报文，导致故障越级。

4. 监控处置要点

1）按照异常处理流程处置，通知运维人员现场检查并向相应调度汇报；

2）具备条件的保护装置宜尝试远方复归操作，将复归结果汇报相应调度并通知运维人员；

3）做好接收调度指令准备；

4）跟踪现场检查结果及处理进度，做好相关记录和沟通汇报。

5. 运维处置要点

1）核对站端后台告警信息；

2）现场确认保护装置异常信号，检查装置报文及指示灯，检查母差保护装置、过程层相关交换机、相关线路保护后的光纤接头是否有脱落、断线、松动，光纤配线盒对应的光纤跳线接头是否有脱落、断线、松动，无法复归需通知专业人员现场检查、处理；

3）需退出保护装置处理时，应向相应调度申请；

4）将现场检查结果及处理进度，及时汇报调度和监控人员；

5）配合调度做好相关操作。

（十三）母线保护对时异常

1. 信号释义

保护装置需要接收外部时间信号，以保证装置时间的准确性。当装置外接对时源失能而又没有同步上外界时间信号时，报出该信号。

2. 信号产生原因

时钟装置发送的对时信号异常、外部时间信号丢失、对时光纤或电缆连接异常、装置对时插件故障等。

3. 后果及危险点分析

母线保护装置长时间对时丢失，将影响就地事件（SOE）的时标精确性和对事故跳闸的分析。

4. 监控处置要点

1）按照异常处理流程处置，通知运维人员现场检查；

2）具备条件的保护装置宜尝试远方复归操作，并将复归结果通知运维人员；

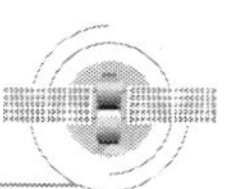

3）跟踪现场检查结果及处理进度，做好相关记录和沟通汇报。

5. 运维处置要点

1）核对站端后台告警信息；

2）现场确认保护装置异常信号，检查装置报文及指示灯，无法复归需通知专业人员现场检查、处理；

3）将现场检查结果及处理进度，及时汇报监控人员。

（十四）母线保护检修不一致

1. 信号释义

母线保护装置与其有逻辑联系的装置检修压板投入状态不一致。

2. 信号产生原因

母线保护装置与其有逻辑联系的智能终端、合并单元等装置检修压板投入状态不一致。

3. 后果及危险点分析

保护装置不会出口，可能造成保护拒动。

4. 监控处置要点

1）按照异常处理流程处置，通知运维人员现场检查；

2）核实现场检查结果，必要时向相应调度汇报；

3）跟踪现场检查结果及处理进度，做好相关记录和沟通汇报。

5. 运维处置要点

1）核对站端后台告警信息；

2）检查保护装置及与其有逻辑联系的智能终端、合并单元中检修压板投入情况；

3）确认相关装置检修压板状态是否正确；

4）将现场检查结果及处理进度，及时汇报监控人员。

第五节　母联（分段保护）

在母联断路器上设相电流或零序电流保护，作为专用的母联充电保护，如果母联断路器合于有故障母线，充电保护会立即跳开母联断路器，并且保护动作时，充电保护会闭锁母差保护，防止事故扩大化。

一、事故类信号

（一）母联（分段）保护出口

1. 信号释义

当母联（分段）开关重合于有故障母线，或者充电电流达到保护阈值时，母联（分段）保护动作发出跳闸命令。

2. 信号产生原因

1）母联（分段）开关重合于有故障母线；

2）母线充电电流达到保护动作阈值；

3）母联（分段）保护继电器故障或二次回路故障。

3. 后果及危险点分析

母联（分段）断路器跳闸。

4. 监控处置要点

1）通过监控系统检查相应的母联（分段）断路器位置指示情况以及电流值，确认断路器已经跳闸；

2）整理故障的告警信息，记录变电站名称、准确的时间节点、跳闸断路器的编号、保护动作的信息以及负荷的损失情况，及时上报调度，通知相应运维班的人员检查现场设备情况；

3）时刻跟踪现场的检查结果和事故处理的进度，做好相关记录，并且及时沟通汇报；

4）协调配合调度的工作人员完成事故处理相关工作。

5. 运维处置要点

1）到达现场，检查相关线路保护装置动作信息以及运行情况，检查故障录波器动作情况；

2）检查断路器的实际分合位置；

3）确认设备的运行以及失电的情况；

4）检查站内一、二次设备的运行情况，是否有异常工况；

5）根据现场的检查结果，立即通知专业的人员进行解决相关问题；

6）将现场的检查结果以及事故处理的进度，及时汇报相关调度和监控的值班人员；

7）配合调度和监控做好事故处理。

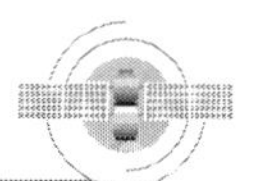

（二）母联（分段）保护过电流Ⅰ段出口

1. 信号释义

母联（分段）开关保护过电流Ⅰ段动作发出跳闸命令。

2. 信号产生原因

充电保护过电流Ⅰ段动作出口。

3. 后果及危险点分析

母联（分段）断路器跳闸。

4. 监控处置要点

1）通过监控系统检查相应的断路器位置指示情况以及电流值，确认断路器已经跳闸；

2）整理故障的告警信息，记录变电站名称、准确的时间节点、跳闸断路器的编号、保护动作的信息以及负荷的损失情况，及时上报调度，通知相应运维班的人员检查现场设备情况；

3）时刻跟踪现场的检查结果和事故处理的进度，做好相关记录，并且及时沟通汇报；

4）协调配合调度的工作人员完成事故处理相关工作。

5. 运维处置要点

1）到达现场，检查相关线路保护装置动作信息以及运行情况，检查故障录波器动作情况；

2）检查断路器的实际分合位置；

3）确认设备的运行以及失电的情况；

4）检查站内一、二次设备的运行情况，是否有异常工况；

5）根据现场的检查结果，立即通知专业的人员进行解决相关问题；

6）将现场的检查结果以及事故处理的进度，及时汇报相关调度和监控的值班人员；

7）配合调度和监控做好事故处理。

（三）母联（分段）保护过电流Ⅱ段出口

1. 信号释义

母联（分段）保护过电流Ⅱ段动作发出跳闸命令。

2. 信号产生原因

充电保护过电流Ⅱ段动作出口。

3. 后果及危险点分析

母联（分段）断路器跳闸。

4. 监控处置要点

1）通过监控系统检查相应的断路器位置指示情况以及电流值，确认断路器已经跳闸；

2）整理故障的告警信息，记录变电站名称、准确的时间节点、跳闸断路器的编号、保护动作的信息以及负荷的损失情况，及时上报调度，通知相应运维班的人员检查现场设备情况；

3）时刻跟踪现场的检查结果和事故处理的进度，做好相关记录，并且及时沟通汇报；

4）协调配合调度的工作人员完成事故处理相关工作。

5. 运维处置要点

1）到达现场，检查相关线路保护装置动作信息以及运行情况，检查故障录波器动作情况；

2）检查断路器的实际分合位置；

3）确认设备的运行以及失电的情况；

4）检查站内一、二次设备的运行情况，是否有异常工况；

5）根据现场的检查结果，立即通知专业的人员进行解决相关问题；

6）将现场的检查结果以及事故处理的进度，及时汇报相关调度和监控的值班人员；

7）配合调度和监控做好事故处理。

二、告警类信号

（一）母联（分段）保护装置故障

1. 信号释义

母联（分段）保护装置硬件损坏、软件程序错乱或由于装置断电导致无法正常工作。

2. 信号产生原因

1）装置程序出错导致自检、巡检异常；

2）装置插件损坏；

3）装置无电源供应。

3. 后果及危险点分析

闭锁所有保护功能，若此时保护范围发生故障，保护拒动，可能会导致故障越级。

4. 监控处置要点

1）通过监控系统检查相应的断路器位置指示情况以及电流值，确认断路器已经跳闸；

2）整理故障的告警信息，记录变电站名称、准确的时间节点、跳闸断路器的编号、保护动作的信息以及负荷的损失情况，及时上报调度，通知相应运维班的人员检查现场设备情况；

3）时刻跟踪现场的检查结果和事故处理的进度，做好相关记录，并且及时沟通汇报；

4）协调配合调度的工作人员完成事故处理相关工作。

5. 运维处置要点

1）现场确认保护装置故障信息，检查装置报文及指示灯，无法复归需通知现场检查、处理；

2）需退出保护装置处理时，应向相应调度申请；

3）检查装置电源空开是否跳开，空开是否有异常；

4）检查装置报文及指示灯，自检报告和开入变位报告；

5）检查装置插件是否损坏；

6）将现场检查结果及处理进度，及时汇报调度和监控人员；

7）与调度工作人员相互配合，完成相关工作。

（二）母联（分段）保护装置异常

1. 信号释义

当保护装置出现异常情况时，将发出告警信息，部分保护的功能可能受到影响。

2. 信号产生原因

1）保护装置内部通信出错、跳位异常等；

2）保护装置自检、巡检异常；

3）保护装置 TV、TA 断线。

3. 后果及危险点分析

可能影响部分保护功能，导致保护无法正确动作，出现拒动或误动的异常情况。

4. 监控处置要点

1）按照异常处理流程进行处置，立即通知运维人员到现场检查，并向相应调度工作人员汇报；

2）保护装置宜尝试远方复归操作，并且将结果汇报调度人员，同时通知相关运维

人员；

3）做好接收调度指令准备；

4）时刻关注现场的检查结果及处理进度，根据现场的反馈，做好相关记录和沟通汇报。

5. 运维处置要点

1）现场确认保护装置异常信号，检查装置报文及指示灯，无法复归需通知现场检查、处理；

2）需退出保护装置处理时，应向相应调度申请；

3）检查保护装置报文及指示灯；

4）检查保护装置及二次回路有无明显异常；

5）检查保护装置各插件、液晶显示屏及相关回路是否正常；

6）查找出故障原因后，综合处理相关问题；

7）将现场检查结果及处理进度，及时汇报调度和监控人员；

8）与调度工作人员相互配合，完成相关工作。

（三）母联（分段）保护启动

1. 信号释义

母联（分段）保护启动元件动作。

2. 信号产生原因

电流电压数据达到保护启动定值。

3. 后果及危险点分析

启动元件动作，保护开放。

4. 监控处置要点

1）查看是否有其他事故类信息或断路器变位；

2）通知运维人员到站检查；

3）无其他伴生信息时，具备条件的保护装置宜尝试远方复归操作，并将复归结果通知运维人员；

4）时刻关注现场的检查结果及处理进度，根据现场的反馈，做好相关记录和沟通汇报。

5. 运维处置要点

1）现场确认保护装置异常信号，检查装置报文及指示灯，无法复归需通知现场检查、处理；

2）需退出保护装置处理时，应向相应调度申请；

3）将现场检查结果及处理进度，及时汇报调度和监控人员；

4）与调度工作人员相互配合，完成相关工作。

（四）母联（分段）保护装置通信中断

1. 信号释义

母联（分段）保护与后台机、远动、规约转换等装置的通信中断。

2. 信号产生原因

1）保护装置的网线接口损坏或者接触不良；

2）交换机故障损坏，无法正常工作。

3. 后果及危险点分析

保护装置的部分信号无法成功上送，将影响监控员对事故的判断和后续处理。

4. 监控处置要点

1）按照事故异常处理流程处置，立即通知运维人员现场检查并向相应调度人员汇报；

2）待运维人员到达现场后，将相关监控职责移交站端；

3）处理完毕后，核实站端监控期间是否有异常，确认无误后收回相应监控职责。

5. 运维处置要点

1）现场检查保护装置告警信息及运行工况，必要时联系现场处理；

2）需退出保护装置或部分保护功能处理时，应向相应调度申请；

3）检查现场的保护通信情况；判断网线、网口是否可靠；

4）检查交换机有无故障，可否正常工作；

5）查找出故障原因后，综合处理相关问题；

6）将现场检查结果及处理进度，及时汇报调度和监控人员；

7）与调度工作人员相互配合，完成相关工作。

（五）母联（分段）保护 TA 断线

1. 信号释义

保护装置检测到电流互感器的二次回路开路或采样值异常等原因造成不平衡电流超过告警定值延时发 TA 断线告警信息，闭锁部分保护功能。

2. 信号产生原因

1）电流互感器本体故障；

2）电流互感器二次回路断线（含端子松动、接触不良）或短路；

3）母联（分段）保护装置采样插件损坏。

3. 后果及危险点分析

根据定值单控制字决定母联（分段）保护装置保护功能是否闭锁，可能会导致母联（分段）保护拒动。

4. 监控处置要点

1）按照异常处理流程处置，通知运维人员现场检查并向相应调度人员汇报；

2）具备条件的保护装置宜立即尝试远方复归操作，将复归结果汇报相应调度并通知运维人员；

3）做好接收调度指令准备；

4）时刻关注现场的检查结果及处理进度，根据现场的反馈，做好相关记录和沟通汇报。

5. 运维处置要点

1）现场确认保护装置异常信号，检查装置报文及指示灯，无法复归需通知现场检查、处理；

2）需退出保护装置处理时，应向相应调度申请；

3）检查母联（分段）保护装置交流采样插件以及电流接线端子紧固情况，是否有异常；

4）检查母联（分段）电流互感器是否正常工作；

5）查找出故障原因后，综合处理相关问题；

6）将现场检查结果及处理进度，及时汇报调度和监控人员；

7）与调度工作人员相互配合，完成相关工作。

（六）母联（分段）保护 TV 断线

1. 信号释义

母联（分段）保护装置检测到电压异常，延时发 TV 断线告警信息。

2. 信号产生原因

1）电压互感器的本体故障；

2）电压互感器的二次回路断线（含端子松动、接触不良）或短路；

3）母联（分段）保护装置的采样插件损坏。

3. 后果及危险点分析

保护装置的复合电压闭锁功能自动退出，可能导致保护误动。

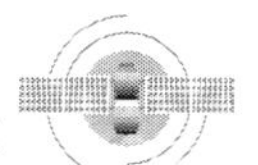

4. 监控处置要点

1）按照事故异常处理流程处置，立即通知运维人员现场检查并向相应调度人员汇报；

2）保护装置宜尝试远方复归操作，并且将结果汇报调度人员，同时通知相关运维人员；

3）做好接收调度指令准备；

4）时刻关注现场的检查结果及处理进度，根据现场的反馈，做好相关记录和沟通汇报。

5. 运维处置要点

1）检查电压小开关是否处于合位状态；

2）现场确认保护装置异常信号，检查装置报文及指示灯，无法复归需通知现场检查、处理；

3）需退出保护装置或部分保护功能处理时，应向相应调度申请；

4）检查保护装置交流采样插件，是否有异常；

5）检查保护装置电压接线端子紧固情况；

6）检查电压互感器是否有异常；

7）查找出故障原因后，综合处理相关问题；

8）将现场检查结果及处理进度，及时汇报调度和监控人员；

9）与调度工作人员相互配合，完成相关工作。

（七）母联（分段）保护 SV 总告警

1. 信号释义

母联（分段）保护接收 SV 报文时出现异常时，发出 SV 的总告警。

2. 信号产生原因

1）SV 的物理链路中断；

2）与 SV 链路对端装置检修情况不一致；

3）SV 报文数据异常，或者发送和接收不匹配。

3. 后果及危险点分析

母联（分段）保护装置无法正常接收 SV 报文，闭锁保护，可能引起保护装置拒动。

4. 监控处置要点

1）按照事故异常处理流程处置，立即通知运维人员现场检查并向相应调度人员汇报；

2）保护装置宜尝试远方复归操作，并且将结果汇报调度人员，同时通知相关运维人员；

3）做好接收调度指令准备；

4）时刻关注现场的检查结果及处理进度，根据现场的反馈，做好相关记录和沟通汇报。

5. 运维处置要点

1）现场确认保护装置异常信号，检查装置报文及指示灯，无法复归需通知现场检查、处理；

2）需退出保护装置处理时，应向相应调度申请；

3）检查现场保护装置是否正常，排查装置 SV 总告警的原因；

4）检查 SV 物理链路是否异常；

5）检查保护装置 SV 采样插件是否异常；

6）查找出故障原因后，综合处理相关问题；

7）将现场检查结果及处理进度，及时汇报调度和监控人员；

8）与调度工作人员相互配合，完成相关工作。

（八）母联（分段）保护启动

1. 信号释义

母联（分段）保护启动元件动作。

2. 信号产生原因

电流、电压数据达到保护启动定值。

3. 后果及危险点分析

启动元件动作，保护开放。

4. 监控处置要点

1）查看是否有其他事故类信息或开关变位，通知运维人员到站检查；

2）无其他伴生信息时，具备条件的保护装置宜尝试远方复归操作，并将复归结果通知运维人员；

3）跟踪现场检查结果及处理进度，做好相关记录和沟通汇报。

5. 运维处置要点

1）核对站端后台告警信息；

2）现场确认保护装置异常信号，检查装置报文及指示灯，无法复归需通知专业人员现场检查、处理；

3）需退出保护装置处理时，应向相应调度申请；

4）将现场检查结果及处理进度，及时汇报调度和监控人员；

5）配合调度做好相关操作。

（九）母联（分段）保护 GOOSE 总告警

1. 信号释义

当母联（分段）保护装置接收 GOOSE 报文出现异常时，发出总告警。

2. 信号产生原因

1）GOOSE 物理链路中断；

2）与 GOOSE 链路对端装置检修不一致；

3）GOOSE 报文数据异常，或发送和接收不匹配。

3. 后果及危险点分析

母联（分段）保护装置无法接收 GOOSE 报文，可能导致故障越级，停电范围扩大。

4. 监控处置要点

1）按照事故异常处理流程处置，立即通知运维人员现场检查并向相应调度人员汇报；

2）保护装置宜尝试远方复归操作，并且将结果汇报调度人员，同时通知相关运维人员；

3）做好接收调度指令准备；

4）时刻关注现场的检查结果及处理进度，根据现场的反馈，做好相关记录和沟通汇报。

5. 运维处置要点

1）现场确认保护装置异常信号，检查装置报文及指示灯，无法复归需通知现场检查、处理；

2）需退出保护装置处理时，应向相应调度申请；

3）确认告警支路，检查保护装置 GOOSE 物理链路，排除因物理链路中断引起 GOOSE 链路中断；

4）如若 GOOSE 物理链路无中断，做好措施后，检查 GOOSE 报文内容的准确性；

5）将现场检查结果及处理进度，及时汇报调度和监控人员；

6）与调度工作人员相互配合，完成相关工作。

（十）母联（分段）保护 GOOSE 链路中断

1. 信号释义

由于母联（分段）保护装置接收 GOOSE 链路中断引起的 GOOSE 报文接收异常。

2. 信号产生原因

1）GOOSE 物理链路中断；

2）GOOSE 报文数据异常，或发送和接收不匹配。

3. 后果及危险点分析

母联（分段）保护装置无法接收 GOOSE 报文，可能导致故障越级，停电范围扩大。

4. 监控处置要点

1）按照事故异常处理流程处置，立即通知运维人员现场检查并向相应调度人员汇报；

2）保护装置宜尝试远方复归操作，并且将结果汇报调度人员，同时通知相关运维人员；

3）做好接收调度指令准备；

4）时刻关注现场的检查结果及处理进度，根据现场的反馈，做好相关记录和沟通汇报。

5. 运维处置要点

1）现场确认保护装置异常信号，检查装置报文及指示灯，无法复归需通知现场检查、处理；

2）需退出保护装置处理时，应向相应调度申请；

3）确认告警支路，检查保护装置 GOOSE 物理链路，排除因物理链路中断引起 GOOSE 链路中断；

4）如若 GOOSE 物理链路无中断，做好措施后，检查 GOOSE 报文内容的准确性；

5）将现场检查结果及处理进度，及时汇报调度和监控人员；

6）与调度工作人员相互配合，完成相关工作。

（十一）母联（分段）保护对时异常

1. 信号释义

为了保证母联（分段）保护装置时钟的准确性，需要接收外部的时间信息。若装置外接对时源失能而又没有成功同步上外界时间信号时，报出该信号。

2. 信号产生原因

时钟装置发送的对时信号异常、外部时间信号丢失、对时光纤或电缆连接异常、装置对时插件故障等。

3. 后果及危险点分析

母联（分段）保护装置长时间对时丢失，将影响就地事件的时标精确性和对事故跳闸的准确分析。

4. 监控处置要点

1）按照异常处理流程处置，通知运维人员现场检查；

2）具备条件的保护装置宜尝试远方复归操作，并将复归结果通知运维人员；

3）时刻关注现场的检查结果及处理进度，根据现场的反馈，做好相关记录和沟通汇报。

5. 运维处置要点

1）现场确认保护装置异常信号，检查装置报文及指示灯，无法复归需通知现场检查、处理；

2）检查对时光纤或电缆连接、装置对时插件等；

3）将现场检查结果及处理进度，及时汇报监控人员。

（十二）母联（分段）保护检修不一致

1. 信号释义

母联（分段）保护装置与其有逻辑联系的装置检修压板投入状态不一致。

2. 信号产生原因

母联（分段）保护装置与其有相关逻辑联系的智能终端以及合并单元等装置的检修压板投入状态不一致。

3. 后果及危险点分析

启动元件动作，保护开放，可能导致保护拒动。

4. 监控处置要点

1）按照事故异常处理流程进行处置，立即通知运维人员现场检查；

2）根据现场运维人员反馈，核实现场的检查结果，必要时向相应调度汇报；

3）时刻关注现场的检查结果以及处理进度，根据现场的反馈，做好相关记录和沟通汇报。

5. 运维处置要点

1）检查保护装置及与其有逻辑联系的智能终端、合并单元中检修压板投入情况；确认相关装置检修压板状态是否正确。

2）检查相关装置检修压板开入状态，根据检查情况综合处理。

3）将现场检查结果及处理进度，及时汇报监控人员。

第六节　电容器保护

针对 35kV 及以下电容器故障及不正常运行状态，配置过电流保护、不平衡电压保护、低电压保护、过电压保护、差压 / 差流保护等。

一、事故类信号

（一）电容器保护出口

1. 信号释义

电容器保护动作发出跳闸命令。

2. 信号产生原因

1）电容器内部或引线故障；

2）系统过电压或失压造成电容器跳闸。

3. 后果及危险点分析

电容器断路器跳闸，可能影响无功电压调整。

4. 监控处置要点

1）梳理告警信息，检查相应电容器断路器位置及电流，初步分析故障情况；

2）记录时间、站名、编号及保护动作信息，汇报调度，通知运维人员检查设备；

3）具备条件的，查看视频和故障录波辅助判断故障情况；

4）跟踪现场检查结果及处理进度，做好相关记录和沟通汇报；

5）配合调度做好事故处理；

6）设备恢复运行后，根据情况恢复该间隔 AVC 控制。

5. 运维处置要点

1）核对站端后台告警信息。

2）检查电容器保护装置动作信息。

3）现场检查电容器对应开关实际位置。

4）检查站内一、二次设备是否有异常。

5）根据检查结果通知专业人员处理。

6）若为差压保护动作，应由检修人员仔细检查电容器的差压段的变化、放电线圈的变化，电容器、放电线圈对地绝缘是否符合要求，以及差压继电器动作是否正常，以做出故障判断。差压保护动作恢复送电前应确证差压继电器动作信号已复归。

7）电容器组保护动作后严禁立即试送，应立即进行现场检查，查明保护动作情况。电流保护动作未经查明原因并消除故障前，不得对电容器送电。系统电压波动致使电容器跳闸时，必须 5min 后才允许试送。

8）将现场检查结果及处理进度，及时汇报调度和监控人员。

9）配合调度和监控做好事故处理。

（二）电容器欠压保护出口

1. 信号释义

欠电压保护动作发出电容器断路器跳闸命令。

2. 信号产生原因

母线失压造成电容器跳闸。

3. 后果及危险点分析

电容器断路器跳闸，能影响无功电压调整。

4. 监控处置要点

1）梳理告警信息，检查相应电容器断路器位置、电流及母线电压，初步分析故障情况；

2）记录时间、站名、编号及保护动作信息，汇报调度，通知运维人员检查设备；

3）具备条件的，查看视频和故障录波辅助判断故障情况；

4）跟踪现场检查结果及处理进度，做好相关记录和沟通汇报；

5）配合调度做好后续处理；

6）设备恢复运行后，根据情况恢复该间隔 AVC 控制。

5. 运维处置要点

1）核对站端后台告警信息；

2）检查电容器保护装置动作信息；

3）现场检查电容器对应开关实际位置；

4）检查站内一、二次设备是否有异常；

5）根据检查结果通知专业人员处理；

6）如确因电源突然消失或外部短路，母线电压突然下降造成，待母线电压恢复正常后，重新投入运行，但重新合闸应在分闸 10min 后进行；

7）将现场检查结果及处理进度，及时汇报调度和监控人员；

8）配合调度和监控做好后续处理。

（三）电容器过电压保护出口

1. 信号释义

过电压保护动作发出电容器断路器跳闸命令。

2. 信号产生原因

3. 后果及危险点分析

母线过电压造成电容器跳闸。

4. 监控处置要点

1）梳理告警信息，检查相应电容器断路器位置、电流及母线电压，初步分析故障情况；

2）记录时间、站名、编号及保护动作信息，汇报调度，通知运维人员检查设备；

3）具备条件的，查看视频和故障录波辅助判断故障情况；

4）跟踪现场检查结果及处理进度，做好相关记录和沟通汇报；

5）配合调度做好后续处理；

6）设备恢复运行后，根据情况恢复该间隔 AVC 控制。

5. 运维处置要点

1）核对站端后台告警信息；

2）检查电容器保护装置动作信息；

3）现场检查电容器对应开关实际位置；

4）检查站内一、二次设备是否有异常；

5）根据检查结果通知专业人员处理；

6）排除故障后，电容器方可投入运行；

7）将现场检查结果及处理进度，及时汇报调度和监控人员；

8）配合调度和监控做好后续处理。

二、告警类信号

（一）电容器保护装置故障

1. 信号释义

电容器保护装置故障。

2. 信号产生原因

1）装置程序出错导致自检、巡检异常；

2）装置插件损坏；

3）装置失电。

3. 后果及危险点分析

闭锁所有保护功能，若此时保护范围发生故障，保护拒动，会导致故障越级。

4. 监控处置要点

1）按照异常处理流程处置，通知运维人员现场检查并向相应调度汇报；

2）具备条件的保护装置宜尝试远方复归操作，将复归结果汇报调度并通知运维人员；

3）做好接收调度指令准备；

4）跟踪现场检查结果及处理进度，做好相关记录和沟通汇报。

5. 运维处置要点

1）核对站端后台告警信息；

2）现场确认保护装置故障信息，检查装置报文及指示灯，无法复归需通知专业人员现场检查、处理；

3）需退出保护装置处理时，应向相应调度申请；

4）将现场检查结果及处理进度，及时汇报调度和监控人员；

5）配合调度做好相关操作。

（二）电容器保护装置异常

1. 信号释义

当装置出现异常情况时，发出告警信息，部分功能可能受到影响。

2. 信号产生原因

1）保护装置内部通信出错、长期启动等；

2）保护装置自检、巡检异常；

3）保护装置 TV、TA 断线。

3. 后果及危险点分析

可能影响部分保护功能，导致保护拒动或误动。

4. 监控处置要点

1）按照异常处理流程处置，通知运维人员现场检查并向相应调度汇报；

2）具备条件的保护装置宜尝试远方复归操作，将复归结果汇报相应调度并通知运维人员；

3）做好接收调度指令准备；

4）跟踪现场检查结果及处理进度，做好相关记录和沟通汇报。

5. 运维处置要点

1）核对站端后台告警信息；

2）现场确认保护装置异常信号，检查装置报文及指示灯，必要时可向调度申请退出电容器保护出口压板，重启装置一次，无法复归需通知专业人员现场检查、处理；

3）若电容器处运行时，应向相应调度申请退出该电容器；

4）将现场检查结果及处理进度，及时汇报调度和监控人员；

5）配合调度做好相关操作。

（三）电容器保护装置通信中断

1. 信号释义

电容器保护与后台机、远动、规约转换等装置通信中断。

2. 信号产生原因

1）保护装置网线接口损坏或接触不良；

2）相应交换机故障。

3. 后果及危险点分析

保护装置部分信号无法上传，影响监控员对事故的判断和后续处理。

4. 监控处置要点

1）按照异常处理流程处置，通知运维人员现场检查并向相应调度汇报；

2）待运维人员到达现场后，将相关监控职责移交站端；

3）处理完毕后，核实站端监控期间是否有异常，确认无误后收回相应监控职责。

5. 运维处置要点

1）核对站端后台告警信息。

2）现场检查保护装置告警信息及运行工况，检查装置背板通信线指示灯是否正常，接口是否牢固，与后台服务器等自动化设备的通信是否正常。若检查无误时，应汇报调度，申请退出电容器保护出口压板，重启装置。必要时联系专业人员处理。

3）需退出保护装置或部分保护功能处理时，应向相应调度申请。

4）将现场检查结果及处理进度，及时汇报调度和监控人员。

5）配合调度做好相关操作。

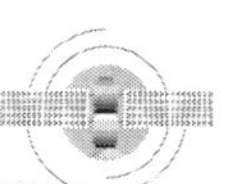

第七节　低压并联电抗器保护

低压并联电抗器（以下简称低抗）保护单套配置，电气量保护一般具备过电流、欠压、过负荷等功能。油浸式低抗保护还配备有非电气量保护，包括重瓦斯、压力释放、轻瓦斯、线温高、油温高、油位异常等功能。非电气量保护中一般重瓦斯投跳闸，其余均发信号。

一、事故类信号

1. 信号释义

保护动作发出低抗断路器跳闸命令。

2. 信号产生原因

1）低抗内部或引线故障；

2）系统过电压或失压造成低抗跳闸。

3. 后果及危险点分析

低抗断路器跳闸，可能影响无功电压调整。

4. 监控处置要点

1）梳理告警信息，检查相应电抗器断路器位置及电流，初步分析故障情况；

2）记录时间、站名、编号及保护动作信息，汇报调度，通知运维人员检查设备；

3）具备条件的，查看视频和故障录波辅助判断故障情况；

4）跟踪现场检查结果及处理进度，做好相关记录和沟通汇报；

5）配合调度做好事故处理；

6）设备恢复运行后，根据情况恢复该间隔 AVC 控制。

5. 运维处置要点

1）核对站端后台告警信息；

2）检查电抗器保护装置动作信息；

3）现场检查电抗器对应开关实际位置；

4）检查站内一、二次设备是否有异常；

5）根据检查结果通知检修人员处理；

6）将现场检查结果及处理进度，及时汇报调度和监控人员；

7）配合调度和监控做好事故处理。

二、告警类信号

（一）低抗保护装置故障

1. 信号释义

低抗保护装置软硬件损坏或由于装置断电导致无法正常工作。

2. 信号产生原因

1）装置程序出错导致自检、巡检异常；

2）装置插件损坏；

3）装置失电。

3. 后果及危险点分析

闭锁所有保护功能，若此时保护范围发生故障，保护拒动，会导致故障越级。

4. 监控处置要点

1）按照异常处理流程处置，通知运维人员现场检查并向相应调度汇报；

2）具备条件的保护装置宜尝试远方复归操作，将复归结果汇报相应调度并通知运维人员；

3）做好接收调度指令准备；

4）跟踪现场检查结果及处理进度，做好相关记录和沟通汇报。

5. 运维处置要点

1）核对站端后台告警信息；

2）现场确认保护装置故障信息，检查装置报文及指示灯，对于外部交流输入回路异常或断线告警，应先尝试能否复归，若不能复归，申请调度将保护装置退出运行，同时检查保护装置的交流采样和交流输入情况，检查电流回路有无开路、电压回路有无空开跳闸现象，如无法恢复，应及时通知检修人员检查处理；

3）需退出保护装置处理时，应向相应调度申请；

4）将现场检查结果及处理进度，及时汇报调度和监控人员；

5）配合调度做好相关操作。

（二）低抗保护装置异常

1. 信号释义

当装置出现异常情况时，发出告警信息，部分功能可能受到影响。

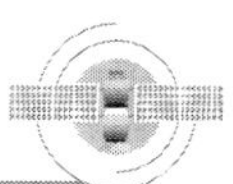

2. 信号产生原因

1）保护装置内部通信出错、长期启动等；

2）保护装置自检、巡检异常；

3）保护装置 TV、TA 断线。

3. 后果及危险点分析

可能影响部分保护功能，导致保护拒动或误动。

4. 监控处置要点

1）按照异常处理流程处置，通知运维人员现场检查并向相应调度汇报；

2）具备条件的保护装置宜尝试远方复归操作，将复归结果汇报相应调度并通知运维人员；

3）做好接收调度指令准备；

4）跟踪现场检查结果及处理进度，做好相关记录和沟通汇报。

5. 运维处置要点

1）核对站端后台告警信息。

2）现场确认保护装置异常信号，检查装置报文及指示灯，根据显示的告警信息，查明原因并设法恢复，必要时可向调度申请退出电抗器保护出口压板，重启装置一次；若无法复归，为保护装置异常或硬件故障等告警，则汇报调度，申请将电抗器停运，通知检修人员检查处理。

3）将现场检查结果及处理进度，及时汇报调度和监控人员。

4）配合调度做好相关操作。

（三）低抗保护装置通信中断

1. 信号释义

低抗保护与后台机、远动、规约转换等装置通信中断。

2. 信号产生原因

1）保护装置网线接口损坏或接触不良；

2）相应交换机故障。

3. 后果及危险点分析

保护装置部分信号无法上传，影响监控员对事故的判断和后续处理。

4. 监控处置要点

1）按照异常处理流程处置，通知运维人员现场检查并向相应调度汇报；

2）待运维人员到达现场后，将相关监控职责移交站端；

3）处理完毕后，核实站端监控期间是否有异常，确认无误后收回相应监控职责。

5. 运维处置要点

1）核对站端后台告警信息；

2）现场检查保护装置告警信息及运行工况，应检查装置背板通信线指示灯是否正常，接口是否牢固，与后台服务器等自动化设备的通信是否正常，若检查无误时，应汇报调度，申请退出电抗器保护出口压板，重启装置，若不恢复应通知检修人员处理；

3）将现场检查结果及处理进度，及时汇报调度和监控人员；

4）配合调度做好相关操作。

第八节　高压并联电抗器保护

高压并联电抗器保护配置两套电量保护和一套非电量保护，电气量保护一般具备差动保护、零序差动保护、过电流保护、零序过电流保护、匝间保护、过负荷、小电抗过负荷保护、中性点过电流保护等功能。非电气量一般具备：高压并联电抗器重瓦斯、轻瓦斯、压力释放、绕温高、油温高、油位异常等功能，中性点小电抗器重瓦斯、轻瓦斯、压力释放、油温高、油位异常等功能。非电气量保护中一般重瓦斯投跳闸，其余均发信号。

一、事故类信号

1. 信号释义

所有动作于跳闸的保护动作后，将点亮高压并联电抗器电量保护装置面板上“跳闸”灯，启动相应的跳闸信号继电器。“跳闸”灯、中央信号触点为磁保持。D5000 系统上保护动作也将动作并保持。电量保护动作包括了主保护（差动速断、比率差动、零序比率差动 、匝间短路保护、主保护、工频变化量比率差动）和后备保护（相电流过电流、反时限过电流 、序过电流、过负荷、中性点过电流、中性点过负荷），具体动作于跳闸保护根据定值单查看。500kV 高压并联电抗器保护常规站配置两套电量保护和一套非电量保护。电量保护主保护以高压并联电抗器绕组两侧电流互感器实现本体差动功能。非电量保护以高压并联电抗器本体及中性点小电抗器本体为保护对象。高压并联电抗器电量和非电量保护配置如图 2-3 所示。

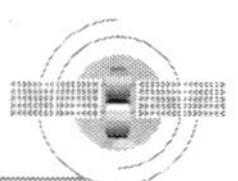

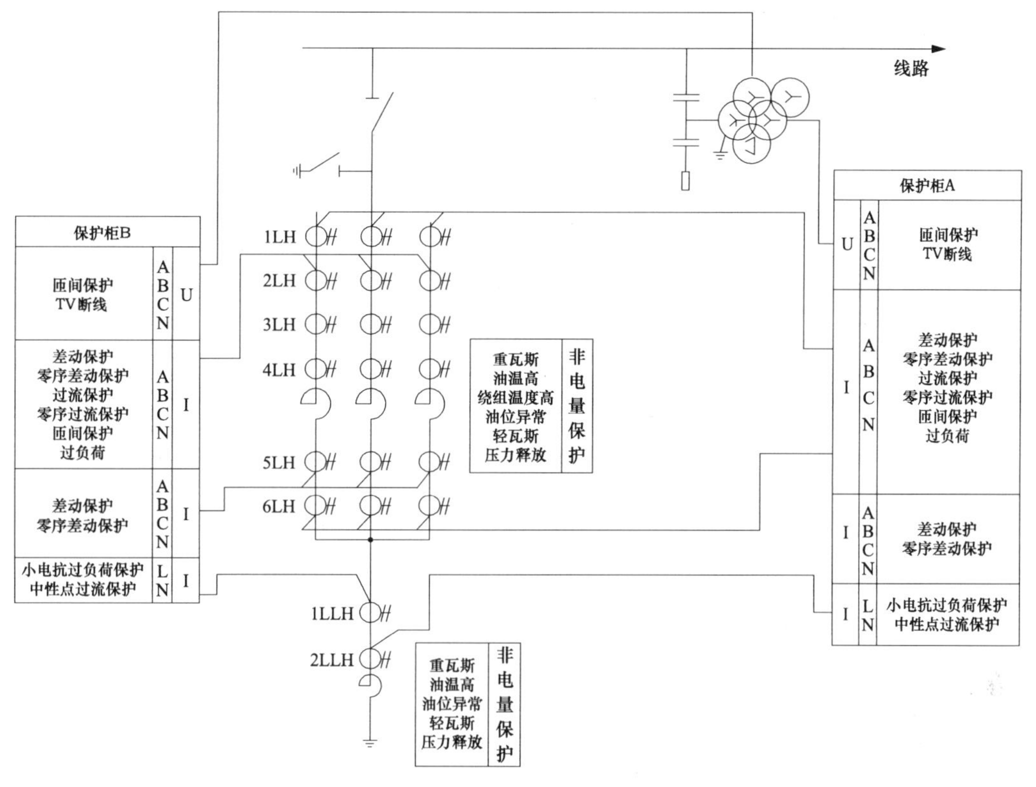

图 2–3　高压并联电抗器电量和非电量保护配置图

高压并联电抗器电量保护动作将出口三跳本侧边开关，同时启动远跳 1 和远跳 2 跳开线路对侧断路器。电量保护动作的同时启动本侧断路器保护的失灵回路防止断路器拒动。高压并联电抗器电量保护出口回路如图 2–4 所示。

高压并联电抗器电量保护动作将驱动电量保护跳闸触点闭合，并开入给测控装置，告知测控装置电量保护跳闸动作。高压并联电抗器电量保护跳闸开入测控回路如图 2–5 所示。

2. 信号产生原因

高压电抗器存在内部故障造成主保护（差动速断、比率差动、零序比率差动、匝间短路保护、主保护、工频变化量比率差动）和后备保护（相电流过电流、反时限过电流、序过电流、过负荷、中性点过电流、中性点过负荷）动作，具体投跳闸的保护根据定值单查看。

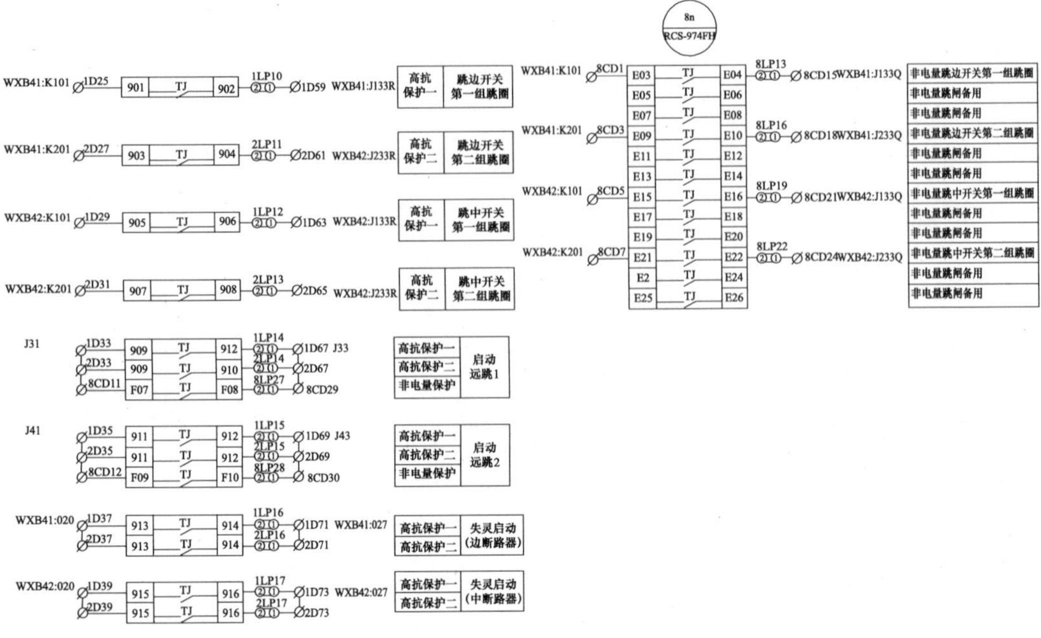

图 2–4　高压并联电抗器电量保护出口回路图

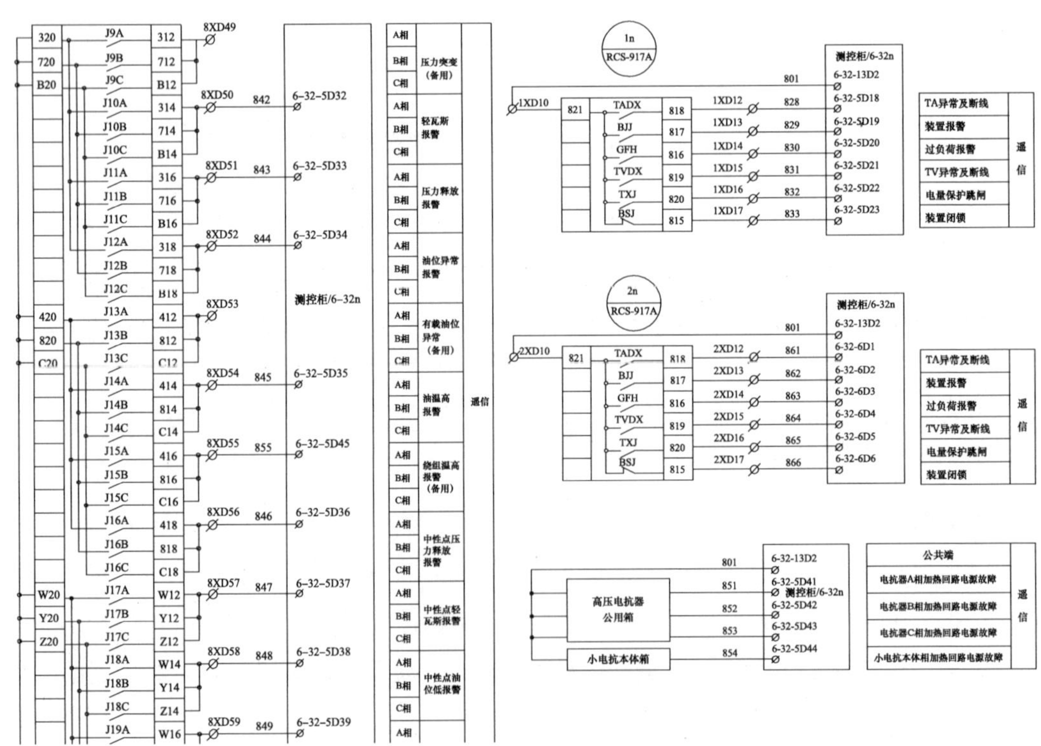

图 2–5　高压并联电抗器电量保护跳闸开入测控回路图

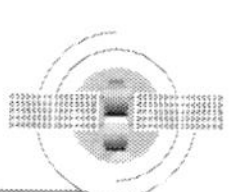

3. 后果及危险点分析

差动保护是高压并联电抗器的主保护之一，当高压并联电抗器内部及其引线发生相间短路故障和单相接地时，该保护动作瞬时切除高压并联电抗器。匝间保护是高压并联电抗器的主保护之一，当电抗器内部短路匝数少时，故障电流不易被检出且不管短路匝间多大纵差保护总是不反应匝间短路故障。

过电流、反时限、零序作为电抗器内部相间短路故障的后备。过负荷报警当电抗器线路侧运行电压升高时可能引起电抗器过负荷。中性点过电流当系统发生单相接地或在单相断开线路期间，小电抗器会流过较大电流，保证小电抗器的热稳定要求。

高压并联电抗器电量保护动作将跳开线路本侧及对侧断路器，引起断面重载、设备损坏等问题。本体故障有可能引发充油设备火灾。运维人员现场检查时应防止充油设备爆燃、爆炸、喷油等异常情况造成人身伤害。若发生火灾应及时联系消防队隔离故障设备并引导消防队进行灭火。

4. 监控处置要点

1）核实开关跳闸情况并立即上报调度及管控中心，通知现场运维人员检查，加强运行监控，做好相关操作准备；

2）具备条件的，查看视频和故障录波辅助判断故障情况；

3）了解高压并联电抗器电量保护动作原因，及时掌握 N–1 后设备运行情况，根据故障后运行方式调整相应的监控措施；

4）如果线路未停运，查阅现场规程或细则有无特殊的控制措施；

5）当 500kV 线路保护和高压并联电抗器保护同时动作跳闸时，不得进行强送电，如系统急需对故障线路送电，在强送前应将高压并联电抗器退出运行后才能对新路强送，同时必须符合无高压并联电抗器运行的规定；

6）跟踪现场检查结果及处理进度，做好相关记录和沟通汇报。

5. 运维处置要点

1）站端后台检查主画面检查事故及告警信息，确定电量保护动作具体原因。检查瓦斯保护，压力释放保护是否动作，其他后备保护是否启动。

2）保护（含故障录波）检查及报告打印。

3）一次设备检查：检查的重点是高压并联电抗器差动保护范围内的所有一次设备有无异常。高压并联电抗器本体及中性点小电抗：有无喷油、冒烟及漏油现象；气体继电器、压力释放阀有无异常。各侧套管、引线及接头有无异常；各断路器位置、压力及储能情况。各侧 TA 与高压并联电抗器之间设备：绝缘子、引线及接头无异常；悬式绝缘子有无炸裂。

4）初步分析：现场检查差动保护范围内（各侧 TA 之间）未发现设备短路接地放电，查看故障录波等未发现故障信息，可判断为保护误动。若现场检查发现明显故障点，判断为保护正确动作。

5）将现场检查结果及处理进度，及时汇报调度和监控人员。

6）配合调度和监控做好事故处理。

7）当 500kV 线路保护和高压并联电抗器保护同时动作跳闸时，不得进行强送电，如系统急需对故障线路送电，在强送前应将高压并联电抗器退出运行后才能对新路强送，同时必须符合无高压并联电抗器运行的规定。

二、告警类信号

（一）电量保护 TV 断线

1. 信号释义

正常运行的保护失去 TV 电压或电压不正常而产生告警信号，反应可能存在保护采样装置、TV 二次回路、TV 本体等问题。

高压并联电抗器电量保护的电压输入取至线路 TV，两套分别取至不同绕组。高压并联电抗器电量保护 TV 二次回路如图 2-6 所示。

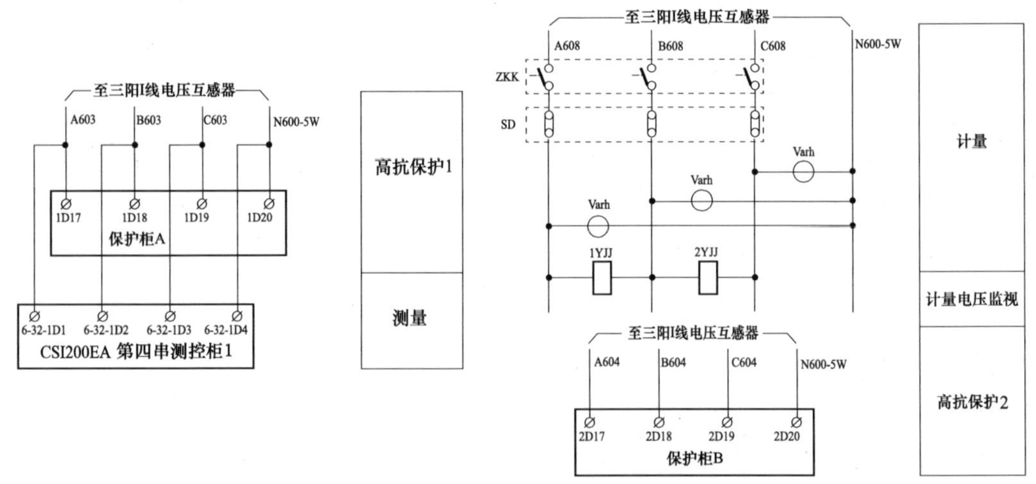

图 2-6　高压并联电抗器电量保护 TV 二次回路图

保护失去电压或电压不正常时，将保护 TV 断线触点闭合开入给测控从而产生告警信号。高压并联电抗器电量保护 TV 断线遥信回路如图 2-7 所示。

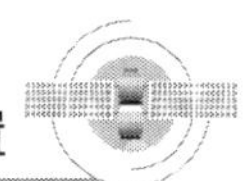

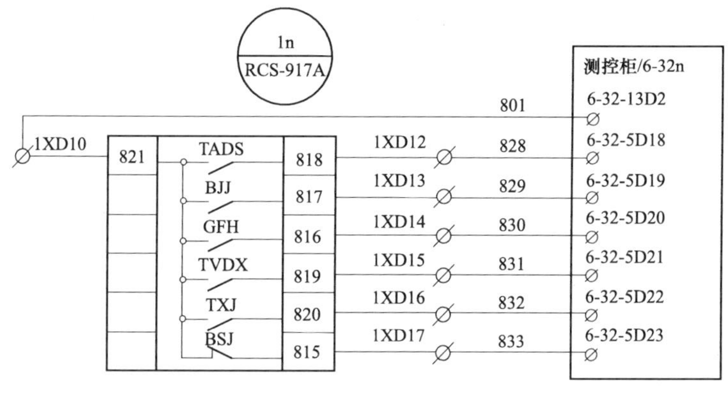

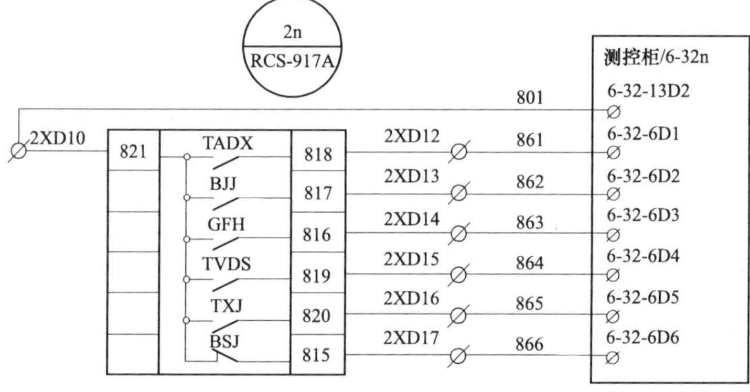

图 2–7　高压并联电抗器电量保护 TV 断线遥信回路图

2. 信号产生原因

对于高压并联电抗器电量保护，比如 RCS917 保护，装置启动元件在未启动情况下，当外回路接线、AC 插件、CPU 插件、管理插件故障等原因引起装置检测到“正序电压小于 30V 且任一相电流大于 $0.04I_N$”或“负序电压大于 8V”时报“TV 异常”，一般还会伴有“TV 断线”及“装置异常”等信号。

表明保护装置检测到外部二次电压回路异常、保护屏电压空开跳开或交流插件、A/D 板故障，此时装置自动退出匝间短路保护（投入“线路 TV 退出”压板也会退出匝间短路保护，还会自动退出 TV 异常自检功能）。

3. 后果及危险点分析

TV 断线对匝间短路保护的影响：当装置判断出线路侧 TV 异常（包括 N 线未接好等）时，零序功率方向元件和零序阻抗元件不满足条件，即匝间短路保护退出运行。

4. 监控处置要点

1）按照异常处理流程处置，通知运维人员现场检查并向相应调度汇报；

2）了解异常的原因、现场处置的情况，现场处置结束后，检查信号是否复归并做好记录；

3）跟踪现场检查结果及处理进度，做好相关记录和沟通汇报；

4）做好接收调度指令准备；

5）推送危急缺陷，配合做好生产信息报送相关工作。

5. 运维处置要点

现场检查该保护屏交流电压空开、装置液晶显示及“报警”指示灯亮灯情况，如果装置面板“报警”黄灯常亮，且装置液晶显示“TV 异常”等报文，此时装置自动退出匝间短路保护。

1）现场在匝间短路保护闭锁动作时不允许切合保护的直流电源，如要断开应汇报调控中心值班人员，并将可能误动的保护退出或停役线路进行处理；

2）如果检查测量后确认为保护屏后或端子箱保护交流电压空开跳开或虚合，则应向调控中心申请退出可能误动的匝间短路保护（还应投入“线路 TV 退出”压板）后试送一次，试送不成功则上报缺陷并通知专业维护人员进站检查处理；

3）若保护屏后或端子箱交流电压空开及其电压均正常，“TV 异常”应是装置内交流插件或 A/D 板故障引起，此时现场在检查确认另一套保护正常情况下，应向调控中心申请将异常套保护退出，并上报缺陷通知专业维护人员进站检查处理；

4）若两套保护均报“TV 异常”报文，应是外电压回路异常引起，现场应退出可能误动的匝间短路保护后再向调控中心详细汇报现场线路 TV 一二次设备检查情况，如果是 TV 端子箱内保护电压空开断开，可试合一次，如果合不上或 TV 一次有异常声响、严重漏油、油位不正常等异常现象，应立即上报缺陷并通知专业维护人员进站检查处理，情况紧急时可向调控中心申请线路停役；

5）将现场检查结果及处理进度，及时汇报调度和监控人员；

6）配合调度做好相关操作。

（二）电量保护 TA 断线

1. 信号释义

TA 二次开路是不允许的，这样会在二次产生很高的电压，危及人身和二次绝缘，同时 TA 断线有可能引起保护的误动，因此保护装置在 TA 断线时能告警。高压并联电抗器电量保护 TA 二次回路如图 2–8 所示。

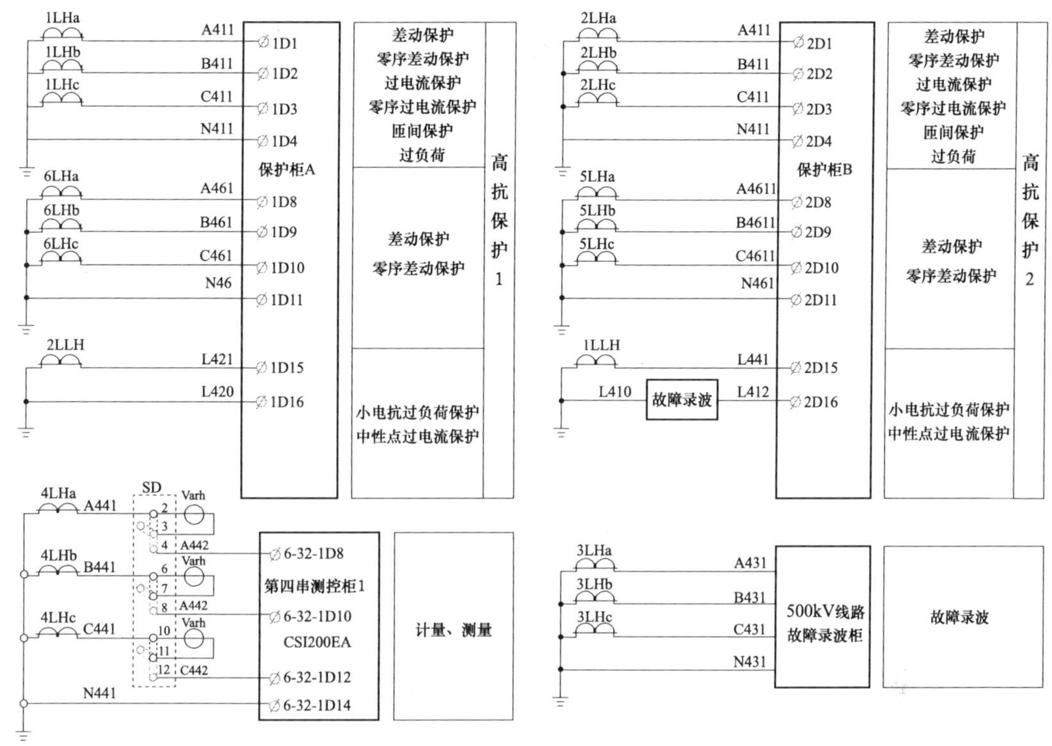

图 2–8　高压并联电抗器电量保护 TA 二次回路图

1LH、2LH、3LH、4LH 为高压侧套管 TA，5LH、6LH 为低压侧套管 TA，1LLH、2LLH 为中性点电抗器套管 TA。分别接入第一套、第二套、计量、测量、故障录波回路。除 4LH、3LH 用于计量、测量、故障录波外，其余 TA 二次回路断线，当满足告警判断条件时保护装置将开出 TA 异常及断线给测控装置。高压并联电抗器电量保护 TA 断线遥信回路如图 2–9 所示。

两套电量保护分别开出触点由 821、818 信号回路开入给测控装置，由测控装置发出保护回路的 TA 异常及断线信号。

2. 信号产生原因

当装置检测到差动保护启动后满足以下任一条件认为是故障情况，开放差动保护，否则认为是差回路 TA 异常造成的差动保护启动并发“差动 TA 断线”告警，一般还会伴有“装置报警”信号，表明保护检测到外回路 TA 断线或 CPU 插件、LPF 插件、AC 插件故障，此时装置退出匝间短路保护，经控制字选择退出比率差动动作、工频变化量比率差动、零差保护（差动速断不受 TA 断线闭锁）。

对于 RCS917 高压并联电抗器保护，当零序电流或负序电流大于 $0.06I_N$ 后延时 10s 报该侧 TA 异常，同时发出报警信号，在电流恢复正常后延时 10s 恢复。

对于 RCS917 高压并联电抗器保护，差动保护启动后满足以下任一条件认为是故障情况，开放差动保护，否则认为是差回路 TA 异常造成的差动保护启动。

1）任一相间工频变化量电压元件启动；

2）负序相电压大于 6V；

3）启动后任一侧任一相电流比启动前增加；

4）启动后最大相电流大于 $1.1I_N$（电抗器额定电流）。

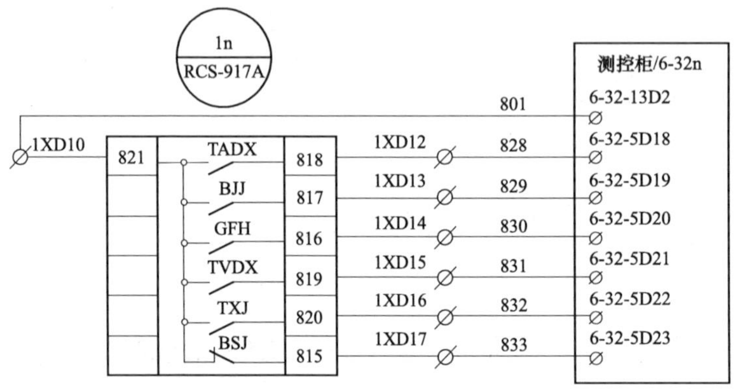

图 2-9　高压并联电抗器电量保护 TA 断线遥信回路图

3. 后果及危险点分析

TA 断线是一种比较危急的设备缺陷，如不及时处理，后果不堪设想。现场检查 TA 断线也应高度注意高电压对人身安全影响。

TA 断线时差动保护根据定值单决定是否闭锁差动保护。TA 异常与断线对电量保护的匝间短路保护的影响：当装置判断出电抗器线路侧 TA 异常与断线时，零序功率方向元件和零序阻抗元件不满足条件，即匝间短路保护退出运行。若 1LH、2LH、5LH、6LH 发生 TA 断线将闭锁差动保护，1LH、2LH 发生 TA 断线将闭锁匝间短路保护，使得电量保护失去主保护功能。

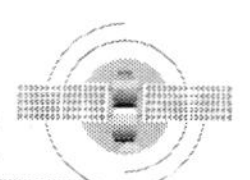

4. 监控处置要点

1）立即通知现场运维人员检查并汇报调度，重点核实有无误动、拒动风险，另一套保护是否正常运行，是否需要退出该套保护，必要时可向保护专业咨询；

2）关注该套保护对应哪套控制回路或哪套智能终端，如后续其他控制回路或智能终端、合并单元故障，则可能需要停运一次设备；

3）了解异常的原因、现场处置的情况，现场处置结束后，检查信号是否复归并做好记录；

4）推送危急缺陷，配合做好生产信息报送相关工作。

5. 运维处置要点

1）核对站端后台告警信息；

2）现场确认保护装置异常信号，检查装置报文及指示灯，无论是否可以复归，均需通知检修人员现场检查、处理；

3）无法复归时向相应调度申请退出该套保护；

4）检查电流回各个接线端子、线头是否松脱，连接片是否可靠，有无放电、烧焦现象（应注意可能产生的高电压），并对电流二次回路进行红外测温；

5）将现场检查结果及处理进度，及时汇报调度和监控人员；

6）配合调度做好相关操作。

（三）电量保护装置异常

1. 信号释义

正常运行程序进行装置的自检，装置不正常时发告警信号，信号分两种，一种是运行异常告警，这时不闭锁装置，提醒运行人员进行相应处理。另一种为闭锁告警信号，告警同时将装置闭锁，保护退出。高压并联电抗器电量保护装置异常回路如图 2–10 所示。

2. 信号产生原因

表明保护装置检测设备异常报警，部分保护功能被退出。如当装置启动元件未启动情况下检测到“正序电压小于 30V 且任一相电流大于 $0.04I_N$”或“负序电压大于 8V”时报“TV 异常”，此时装置退出匝间短路保护（注：投入“线路 TV 退出”压板也会退出匝间短路保护，还会自动退出 TV 异常自检功能）。当装置检测到线路侧“零序电流或负序电流大于 $0.06I_N$”时报“线路侧 TA 异常”，此时装置退出匝间短路保护。在差动 TA 断线情况下，根据相关控制字设置的不同，装置选择退出比率差动保护或零差保护。

3. 后果及危险点分析

当 CPU 检测到装置长期启动、差流异常报警、TA 断线或异常、TV 异常等，发出装置报警信号。此时装置还可以继续工作。应推送相应等级缺陷，尽快联系检修人员处理。

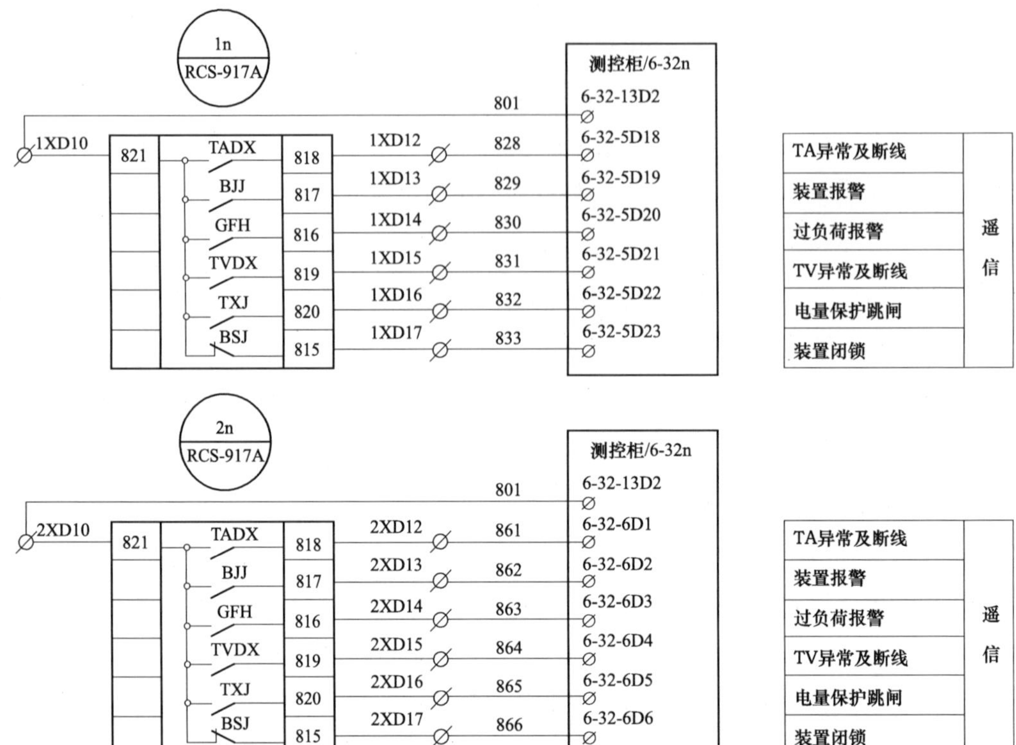

图 2-10　高压并联电抗器电量保护装置异常回路图

4. 监控处置要点

1）立即通知现场运维人员检查并汇报调度，重点核实有无误动、拒动风险，另一套保护是否正常运行，是否需要退出该套保护，必要时可向保护专业咨询；

2）关注该套保护对应哪套控制回路或哪套智能终端，如后续其他控制回路或智能终端、合并单元故障，则可能需要停运一次设备；

3）了解异常的原因、现场处置的情况，现场处置结束后，检查信号是否复归并做好记录；

4）推送危急缺陷，配合做好生产信息报送相关工作。

5. 运维处置要点

1）现场确认保护装置异常信号，检查装置报文及指示灯："运行"灯仍亮，说明装置检测到有异常，但不闭锁保护。应根据液晶屏上的异常报告，查找告警原因，并尽快恢复。"运行"灯熄灭，保护装置面板"报警"灯亮，说明装置检测到本身软硬件有故障或直流消失，闭锁保护。应设法恢复，无法复归需通知检修人员现场检查、处理。

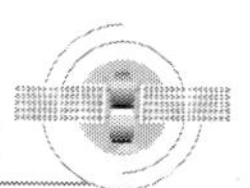

2）若监控后台报“装置长期启动、24V电源异常、差动电流异常、中性点TA异常、TV异常”等异常报文，在确认另一套保护运行正常情况下，向调度员申请退出异常套保护，并要求专业维护人员进站检查处理。

3）若监控后台两套保护均报“TV异常”异常报文，应是外电压回路异常引起，向调度员申请退出可能误动的匝间保护，并要求专业维护人员进站检查处理。

4）若是两套保护均报“差动TA断线、线路侧TA异常”异常报文或确实查出是外电流回路出现开路，向调度员申请线路及所带高压并联电抗器停役，并要求专业维护人员进站检查处理。

5）若监控后台保护报“过负荷、中性点过负荷”等异常报文，应密切监视主电抗器电流、温度等情况，现场按规程规定做好必要的应急处理准备，条件允许时调控中心应调整系统电压达到降低主电抗器电流的目的。

6）将现场检查结果及处理进度，及时汇报调度和监控人员。

7）配合调度做好相关操作。

（四）电量保护装置闭锁

1. 信号释义

正常运行程序进行装置的自检，装置不正常时发告警信号，信号分两种，一种是运行异常告警，这时不闭锁装置，提醒运行人员进行相应处理。另一种为闭锁告警信号，告警同时将装置闭锁，保护退出。

2. 信号产生原因

当装置检测到装置失电或装置本身硬件故障如存储器出错、程序出错、定值出错该区定值无效、CPU采样异常、DSP异常、定值校验出错、CPU异常、跳闸出口异常等异常报文时发装置闭锁信号，此时保护装置闭锁整套保护。

3. 后果及危险点分析

当CPU检测到装置本身硬件故障时，发装置闭锁信号，闭锁整套保护。硬件故障包括：RAM异常、程序存储器出错、EPROM出错、定值无效、差动TA整定越限、光电隔离失电报警、DSP采样出错和跳闸出口异常等。此时装置不能够继续工作。

4. 监控处置要点

1）立即通知现场运维人员检查并汇报调度，重点核实有无误动、拒动风险，另一套保护是否正常运行，是否需要退出该套保护，必要时可向保护专业咨询；

2）关注该套保护对应哪套控制回路或哪套智能终端，如后续其他控制回路或智能终端、合并单元故障，则可能需要停运此设备；

3）了解异常的原因、现场处置的情况，现场处置结束后，检查信号是否复归并做好记录；

4）推送危急缺陷应告知智能运检班，配合做好生产信息报送相关工作。

5. 运维处置要点

1）核对站端后台告警信息。

2）现场确认保护装置故障信息，检查装置报文及指示灯：若保护装置“运行”灯灭或“故障”灯亮，代表装置已闭锁所有保护功能。应当通过查阅自检报告找出故障原因，并通知检修人员现场检查、处理。

3）需退出保护装置处理时，应向相应调度申请。

4）将现场检查结果及处理进度，及时汇报调度和监控人员。

5）配合调度做好相关操作。

（五）高压并联电抗器保护装置通信中断

1. 信号释义

保护装置 A、B 网单网或双网与监控系统之间通信中断。

2. 信号产生原因

通信模块损坏、物理回路断线或端口接触不良；软件兼容性或运行异常；网络风暴；通信传输装置（如交换机、光电转换器）等问题。

3. 后果及危险点分析

AB 网互备，单网中断不影响通信，若双网中断，影响遥控复归及保护告警软报文信息上传。

4. 监控处置要点

1）单网中断，立即通知运维单位，向现场核实情况；

2）双网中断，立即通知运维单位，向现场核实情况，移交该装置监控职责；

3）了解异常的原因、现场处置的情况，现场处置结束后，核实站端监控期间是否有异常，确认无误后收回相应监控职责，检查信号是否复归并做好记录。

5. 运维处置要点

1）核对站端后台告警信息。

2）现场检查保护装置告警信息及运行工况，检查保护装置通信插件是否异常，同时用插拔网线、重启交换机等方法恢复。无法复归需通知检修人员现场检查、处理。

3）将现场检查结果及处理进度，及时汇报调度和监控人员。

（六）高压并联电抗器保护 SV 总告警

1. 信号释义

反映 SV 采样链路中断、数据异常等情况，无法接收模拟量数据。

2. 产生原因

通信物理回路或端口断线、接触不良、衰耗大；发送端或本智能装置通信模块故障；通信模块、传输装置（如交换机、光电转换器）等问题。

3. 后果及危险点分析

无法接收 SV 中断支路的电流、电压采样值，闭锁相应保护功能。

4. 监控处置要点

1）立即通知运维人员，了解装置状况和支路 SV 中断对于装置的影响，了解现场的处置方法及需要调度采取的措施，必要时可向保护专业咨询；

2）如可能影响装置正常运行，有拒动或误动风险的，应立即汇报调度；

3）关注该套保护对应哪套智能终端，如后续其他智能终端、合并单元故障，则可能需要停运一次设备；

4）了解异常的原因、现场处置的情况，现场处置结束后，检查信号是否复归并做好记录；

5）推送危急缺陷，配合做好生产信息报送相关工作。

5. 运维处置要点

1）核对站端后台告警信息；

2）表明高压并联电抗器电量保护至少有一 SV 链路告警，现场确认保护装置异常信号，检查装置报文及“采样异常”指示灯，无法复归需通知检修人员现场检查、处理，无法复归需通知检修人员现场检查、处理；

3）需退出保护装置处理时，应向相应调度申请；

4）将现场检查结果及处理进度，及时汇报调度和监控人员；

5）配合调度做好相关操作。

（七）高压并联电抗器保护 GOOSE 总告警

1. 信号释义

反映 GOOSE 链路中断、数据异常等情况，无法接收开关量等数据。

2. 产生原因

通信物理回路或端口断线、接触不良、衰耗大；软件兼容性或运行异常；网络风暴；

通信模块、传输装置（如交换机、光电转换器）等问题。

3. 后果及危险点分析

收不到相应开关量信息，失去相应保护功能。

4. 监控处置要点

1）立即通知运维人员，了解装置状况和支路 GOOSE 中断对于装置的影响，了解现场的处置方法及需要调度采取的措施，必要时可向保护专业咨询；

2）如可能影响装置正常运行，有拒动或误动风险的，应立即汇报调度；

3）关注该套保护对应哪套智能终端，如后续其他智能终端、合并单元故障，则可能需要停运一次设备；

4）了解异常的原因、现场处置的情况，现场处置结束后，检查信号是否复归并做好记录；

5）推送危急缺陷，配合做好生产信息报送相关工作。

5. 运维处置要点

1）核对站端后台告警信息；

2）表明该套高压并联电抗器电量保护至少有一 GOOSE 链路告警，现场确认保护装置异常信号，检查装置报文及指示灯，无法复归需通知检修人员现场检查、处理；

3）需退出保护装置或智能终端处理时，应向相应调度申请；

4）将现场检查结果及处理进度，及时汇报调度和监控人员；

5）配合调度做好相关操作。

（八）高压并联电抗器保护对时异常

1. 信号释义

装置时钟与对时系统不同步。

2. 产生原因

卫星同步装置对时输出异常；对时通信线或光纤物理回路或接口异常。

3. 后果及危险点分析

装置将按照内部时钟进行自守时，长时间则装置事件记录时标不正确。

4. 监控处置要点

1）立即通知运维人员，了解现场的处置方法；

2）了解异常的原因、现场处置的情况，现场处置结束后，检查信号是否复归并做好记录。

5. 运维处置要点

1）核对站端后台告警信息；

2）表明高压并联电抗器电量保护装置与同步对时装置对时异常，现场确认保护装置异常信号，检查装置报文及指示灯，无法复归需通知检修人员现场检查、处理；

3）将现场检查结果及处理进度，及时汇报监控人员。

（九）高压并联电抗器保护检修不一致

1. 信号释义

装置接收的报文所携带的“检修位”和自身“检修位”不一致。

2. 产生原因

和合并单元“检修位”不一致；和某智能终端“检修位”不一致；接收其他装置数据“检修位”不一致。

3. 后果及危险点分析

收到的 SV 或 GOOSE 数据无效，闭锁相应保护功能，发出的 GOOSE 跳闸报文对“检修位”不一致的装置无效。

4. 监控处置要点

1）立即通知运维人员，了解装置状况和支路检修不一致对于装置的影响，了解现场的处置方法及需要调度采取的措施，必要时可向保护专业咨询；

2）如可能影响装置正常运行，有拒动或误动风险的，应立即汇报调度；

3）了解异常的原因、现场处置的情况，现场处置结束后，检查信号是否复归并做好记录。

5. 运维处置要点

1）核对站端后台告警信息；

2）检查保护装置及与其有逻辑联系的智能终端、合并单元中检修压板投入情况；

3）确认相关装置检修压板状态是否正确；

4）将现场检查结果及处理进度，及时汇报监控人员。

第九节　站用变压器保护

对于高压侧采用断路器的站用变压器，高压侧宜设置电流速断保护和过电流保护。额定容量 800kVA 及以上的油浸变压器均应装设瓦斯保护，保护动作于信号或跳闸。低压侧中性点直接接地的站用变压器宜装设下列接地短路保护之一：①零序过电流保护；

②过电流保护。

一、事故类信号

1. 信号释义

站用变保护动作发出跳闸命令。

2. 信号产生原因

站用变保护动作出口。

3. 后果及危险点分析

造成断路器出口及低压交流盘失电。若站内低压交流盘互投未启动，造成变电站内部分低压交流盘失电。

4. 监控处置要点

1）梳理告警信息，检查相应站用变断路器位置及电流，初步分析故障情况；

2）检查站用电是否受到影响；

3）记录时间、站名、编号及保护动作信息，汇报调度，通知运维人员检查设备；

4）具备条件的，查看视频和故障录波辅助判断故障情况；

5）跟踪现场检查结果及处理进度，做好相关记录和沟通汇报；

6）配合调度做好事故处理。

5. 运维处置要点

1）核对站端后台告警信息。

2）检查站用变保护装置动作信息。

3）现场检查站用变对应开关实际位置。

4）检查站内 380V 低压母线是否失电，并尽快恢复。

5）检查站用变是否有明显故障点，本体有无异状，重点检查站用变有无喷油、漏油等。检查气体继电器（如有）内部有无气体积聚；检查站用变本体油温、油位变化情况；套管、引线及接头有无闪络放电、断线、短路；有无小动物爬入引起短路故障等情况。

6）检查站内其他一、二次设备是否有异常。

7）检查故障发生时现场是否存在检修作业，是否存在引起保护动作的可能因素。

8）站用变保护动作，若只跳开高压或低压一侧断路器，应立即检查出口压板是否均投入，同时依据定值通知单检查装置跳闸出口控制字是否均投入，若控制字整定有误应上报缺陷申请将保护装置退出，进行重新整定。

9）根据检查结果通知专业人员处理。

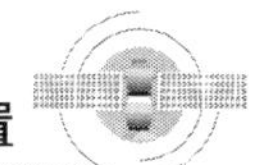

10）将现场检查结果及处理进度，及时汇报调度和监控人员。

11）配合调度和监控做好事故处理。

二、告警类信号

（一）站用变保护装置故障

1. 信号释义

站用变保护装置软硬件损坏或由于装置断电导致无法正常工作。

2. 信号产生原因

1）装置程序出错导致自检、巡检异常；

2）装置插件损坏；

3）装置失电。

3. 后果及危险点分析

闭锁所有保护功能，若此时保护范围发生故障，保护拒动，会导致故障越级，可能影响低压供电。

4. 监控处置要点

1）按照异常处理流程处置，通知运维人员现场检查并向相应调度汇报；

2）具备条件的保护装置宜尝试远方复归操作，将复归结果汇报相应调度并通知运维人员；

3）做好接收调度指令准备；

4）跟踪现场检查结果及处理进度，做好相关记录和沟通汇报。

5. 运维处置要点

1）核对站端后台告警信息。

2）现场确认保护装置故障信息，检查装置报文及指示灯，无法复归需通知专业人员现场检查、处理。

3）保护故障且无法恢复时，应退出该站用变保护。

4）站用变保护的投退应与一次设备运行方式一致。正常情况下，禁止站用变无主保护运行。

5）将现场检查结果及处理进度，及时汇报调度和监控人员。

6）配合调度做好相关操作。

（二）站用变保护装置异常

1. 信号释义

当站用变保护装置出现异常情况时，发出告警信息，部分功能可能受到影响。

2. 信号产生原因

1）保护装置内部通信出错、长期启动等；

2）保护装置自检、巡检异常；

3）保护装置 TV、TA 断线。

3. 后果及危险点分析

可能影响部分保护功能，若此时保护范围发生故障，可能造成保护拒动，会导致故障越级，可能影响低压供电。

4. 监控处置要点

1）按照异常处理流程处置，通知运维人员现场检查并向相应调度汇报；

2）具备条件的保护装置宜尝试远方复归操作，将复归结果汇报相应调度并通知运维人员；

3）做好接收调度指令准备；

4）跟踪现场检查结果及处理进度，做好相关记录和沟通汇报。

5. 运维处置要点

1）核对站端后台告警信息。

2）现场确认保护装置异常信号，检查装置报文及指示灯。

3）运行中保护发出非电量告警信号，且气体继电器无气体，应手动复归一次，信号不消失，则应检查二次回路有无异常，对于无法处理的故障，汇报调度，必要时可申请将保护退出，待专业人员处理。

4）运行中保护装置发出电气量告警信号，应查看交流采样是否正常，根据结果检查相应二次回路。未发现明显异常，且告警不消失时汇报调度，必要时可申请将保护装置退出，待专业人员处理。

5）将现场检查结果及处理进度，及时汇报调度和监控人员。

6）配合调度做好相关操作。

（三）站用变保护装置通信中断

1. 信号释义

站用变保护与后台机、远动、规约转换等装置通信中断。

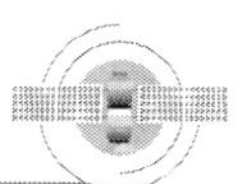

2. 信号产生原因

1）保护装置网线接口损坏或接触不良；

2）相应交换机故障。

3. 后果及危险点分析

保护装置部分信号无法上送，影响监控员对事故的判断和后续处理。

4. 监控处置要点

1）按照异常处理流程处置，通知运维人员现场检查并向相应调度汇报；

2）待运维人员到达现场后，将相关监控职责移交站端；

3）处理完毕后，核实站端监控期间是否有异常，确认无误后收回相应监控职责。

5. 运维处置要点

1）核对站端后台告警信息。

2）现场检查保护装置告警信息及运行工况，应检查装置背板通信线指示灯是否正常，接口是否牢固，与后台服务器等自动化设备的通信是否正常，若检查无误时，应汇报调度，申请退出站用变保护出口压板，重启装置，若不恢复应通知检修人员处理。必要时联系专业人员处理。

3）将现场检查结果及处理进度，及时汇报调度和监控人员。

4）配合调度做好相关操作。

第十节　备自投装置

备自投装置是备用电源自动投入装置的简称，是指当工作电源因故障被断开以后，能自动而迅速地将备用电源投入工作，保证用户连续供电的装置。备自投装置主要用于110kV以下的中、低压配电系统中，是保证电力系统连续可靠供电的重要设备之一。

一、事故类信号

1. 信号释义

备自投装置动作发出动作命令。

2. 信号产生原因

1）工作电源失压（进线备自投方式）；

2）电源Ⅰ或Ⅱ失压（分段备自投方式）。

3. 后果及危险点分析

断开工作电源，投入备用电源，跳电源Ⅰ（或Ⅱ），合母联（分段），可能造成过负荷风险。

4. 监控处置要点

1）检查相应断路器位置及电流值，结合其他事故及变位信息分析故障；

2）记录时间、站名、编号、保护信息、备自投动作情况及负荷损失情况，汇报调度，通知运维人员检查设备；

3）具备条件的，查看视频和故障录波辅助判断故障情况；

4）跟踪现场检查结果及处理进度，做好相关记录和沟通汇报；

5）配合调度做好事故处理。

5. 运维处置要点

1）核对站端后台告警信息；

2）检查相应保护及备自投装置动作信息；

3）现场检查开关实际位置，当备自投装置动作后，只跳开所跳断路器而未合上应合断路器时，检查无明显故障后，手动投入应投断路器；

4）确认站内设备失电情况；

5）检查站内一、二次设备是否有异常；

6）根据检查结果通知专业人员处理；

7）将现场检查结果及处理进度，及时汇报调度和监控人员；

8）配合调度和监控做好事故处理。

二、告警类信号

（一）备自投装置故障

1. 信号释义

备自投装置软硬件损坏或由于装置断电导致无法正常工作。

2. 信号产生原因

1）装置程序出错导致自检、巡检异常；

2）装置插件损坏；

3）装置失电。

3. 后果及危险点分析

闭锁所有保护功能，可能造成备自投拒动。

4. 监控处置要点

1）按照异常处理流程处置，通知运维人员现场检查并向相应调度汇报；

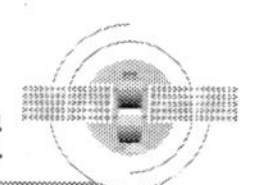

2）具备条件的装置宜尝试远方复归操作，将复归结果汇报相应调度并通知运维人员；

3）做好接收调度指令准备；

4）跟踪现场检查结果及处理进度，做好相关记录和沟通汇报。

5. 运维处置要点

1）核对站端后台告警信息。

2）现场确认备自投装置故障信息，检查装置报文及指示灯，无法复归需通知专业人员现场检查、处理。

3）对于外部交流输入回路异常或断线告警，应检查备自投装置“运行”灯是否熄灭，确实熄灭，则将备自投装置退出运行。检查备自投装置的交流采样和交流输入情况，并告调控中心加强对站用电的监视，联系检修人员处理。

4）备自投装置电源消失或直流电源接地，应及时检查电源消失和接地情况，同时停止现场对源回路有关的工作，尽快恢复备自投装置的运行。

5）需退出备自投装置处理时，应向相应调度申请。

6）将现场检查结果及处理进度，及时汇报调度和监控人员。

7）配合调度做好相关操作。

（二）备自投装置异常

1. 信号释义

当备自投装置出现异常情况时，发出告警信息，部分功能可能受到影响。

2. 信号产生原因

1）备自投装置内部通信出错、跳位异常等；

2）备自投装置自检、巡检异常；

3）备自投装置 TV、TA 断线。

3. 后果及危险点分析

可能影响部分保护功能，造成备自投功能拒动。

4. 监控处置要点

1）按照异常处理流程处置，通知运维人员现场检查并向相应调度汇报；

2）具备条件的备自投装置宜尝试远方复归操作，将复归结果汇报相应调度并通知运维人员；

3）做好接收调度指令准备；

4）跟踪现场检查结果及处理进度，做好相关记录和沟通汇报。

5. 运维处置要点

1）核对站端后台告警信息；

2）现场确认备自投装置异常信号，检查装置报文及指示灯，无法复归需通知专业人员现场检查、处理；

3）按“复归”后，告警信号消失，备自投可继续运行；

4）告警信号不能复归，在退出备自投出口压板情况下，将备自投装置电源断合一次，告警 信号消失，检查装置运行正常，则投入备自投出口压板；

5）如装置仍然告警，将备自投装置退出运行并告调控中心，加强对站用电的监视，联系检修人员处理；

6）需退出备自投装置处理时，应向相应调度申请；

7）将现场检查结果及处理进度，及时汇报调度和监控人员；

8）配合调度做好相关操作。

（三）备自投装置通信中断

1. 信号释义

备自投装置与后台机、远动、规约转换等装置通信中断。

2. 信号产生原因

1）备自投装置网线接口损坏或接触不良；

2）相应交换机故障。

3. 后果及危险点分析

备自投装置部分信号无法正常上送，影响监控员对事故的判断和后续处理。

4. 监控处置要点

1）按照异常处理流程处置，通知运维人员现场检查并向相应调度汇报；

2）待运维人员到达现场后，将相关监控职责移交站端；

3）处理完毕后，核实站端监控期间是否有异常，确认无误后收回相应监控职责。

5. 运维处置要点

1）核对站端后台告警信息。

2）现场检查保护装置告警信息及运行工况，应检查装置背板通信线指示灯是否正常，接口是否牢固，与后台服务器等自动化设备的通信是否正常，若检查无误时，应汇报调度，申请退出备自投保护出口压板，重启装置，若不恢复应通知检修人员处理。必要时联系专业人员处理。

3）需退出备自投装置处理时，应向相应调度申请。

4）将现场检查结果及处理进度，及时汇报调度和监控人员。

5）配合调度做好相关操作。

第十一节　低频减载装置

在电力系统发生故障或非正常运行状态下，如果处理不当或处理不及时，往往会引起电力系统的频率崩溃，造成电力系统事故。为了提高供电质量，保证重要用户供电的可靠性，设置了低频减载保护，当系统中出现有功功率缺额引起频率下降时，根据频率下降的程度，自动断开一部分用户，阻止频率下降，以使频率迅速恢复到正常值。

一、事故类信号

低频减载装置出口：

1. 信号释义

低频减载装置动作发出跳闸命令。

2. 信号产生原因

系统频率或电压下降。

3. 后果及危险点分析

相应断路器跳闸，造成负荷损失。

4. 监控处置要点

1）检查相应断路器位置及电流值，确认具体跳开断路器；

2）梳理告警信息，记录时间、站名、编号、保护及安自装置动作信息，汇报调度，通知运维人员检查设备；

3）具备条件的，查看视频和故障录波辅助判断故障情况；

4）跟踪现场检查结果及处理进度，做好相关记录和沟通汇报；

5）配合调度做好事故处理。

5. 运维处置要点

1）核对站端后台告警信息；

2）检查相应保护及安自装置动作信息；

3）现场检查实际位置；

4）确认站内设备失电情况；

5）检查站内一、二次设备是否有异常；

6）根据检查结果通知专业人员处理；

7）将现场检查结果及处理进度，及时汇报调度和监控人员；

8）配合调度和监控做好事故处理。

二、告警类信号

（一）低频减载装置故障

1. 信号释义

低频减载装置软硬件损坏或由于装置断电导致无法正常工作。

2. 信号产生原因

1）装置程序出错导致自检、巡检异常；

2）装置插件损坏；

3）装置失电。

3. 后果及危险点分析

装置闭锁，无法按定值切除相应负荷。

4. 监控处置要点

1）按照异常处理流程处置，通知运维人员现场检查并向相应调度汇报；

2）具备条件的装置宜尝试远方复归操作，将复归结果汇报相应调度并通知运维人员；

3）做好接收调度指令准备；

4）跟踪现场检查结果及处理进度，做好相关记录和沟通汇报。

5. 运维处置要点

1）核对站端后台告警信息；

2）现场确认低频减载装置故障信息，检查装置报文及指示灯，无法复归需通知专业人员现场检查、处理；

3）需退出低频减载装置处理时，应向相应调度申请；

4）将现场检查结果及处理进度，及时汇报调度和监控人员；

5）配合调度做好相关操作。

（二）低频减载装置异常

1. 信号释义

当装置出现异常情况时，发出告警信息，部分功能可能受到影响。

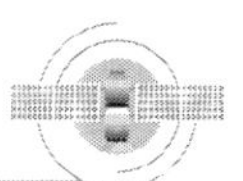

2. 信号产生原因

1）装置内部通信出错，自检、巡检异常等；

2）装置 TV 断线。

3. 后果及危险点分析

可能影响部分装置功能，无法按定值切除相应负荷。

4. 监控处置要点

1）按照异常处理流程处置，通知运维人员现场检查并向相应调度汇报；

2）具备条件的装置宜尝试远方复归操作，将复归结果汇报相应调度并通知运维人员；

3）做好接收调度指令准备；

4）跟踪现场检查结果及处理进度，做好相关记录和沟通汇报。

5. 运维处置要点

1）核对站端后台告警信息；

2）现场确认低频减载装置异常信号，检查装置报文及指示灯，无法复归需通知专业人员现场检查、处理；

3）需退出装置处理时，应向相应调度申请；

4）将现场检查结果及处理进度，及时汇报调度和监控人员；

5）配合调度做好相关操作。

（三）低频减载装置通信中断

1. 信号释义

低频减载装置与后台机、远动、规约转换等装置通信中断。

2. 信号产生原因

1）装置网线接口损坏或接触不良；

2）相应交换机故障。

3. 后果及危险点分析

装置部分信号无法上送，影响监控员对事故的判断和后续处理。

4. 监控处置要点

1）按照异常处理流程处置，通知运维人员现场检查并向相应调度汇报；

2）待运维人员到达现场后，将相关监控职责移交站端；

3）处理完毕后，核实站端监控期间是否有异常，确认无误后收回相应监控职责。

5. 运维处置要点

1）核对站端后台告警信息。

2）现场检查保护装置告警信息及运行工况，应检查装置背板通信线指示灯是否正常，接口是否牢固，与后台服务器等自动化设备的通信是否正常，若检查无误时，应汇报调度，申请退出低频减载保护出口压板，重启装置，若不恢复应通知检修人员处理。必要时联系专业人员处理。

3）将现场检查结果及处理进度，及时汇报调度和监控人员。

4）配合调度做好相关操作。

（四）低频减载装置对时异常

1. 信号释义

低频减载装置需要接收外部时间信号，以保证装置时间的准确性。当装置外接对时源失能而又没有同步上外界时间信号时，报出该信号。

2. 信号产生原因

1）时钟装置发送的对时信号异常、外部时间信号丢失；

2）对时光纤或电缆连接异常、装置对时插件故障等。

3. 后果及危险点分析

装置长时间对时丢失，将影响就地事件（SOE）的时标精确性和对事故跳闸的分。

4. 监控处置要点

1）按照异常处理流程处置，通知运维人员现场检查；

2）具备条件的装置宜尝试远方复归操作，并将复归结果通知运维人员；

3）跟踪现场检查结果及处理进度，做好相关记录和沟通汇报。

5. 运维处置要点

1）核对站端后台告警信息；

2）现场确认装置异常信号，检查装置报文及指示灯，无法复归需通知检修人员现场检查、处理。

第十二节　故障解列装置

故障解列装置就是在并网联络线路发生故障时，为了确保主网的安全和地区电网重要用户安全供电，需要解列地区小电源。

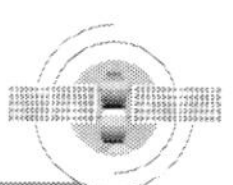

一、事故类信号

1. 信号释义

故障解列装置动作发出跳闸命令。

2. 信号产生原因

母线或线路的电压、频率等变化达到定值。

3. 后果及危险点分析

相应断路器跳闸，可能造成部分负荷损失或电网的解列、解环等。

4. 监控处置要点

1）检查相应断路器位置及电流值，确认具体跳开断路器；

2）梳理告警信息，记录时间、站名、编号、保护及安自装置动作信息，汇报调度，通知运维人员检查设备；

3）具备条件的，查看视频和故障录波辅助判断故障情况；

4）系统解列后，监控员应注意，除了频率与电压会下降影响安全运行外，其他因正常接线方式被破坏，潮流随之变化，有的设备势必会过负荷，如输电线路、联络变压器等，应严密监视设备的过负荷，使之不要超过现场规定的事故过负荷限值；

5）跟踪现场检查结果及处理进度，做好相关记录和沟通汇报；

6）配合调度做好事故处理。

5. 运维处置要点

1）核对站端后台告警信息；

2）检查相应保护及安自装置动作信息，及时打印动作报告，记录装置动作信号；

3）现场检查实际位置；

4）确认站内设备失电情况；

5）检查站内一、二次设备是否有异常；

6）根据检查结果通知检修人员处理；

7）将现场检查结果及处理进度，及时汇报调度和监控人员；

8）配合调度和监控做好事故处理。

二、告警类信号

（一）故障解列装置故障

1. 信号释义

故障解列装置软硬件损坏或由于装置断电导致无法正常工作。

2. 信号产生原因

1）装置程序出错导致自检、巡检异常；

2）装置插件损坏；

3）装置失电。

3. 后果及危险点分析

装置闭锁，可能导致装置拒动。

4. 监控处置要点

1）按照异常处理流程处置，通知运维人员现场检查并向相应调度汇报；

2）具备条件的装置宜尝试远方复归操作，将复归结果汇报相应调度并通知运维人员；

3）做好接收调度指令准备；

4）跟踪现场检查结果及处理进度，做好相关记录和沟通汇报。

5. 运维处置要点

1）核对站端后台告警信息；

2）现场确认故障解列装置故障信息，检查装置报文及指示灯，无法复归需通知检修人员现场检查、处理；

3）需退出故障解列装置处理时，应向相应调度申请；

4）将现场检查结果及处理进度，及时汇报调度和监控人员；

5）配合调度做好相关操作。

（二）故障解列装置异常

1. 信号释义

当装置出现异常情况时，发出告警信息，部分功能可能受到影响。

2. 信号产生原因

1）装置内部通信出错、长期启动等；

2）装置自检、巡检异常；

3）装置 TV、TA 断线、频率异常等。

3. 后果及危险点分析

可能影响部分装置功能，导致装置误动或拒动。

4. 监控处置要点

1）按照异常处理流程处置，通知运维人员现场检查并向相应调度汇报；

2）具备条件的装置宜尝试远方复归操作，将复归结果汇报相应调度并通知运维

人员；

3）做好接收调度指令准备；

4）跟踪现场检查结果及处理进度，做好相关记录和沟通汇报。

5. 运维处置要点

1）核对站端后台告警信息；

2）现场确认故障解列装置异常信号，检查装置报文及指示灯，无法复归需通知检修人员现场检查、处理；

3）需退出装置处理时，应向相应调度申请；

4）将现场检查结果及处理进度，及时汇报调度和监控人员；

5）配合调度做好相关操作。

（三）故障解列装置通道异常

1. 信号释义

当装置出现通道异常情况时，发出告警信息。

2. 信号产生原因

通道故障或通道插件故障。

3. 后果及危险点分析

影响部分装置功能，导致装置误动或拒动。

4. 监控处置要点

1）按照异常处理流程处置，通知运维人员现场检查并向相应调度汇报；

2）具备条件的装置宜尝试远方复归操作，将复归结果汇报相应调度并通知运维人员；

3）做好接收调度指令准备；

4）跟踪现场检查结果及处理进度，做好相关记录和沟通汇报。

5. 运维处置要点

1）核对站端后台告警信息；

2）现场确认故障解列装置异常信号，检查装置报文及指示灯，无法复归需通知检修人员现场检查、处理；

3）需退出装置处理时，应向相应调度申请；

4）将现场检查结果及处理进度，及时汇报调度和监控人员；

5）配合调度做好相关操作。

（四）故障解列装置通信中断

1. 信号释义

故障解列装置与后台机、远动、规约转换等装置通信中断。

2. 信号产生原因

1）装置网线接口损坏或接触不良；

2）相应交换机故障。

3. 后果及危险点分析

装置部分信号无法上送，影响监控员对事故的判断和后续处理。

4. 监控处置要点

1）按照异常处理流程处置，通知运维人员现场检查并向相应调度汇报；

2）待运维人员到达现场后，将相关监控职责移交站端；

3）处理完毕后，核实站端监控期间是否有异常，确认无误后收回相应监控职责。

5. 运维处置要点

1）核对站端后台告警信息。

2）现场检查保护装置告警信息及运行工况，应检查装置背板通信线指示灯是否正常，接口是否牢固，与后台服务器等自动化设备的通信是否正常，若检查无误时，应汇报调度，申请退出故障解列装置保护出口压板，重启装置，若不恢复应通知检修人员处理。必要时联系专业人员处理。

3）将现场检查结果及处理进度，及时汇报调度和监控人员。

4）配合调度做好相关操作。

（五）故障解列装置对时异常

1. 信号释义

故障解列装置需要接收外部时间信号，以保证装置时间的准确性。当装置外接对时源失能而又没有同步上外界时间信号时，报出该信号。

2. 信号产生原因

1）时钟装置发送的对时信号异常、外部时间信号丢失；

2）对时光纤或电缆连接异常、装置对时插件故障等。

3. 后果及危险点分析

装置长时间对时丢失，将影响就地事件（SOE）的时标精确性和对事故跳闸的分析。

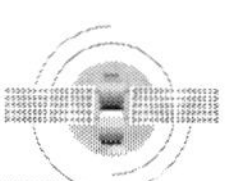

4. 监控处置要点

1）按照异常处理流程处置，通知运维人员现场检查；

2）具备条件的装置宜尝试远方复归操作，并将复归结果通知运维人员；

3）跟踪现场检查结果及处理进度，做好相关记录和沟通汇报。

5. 运维处置要点

1）核对站端后台告警信息；

2）现场确认装置异常信号，检查装置报文及指示灯，无法复归需通知检修人员现场检查、处理；

3）将现场检查结果及处理进度，及时汇报监控人员。

第十三节　稳控装置

电网安全稳定控制系统（以下简称稳控装置）是由两个及以上分布于不同厂站的稳定控制装置通过通信联系组成的系统，可实现区域或更大范围的系统安全稳定控制。组成电网安全稳定控制系统的各站装置，按其在系统中发挥的控制功能进行分类，一般可分为：控制主站、控制子站和切负荷执行站。

一、事故类信号

1. 信号释义

稳控装置动作发出跳闸命令。

2. 信号产生原因

系统潮流、频率、电压等波动达到定值，可能造成负荷损失或电网的解列、解环等。

3. 后果及危险点分析

相应断路器跳闸，可能造成负荷损失或电网的解列、解环等。

4. 监控处置要点

1）检查相应断路器位置及电流值，确认具体跳开断路器；

2）梳理告警信息，记录时间、站名、编号、保护及安自装置动作信息，汇报调度，通知运维人员检查设备；

3）具备条件的，查看视频和故障录波辅助判断故障情况；

4）跟踪现场检查结果及处理进度，做好相关记录和沟通汇报；

5）配合调度做好事故处理。

5. 运维处置要点

1）核对站端后台告警信息；

2）检查相应保护及安自装置动作信息，及时打印动作报告，记录装置动作信号；

3）现场检查实际位置；

4）确认站内设备失电情况；

5）检查站内一、二次设备是否有异常；

6）根据检查结果通知检修人员处理；

7）将现场检查结果及处理进度，及时汇报调度和监控人员；

8）配合调度和监控做好事故处理。

二、告警类信号

（一）稳控装置故障

1. 信号释义

稳控装置软硬件损坏或由于装置断电导致无法正常工作。

2. 信号产生原因

1）装置程序出错导致自检、巡检异常；

2）装置插件损坏；

3）装置失电。

3. 后果及危险点分析

装置闭锁，无法按要求控制电网潮流。

4. 监控处置要点

1）按照异常处理流程处置，通知运维人员现场检查并向相应调度汇报；

2）具备条件的装置宜尝试远方复归操作，将复归结果汇报相应调度并通知运维人员；

3）做好接收调度指令准备；

4）跟踪现场检查结果及处理进度，做好相关记录和沟通汇报。

5. 运维处置要点

1）核对站端后台告警信息；

2）现场确认稳控装置故障信息，检查装置报文及指示灯，无法复归需通知检修人员现场检查、处理；

3）需退出稳控装置并处理时，应向相应调度申请，并退出对侧厂站相应的通信压板；

4）将现场检查结果及处理进度，及时汇报调度和监控人员；

5）配合调度做好相关操作。

（二）稳控装置异常

1. 信号释义

当装置出现异常情况时，发出告警信息，部分功能可能受到影响。

2. 信号产生原因

装置内部通信出错，自检、巡检异常等。

3. 后果及危险点分析

可能影响部分装置功能，无法按要求控制电网潮流。

4. 监控处置要点

1）按照异常处理流程处置，通知运维人员现场检查并向相应调度汇报；

2）具备条件的装置宜尝试远方复归操作，将复归结果汇报相应调度并通知运维人员；

3）做好接收调度指令准备；

4）跟踪现场检查结果及处理进度，做好相关记录和沟通汇报。

5. 运维处置要点

1）核对站端后台告警信息；

2）现场确认稳控装置故障信息，检查装置报文及指示灯，无法复归需通知检修人员现场检查、处理；

3）需退出稳控装置并处理时，应向相应调度申请，并退出对侧厂站相应的通信压板；

4）将现场检查结果及处理进度，及时汇报调度和监控人员；

5）配合调度做好相关操作。

（三）稳控装置通道异常

1. 信号释义

当装置出现通道异常情况时，发出告警信息。

2. 信号产生原因

稳控通道故障或通道插件故障。

3. 后果及危险点分析

影响部分装置功能，可能无法按要求控制电网潮流。

4. 监控处置要点

1）按照异常处理流程处置，通知运维人员现场检查并向相应调度汇报；

2）具备条件的装置宜尝试远方复归操作，将复归结果汇报相应调度并通知运维人员；

3）做好接收调度指令准备；

4）跟踪现场检查结果及处理进度，做好相关记录和沟通汇报。

5. 运维处置要点

1）核对站端后台告警信息；

2）现场确认稳控装置故障信息，检查装置报文及指示灯，无法复归需通知检修人员现场检查、处理；

3）需退出稳控装置并处理时，应向相应调度申请，并退出对侧厂站相应的通信压板；

4）将现场检查结果及处理进度，及时汇报调度和监控人员；

5）配合调度做好相关操作。

（四）稳控装置通信中断

1. 信号释义

稳控装置与后台机、远动、规约转换等装置通信中断。

2. 信号产生原因

1）保护装置网线接口损坏或接触不良；

2）相应交换机故障。

3. 后果及危险点分析

装置部分信号无法上送，影响监控员对事故的判断和后续处理。

4. 监控处置要点

1）按照异常处理流程处置，通知运维人员现场检查并向相应调度汇报；

2）待运维人员到达现场后，将相关监控职责移交站端；

3）处理完毕后，核实站端监控期间是否有异常，确认无误后收回相应监控职责。

5. 运维处置要点

1）核对站端后台告警信息。

2）现场检查保护装置告警信息及运行工况，应检查装置背板通信线指示灯是否正

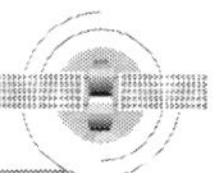

常，接口是否牢固，与后台服务器等自动化设备的通信是否正常，若检查无误时，应汇报调度，申请退出稳控装置，重启装置，若不恢复应通知检修人员处理；必要时联系专业人员处理。

3）需退出稳控装置并处理时，应向相应调度申请，并退出对侧厂站相应的通信压板。

4）将现场检查结果及处理进度，及时汇报调度和监控人员。

5）配合调度做好相关操作。

（五）稳控装置对时异常

1. 信号释义

稳控装置需要接收外部时间信号，以保证装置时间的准确性。当装置外接对时源失能而又没有同步上外界时间信号时，报出该信号。

2. 信号产生原因

1）时钟装置发送的对时信号异常、外部时间信号丢失；

2）对时光纤或电缆连接异常、装置对时插件故障等。

3. 后果及危险点分析

装置长时间对时丢失，将影响就地事件（SOE）的时标精确性和对事故跳闸的分析。

4. 监控处置要点

1）按照异常处理流程处置，通知运维人员现场检查；

2）具备条件的装置宜尝试远方复归操作，并将复归结果通知运维人员；

3）跟踪现场检查结果及处理进度，做好相关记录和沟通汇报。

5. 运维处置要点

1）核对站端后台告警信息；

2）现场确认装置异常信号，检查装置报文及指示灯，无法复归需通知检修人员现场检查、处理；

3）将现场检查结果及处理进度，及时汇报监控人员。

第十四节　智能终端

智能终端是智能变电站中的一种智能组件。与一次设备之间采用电缆连接，通过光纤连接保护、测控等二次设备，实现对一次设备（如：断路器、隔离开关、变压器等）的测量、控制等功能。

（一）智能终端故障

1. 信号释义

智能终端装置损坏或由于供电中断导致无法正常工作。

2. 信号产生原因

1）智能终端装置内部程序错误，装置自检、巡检异常；

2）智能终端装置插件故障；

3）智能终端装置失电。

3. 后果及危险点分析

该智能终端装置无法输出故障信号，遥信、遥控功能失效，测控、保护作用无法实现，可能造成发生故障时故障范围扩大，对应设备失去监控。

4. 监控处置要点

1）严格按照异常处理流程，汇报相应调度并通知运维人员现场检查；

2）在条件允许的情况下尝试对装置进行远方复归操作，将复归结果汇报相应调度并通知运维人员；

3）与现场运维人员核实受影响的保护；

4）若影响部分设备监控，应将相应监控职责移交站端；

5）跟踪现场检查结果及处理进度，做好相关记录和沟通汇报。

5. 运维处置要点

1）现场查看智能终端故障信息，检查装置报文及指示灯，并尝试对装置进行现场复归。无法复归立刻通知专业人员现场检查、处理。

2）由于处理故障需退出相应保护时，应向调度申请。

3）将现场检查结果及处理进度，及时汇报调度与监控人员。

4）配合调度进行相应操作。

（二）智能终端异常

1. 信号释义

在智能终端装置出现异常情况时发出报警信息，智能终端装置的部分功能可能受到影响。

2. 信号产生原因

1）智能终端装置本体元件出现异常；

2）智能终端装置外部回路出现异常，如 GPS 时钟源异常、GOOSE 断链；

3）智能终端装置的跳合闸回路异常，如控制回路异常；

4）部分变压器本体智能终端集成的非电量保护控制电源消失。

3. 后果及危险点分析

该智能终端装置可能无法接收、发送 GOOSE 报文，正确输出故障信号；遥信、遥控功能可能失效。可能造成相关保护误动、拒动或失去监控。

4. 监控处置要点

1）严格按照异常处理流程，汇报相应调度并通知运维人员现场检查；

2）在条件允许的情况下尝试对装置进行远方复归操作，将复归结果汇报相应调度并通知运维人员；

3）与现场运维人员核实受影响的保护；

4）若影响部分设备监控，应将相应监控职责移交站端；

5）跟踪现场检查结果及处理进度，做好相关记录和沟通汇报。

5. 运维处置要点

1）现场查看智能终端故障信息，检查装置报文及指示灯，并尝试对装置进行现场复归，无法复归立刻通知专业人员现场检查、处理；检查装置电源空气开关是否跳开，是否有异常。

2）由于处理异常信号需退出相应保护时，应向调度申请。

3）将现场检查结果及处理进度，及时汇报调度与监控人员。

4）检查装置报文及指示灯，自检报告和开入变位报告。

5）配合调度进行相应操作。

（三）智能终端 GOOSE 总告警

1. 信号释义

在智能终端无法正常接收 GOOSE 报文时出现总告警信号。

2. 信号产生原因

1）GOOSE 物理链路中断；

2）与 GOOSE 链路对端装置检修不一致；

3）GOOSE 报文数据异常，或发送和接收不匹配。

3. 后果及危险点分析

该智能终端装置可能无法接收 GOOSE 报文，遥信、遥控功能可能失效，造成相关保护装置可能误动、拒动或失去监控。

4. 监控处置要点

1）严格按照异常处理流程，汇报相应调度并通知运维人员现场检查；

2）在条件允许的情况下尝试对装置进行远方复归操作，将复归结果汇报相应调度并通知运维人员；

3）与现场运维人员核实受影响的保护；

4）若对站内部分设备监控产生影响，应将相应监控职责移交站端；

5）跟踪现场检查结果及处理进度，做好相关记录和沟通汇报。

5. 运维处置要点

1）现场查看智能终端异常信息，检查装置报文及指示灯，并尝试对装置进行现场复归。无法复归立刻通知专业人员现场检查、处理。

2）确认告警支路，检查装置 GOOSE 物理链路，排除因物理链路中断引起 GOOSE 链路中断。如若 GOOSE 物理链路无中断，做好措施后，检查 GOOSE 报文内容的准确性。

3）由于处理异常信号需退出相应保护时，应向调度申请。

4）将现场检查结果及处理进度，及时汇报调度与监控人员。

5）配合调度进行相应操作。

（四）智能终端对时异常

1. 信号释义

智能终端需要接收外部时间信号，如 IRIG-B 码对时、IEEE 1588 标准等，以保证装置时间的准确。当装置外接对时源失能而又没有同步上外界时间信号时，报出该信号。

2. 信号产生原因

时钟装置发送的对时信号异常、或外部时间信号丢失、对时光纤连接异常、装置对时插件故障等。

3. 后果及危险点分析

该智能终端长时间对时丢失，将影响就地事件（SOE）的时标精确性和对事故跳闸的分析。

4. 监控处置要点

1）严格按照异常处理流程，通知运维人员现场检查；

2）在条件允许的情况下尝试对装置进行远方复归操作，将复归结果汇报相应调度并通知运维人员；

3）跟踪现场检查结果及处理进度，做好相关记录和沟通汇报。

5. 运维处置要点

1）现场查看智能终端异常信息，检查装置报文及指示灯，并尝试对装置进行现场复归。无法复归立刻通知专业人员现场检查、处理。

2）将现场检查结果及处理进度，及时汇报监控人员。

（五）智能终端 GOOSE 检修不一致

1. 信号释义

智能终端与其有 GOOSE 联系的设备检修不一致。

2. 信号产生原因

智能终端与其有 GOOSE 联系的设备检修压板位置不一致。

3. 后果及危险点分析

智能终端无法正确处理 GOOSE 报文命令，相关保护装置无法出口，遥控无法执行。可能造成故障范围扩大。

4. 监控处置要点

1）严格按照异常处理流程，通知运维人员现场检查；

2）在条件允许的情况下尝试对装置进行远方复归操作，将复归结果汇报相应调度并通知运维人员；

3）跟踪现场检查结果及处理进度，做好相关记录和沟通汇报。

5. 运维处置要点

1）检查智能终端及与其有 GOOSE 联系的装置检修压板投入情况；

2）确认相关装置检修压板状态是否正确；

3）将现场检查结果及处理进度，及时汇报监控人员；

4）检查相关装置检修压板开入状态，根据检查情况综合处理。

（六）智能终端 GOOSE 链路中断

1. 信号释义

由于智能终端接收 GOOSE 链路中断引起的 GOOSE 报文接收异常。

2. 信号产生原因

1）GOOSE 物理链路中断；

2）GOOSE 报文数据异常，或发送和接收不匹配。

3. 后果及危险点分析

智能终端可能无法接收 GOOSE 报文，导致保护装置无法出口，遥控无法执行。

4. 监控处置要点

1）严格按照异常处理流程，汇报相应调度并通知运维人员现场检查；

2）在条件允许的情况下尝试对装置进行远方复归操作，将复归结果汇报相应调度并通知运维人员；

3）与现场运维人员核实受影响的保护；

4）跟踪现场检查结果及处理进度，做好相关记录和沟通汇报。

5. 运维处置要点

1）现场查看智能终端异常信息，检查装置报文及指示灯，并尝试对装置进行现场复归。无法复归立刻通知专业人员现场检查、处理。

2）由于处理异常信号需退出相应保护时，应向调度申请。

3）将现场检查结果及处理进度，及时汇报调度与监控人员。

4）配合调度做好相应操作。

第十五节　合并单元

智能变电站中，一次设备智能化要求实时电气量和状态量采集由传统的集中式采样改成了分布式采样，合并单元是其中的重要组成部分，它对来自二次转换器的电流或电压数据进行时间相关组合，完成数据同步、电压切换等重要的功能。

（一）合并单元故障

1. 信号释义

合并单元装置损坏或由于供电中断导致无法正常工作。

2. 信号产生原因

1）合并单元装置内部程序错误，装置自检、巡检异常；

2）合并单元装置插件故障；

3）合并单元装置失电。

3. 后果及危险点分析

合并单元装置无法运行，无法发送 SV 报文，导致相关保护功能闭锁，造成故障范围扩大或遥测无法正常监视。

4. 监控处置要点

1）严格按照异常处理流程，汇报相应调度并通知运维人员现场检查；

2）在条件允许的情况下尝试对装置进行远方复归操作，将复归结果汇报相应调度并通知运维人员；

3）与现场运维人员核实受影响的保护；

4）跟踪现场检查结果及处理进度，做好相关记录和沟通汇报。

5. 运维处置要点

1）现场查看合并单元故障信息，复归故障信号，对于无法复归的信号，现场检查装置报文及指示灯，无法查明故障原因时应及时通知专业人员处理。合并单元装置电源空开跳闸时，当检查合并单元外观无异常、无异味后，经调度同意，应退出对应的保护装置的出口软压板后，将装置改停用状态后试送电源一次，如异常消失将装置恢复运行状态，如异常未消失，汇报调度，通知专业人员处理。

2）由于处理故障需退出相应保护时，应向调度申请。

3）将现场检查结果及处理进度，及时汇报调度与监控人员。

4）配合调度做好相应操作。

（二）合并单元异常

1. 信号释义

合并单元可能退出部分装置功能，发告警信号。

2. 信号产生原因

1）内部元件异常：包括采集器异常，电源电压异常等；

2）外部信号异常：包括同步信号丢失，相关 GOOSE 控制块断链，采样数据丢帧等。

3. 后果及危险点分析

合并单元装置部分功能退出，可能无法发送 SV 报文，造成保护装置误动、拒动。

4. 监控处置要点

1）按照异常处理流程处置，通知运维人员现场检查并向相应调度汇报；

2）具备条件的装置宜尝试远方复归操作，将复归结果汇报相应调度并通知运维人员；

3）与现场核实是否影响相关保护；

4）跟踪现场检查结果及处理进度，做好相关记录和沟通汇报。

5. 运维处置要点

1）现场确认合并单元异常信息，检查装置报文及指示灯，无法复归需通知专业人员现场检查、处理；

2）因处理异常需退出相应保护时，应向调度申请；

3）将现场检查结果及处理进度，及时汇报调度和监控人员；

4）配合调度做好相关操作。

（三）合并单元对时异常

1. 信号释义

合并单元需要接收外部时间信号，如 IRIG-B 码对时、IEEE 标准等，以保证装置时间的准确性。当装置外接对时源失能而又没有同步上外界时间信号时，报出该信号。

2. 信号产生原因

时钟装置发送的对时信号异常、或外部时间信号丢失、对时光纤连接异常、装置对时插件故障等。

3. 后果及危险点分析

合并单元长时间对时异常，可能导致发送 SV 报文间隔性变差或者出现丢帧，造成网采保护装置采样异常，闭锁部分保护功能。

4. 监控处置要点

1）按照异常处理流程处置，通知运维人员现场检查；

2）具备条件的装置宜尝试远方复归操作，并将复归结果通知运维人员；

3）跟踪现场检查结果及处理进度，做好相关记录和沟通汇报。

5. 运维处置要点

1）现场确认装置异常信号，检查装置报文及指示灯，无法复归需通知专业人员现场检查、处理；

2）将现场检查结果及处理进度，及时汇报监控人员。

（四）合并单元 SV 总告警

1. 信号释义

合并单元接收 SV 报文出现异常时，发出总告警。

2. 信号产生原因

1） SV 物理链路中断；

2）与 SV 链路对端装置检修不一致；

3） SV 报文数据异常，或发送和接收不匹配。

3. 后果及危险点分析

合并单元装置无法正常接收 SV 报文，相关保护装置无法正常采样，导致保护装置

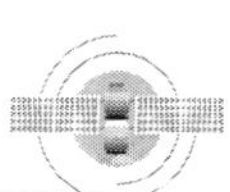

误动或拒动。

4. 监控处置要点

1）按照异常处理流程处置，通知运维人员现场检查并向相应调度汇报；

2）具备条件的装置宜尝试远方复归操作，将复归结果汇报相应调度并通知运维人员；

3）与现场核实是否影响相关保护；

4）跟踪现场检查结果及处理进度，做好相关记录和沟通汇报。

5. 运维处置要点

1）现场确认合并单元异常信息，检查装置报文及指示灯，无法复归需通知专业人员现场检查、处理；

2）因处理异常需退出相应保护时，应向调度申请；

3）将现场检查结果及处理进度，及时汇报调度和监控人员；

4）配合调度做好相关操作。

（五）合并单元 SV 采样链路中断

1. 信号释义

由于合并单元 SV 链路中断引起的 SV 报文接收异常。

2. 信号产生原因

1）SV 物理链路中断；

2）SV 报文数据异常，或发送和接收不匹配。

3. 后果及危险点分析

合并单元装置无法正常接收 SV 报文，相关保护装置无法正常采样，导致保护装置误动或拒动。

4. 监控处置要点

1）按照异常处理流程处置，通知运维人员现场检查并向相应调度汇报；

2）具备条件的装置宜尝试远方复归操作，将复归结果汇报相应调度并通知运维人员；

3）与现场核实是否影响相关保护；

4）跟踪现场检查结果及处理进度，做好相关记录和沟通汇报。

5. 运维处置要点

1）现场确认合并单元异常信息，检查装置报文及指示灯，无法复归需通知专业人员现场检查、处理；

2）因处理异常需退出相应保护时，应向调度申请；

3）将现场检查结果及处理进度，及时汇报调度和监控人员；

4）配合调度做好相关操作。

（六）合并单元 GOOSE 总告警

1. 信号释义

当合并单元接收 GOOSE 报文出现异常时，发出总告警。

2. 信号产生原因

1）GOOSE 物理链路中断；

2）与 GOOSE 链路对端装置检修不一致；

3）GOOSE 报文数据异常，或发送和接收不匹配。

3. 后果及危险点分析

合并单元可能无法接收 GOOSE 报文，可能造成电压切换异常，远方复归异常。

4. 监控处置要点

1）按照异常处理流程处置，通知运维人员现场检查；

2）具备条件的装置宜尝试远方复归操作，并将复归结果通知运维人员；

3）跟踪现场检查结果及处理进度，做好相关记录和沟通汇报。

5. 运维处置要点

1）现场确认合并单元异常信息，检查装置报文及指示灯，无法复归需通知专业人员现场检查、处理；

2）将现场检查结果及处理进度，及时汇报监控人员；

3）配合监控做好后续处理。

（七）合并单元 GOOSE 链路中断

1. 信号释义

由于合并单元 GOOSE 链路中断引起的 GOOSE 报文接收异常。

2. 信号产生原因

1）GOOSE 物理链路中断；

2）GOOSE 报文数据异常，或发送和接收不匹配。

3. 后果及危险点分析

合并单元可能无法接收 GOOSE 报文，可能造成电压切换异常，远方复归异常。

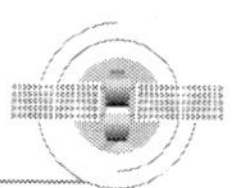

4. 监控处置要点

1）按照异常处理流程处置，通知运维人员现场检查；

2）具备条件的装置宜尝试远方复归操作，并将复归结果通知运维人员；

3）跟踪现场检查结果及处理进度，做好相关记录和沟通汇报。

5. 运维处置要点

1）现场确认合并单元异常信息，检查装置报文及指示灯，无法复归需通知专业人员现场检查、处理；

2）将现场检查结果及处理进度，及时汇报监控人员；

3）配合监控做好后续处理。

（八）合并单元 SV 检修不一致

1. 信号释义

合并单元与其有 SV 联系的设备检修不一致。

2. 信号产生原因

合并单元与其有 SV 联系的设备检修不一致。

3. 后果及危险点分析

合并单元装置无法正常接收 SV 报文，相关保护装置无法正常采样，导致保护装置误动或拒动。

4. 监控处置要点

1）按照异常处理流程处置，通知运维人员现场检查；

2）核实现场检查结果，必要时向相应调度汇报；

3）跟踪现场检查结果及处理进度，做好相关记录和沟通汇报。

5. 运维处置要点

1）检查合并单元及与其有 SV 联系的装置检修压板投入情况；

2）确认相关装置检修压板状态是否正确；

3）将现场检查结果及处理进度，及时汇报监控人员。

（九）合并单元 GOOSE 检修不一致

1. 信号释义

合并单元与其有 GOOSE 联系的设备检修不一致。

2. 信号产生原因

合并单元与其有 GOOSE 联系的设备检修不一致。

3. 后果及危险点分析

合并单元可能无法接收 GOOSE 报文，可能造成电压切换异常，远方复归异常。

4. 监控处置要点

1）按照异常处理流程处置，通知运维人员现场检查；

2）核实现场检查结果，必要时向相应调度汇报；

3）跟踪现场检查结果及处理进度，做好相关记录和沟通汇报。

5. 运维处置要点

1）检查合并单元及与其有 GOOSE 联系的装置检修压板投入情况；

2）确认相关装置检修压板状态是否正确；

3）将现场检查结果及处理进度，及时汇报监控人员。

（十）合并单元电压切换异常

1. 信号释义

合并单元电压切换异常，无法进行电压切换。

2. 信号产生原因

合并单元电压切换功能异常或隔离开关位置接收异常。

3. 后果及危险点分析

无法进行电压切换，可能导致保护装置误动或拒动。

4. 监控处置要点

1）若是倒母操作过程中引起的，则是正常信号；

2）若倒母操作结束后该信号还未复归，应通知运维人员现场检查；

3）跟踪现场检查结果及处理进度，做好相关记录和沟通汇报。

5. 运维处置要点

1）检查该间隔的母线隔离开关位置；

2）确认实际位置与采集位置是否一致；

3）根据检查结果，联系专业人员处理；

4）将现场检查结果及处理进度，及时汇报监控人员。

（十一）合并单元电压并列

1. 信号释义

Ⅰ、Ⅱ母线隔离开关同时合上时，造成双母线二次电压并列。

2. 信号产生原因

1）开关热倒操作时两把母线隔离开关同时合上时；

2）分开的母线隔离开关辅助触点未可靠返回。

3. 后果及危险点分析

无法进行电压切换，导致保护装置误动或拒动。

4. 监控处置要点

1）若是倒母操作过程中引起的，则是正常信号；

2）若倒母操作结束后该信号还未复归，应通知运维人员现场检查；

3）跟踪现场检查结果及处理进度，做好相关记录和沟通汇报。

5. 运维处置要点

1）检查该间隔的母线隔离开关位置及相关二次回路是否异常；

2）确认实际位置与采集位置是否一致；

3）根据检查结果，联系专业人员处理；

4）将现场检查结果及处理进度，及时汇报监控人员。

第十六节 测控装置

保护的测控装置集保护、测量、控制、监测、通信、事件记录、故障录波、操作防误等多种功能于一体，能够采集设备交流电气量、直流量及设备状态量。

（一）测控装置故障

1. 信号释义

测控装置软硬件损坏或由于装置断电导致无法正常工作。

2. 信号产生原因

1）装置程序出错导致自检、巡检异常；

2）装置插件损坏；

3）装置失电。

3. 后果及危险点分析

测控装置的遥信、遥测数据无法正常上送，遥控命令无法执行，可能造成相应间隔失去监控功能。

4. 监控处置要点

1）按照异常处理流程处置，通知运维人员现场检查；

2）与现场核实检查结果；

3）确认失去监控的设备，并将相应监控职责移交站端；

4）跟踪现场检查结果及处理进度，做好相关记录和沟通汇报。

5. 运维处置要点

1）现场确认测控装置故障信息，检查装置报文及指示灯，无法复归需通知专业人员现场检查、处理；

2）将现场检查结果及处理进度，及时汇报监控人员；

3）配合监控做好后续处理。

（二）测控装置异常

1. 信号释义

当装置出现异常情况时，发出告警信息，部分功能可能受到影响。

2. 信号产生原因

1）保护装置内部通信出错、长期启动等；

2）保护装置自检、巡检异常；

3）保护装置 TV、TA 断线；

4）面板通信出错；

5）装置遥信电源异常。

3. 后果及危险点分析

部分或全部遥信、遥测、遥控功能失效，可能造成相应间隔失去监控功能。

4. 监控处置要点

1）按照异常处理流程处置，通知运维人员现场检查；

2）与现场核实检查结果；

3）若影响部分设备监控功能，应将相应监控职责移交站端；

4）跟踪现场检查结果及处理进度，做好相关记录和沟通汇报。

5. 运维处置要点

1）现场确认测控装置异常信息，检查装置报文及指示灯，无法复归需通知专业人员现场检查、处理；

2）将现场检查结果及处理进度，及时汇报监控人员；

3）配合监控做好后续处理。

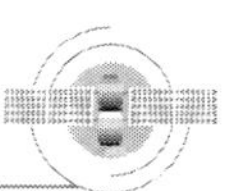

（三）测控装置直流电源消失

1. 信号释义

测控装置电源消失。

2. 信号产生原因

1）直流电源空开跳闸；

2）电源回路断线或电源插件故障。

3. 后果及危险点分析

测控装置的遥信、遥测数据无法正常上送，遥控命令无法执行，可能造成相应间隔失去监控。

4. 监控处置要点

1）按照异常处理流程处置，通知运维人员现场检查；

2）与现场核实检查结果；

3）若影响设备监控功能，应将相应监控职责移交站端；

4）跟踪现场检查结果及处理进度，做好相关记录和沟通汇报。

5. 运维处置要点

1）现场检查测控装置直流电源空气开关位置；

2）现场确认测控装置异常信息，检查装置报文及指示灯，无法复归需通知专业人员现场检查、处理；

3）将现场检查结果及处理进度，及时汇报监控人员；

4）配合监控做好后续处理。

（四）测控装置遥信电源消失

1. 信号释义

测控装置遥信电源消失。

2. 信号产生原因

1）遥信电源空开跳闸；

2）遥信回路断线或开入插件故障。

3. 后果及危险点分析

测控装置的遥信、遥测数据无法正常上送，可能造成相应间隔失去监视。

4. 监控处置要点

1）按照异常处理流程处置，通知运维人员现场检查；

2）与现场核实检查结果；

3）若影响设备监控功能，应将相应监控职责移交站端；

4）跟踪现场检查结果及处理进度，做好相关记录和沟通汇报。

5. 运维处置要点

1）现场检查测控装置遥信电源空开位置；

2）现场确认测控装置异常信息，检查装置报文及指示灯，无法复归需通知专业人员现场检查、处理；

3）将现场检查结果及处理进度，及时汇报监控人员；

4）配合监控做好后续处理。

（五）测控装置 GOOSE 总告警

1. 信号释义

当测控装置接收 GOOSE 报文出现异常时，发出总告警。

2. 信号产生原因

1）GOOSE 物理链路中断；

2）与 GOOSE 链路对端装置检修不一致；

3）GOOSE 报文数据异常，或发送和接收不匹配。

3. 后果及危险点分析

造成测控装置 GOOSE 信号无法接收或者接收的 GOOSE 信号滞后于实际情况，可能造成相应间隔失去监视。

4. 监控处置要点

1）按照异常处理流程处置，通知运维人员现场检查；

2）与现场核实检查结果；

3）若影响部分设备监控功能，应将相应监控职责移交站端；

4）跟踪现场检查结果及处理进度，做好相关记录和沟通汇报。

5. 运维处置要点

1）现场确认测控装置异常信息，检查装置报文及指示灯，无法复归需通知专业人员现场检查、处理；

2）将现场检查结果及处理进度，及时汇报监控人员；

3）配合监控做好后续处理。

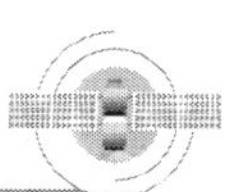

（六）测控装置 GOOSE 链路中断

1. 信号释义

由于测控装置接收 GOOSE 链路中断引起的 GOOSE 报文接收异常。

2. 信号产生原因

1）GOOSE 物理链路中断；

2）GOOSE 报文数据异常，或发送和接收不匹配。

3. 后果及危险点分析

造成测控装置 GOOSE 信号无法接收或者接收的 GOOSE 信号滞后于实际情况，可能造成相应间隔失去监视。

4. 监控处置要点

1）按照异常处理流程处置，通知运维人员现场检查；

2）与现场核实检查结果；

3）若影响部分设备监控功能，应将相应监控职责移交站端；

4）跟踪现场检查结果及处理进度，做好相关记录和沟通汇报。

5. 运维处置要点

1）现场确认测控装置异常信息，检查装置报文及指示灯，无法复归需通知专业人员现场检查、处理；

2）如若 GOOSE 物理链路无中断，做好措施后，检查 GOOSE 报文内容的准确性。

3）将现场检查结果及处理进度，及时汇报监控人员；

4）配合监控做好后续处理。

（七）测控装置 SV 总告警

1. 信号释义

测控装置接收 SV 报文出现异常时，发出总告警。

2. 信号产生原因

1）SV 物理链路中断；

2）与 SV 链路对端装置检修不一致；

3）SV 报文数据异常，或发送和接收不匹配。

3. 后果及危险点分析

造成装置接受 SV 报文异常或无效，进而导致装置采样丢失或异常，可能造成相应间隔遥测数据无法上送。

4. 监控处置要点

1）按照异常处理流程处置，通知运维人员现场检查；

2）与现场核实检查结果；

3）若影响部分设备监控功能，应将相应监控职责移交站端；

4）跟踪现场检查结果及处理进度，做好相关记录和沟通汇报。

5. 运维处置要点

1）现场确认测控装置异常信息，检查装置报文及指示灯，无法复归需通知专业人员现场检查、处理；

2）将现场检查结果及处理进度，及时汇报监控人员；

3）配合监控做好后续处理。

（八）测控装置 SV 采样链路中断

1. 信号释义

由于测控装置接收 SV 链路中断引起的 SV 报文接收异常。

2. 信号产生原因

1）SV 物理链路中断；

2）SV 报文数据异常，或发送和接收不匹配。

3. 后果及危险点分析

造成装置接受 SV 报文异常或无效，进而导致装置采样丢失或异常，可能造成相应间隔遥测数据无法上送。

4. 监控处置要点

1）按照异常处理流程处置，通知运维人员现场检查；

2）与现场核实检查结果；

3）若影响部分设备监控功能，应将相应监控职责移交站端；

4）跟踪现场检查结果及处理进度，做好相关记录和沟通汇报。

5. 运维处置要点

1）现场确认测控装置异常信息，检查装置报文及指示灯，无法复归需通知专业人员现场检查、处理；

2）将现场检查结果及处理进度，及时汇报监控人员；

3）配合监控做好后续处理。

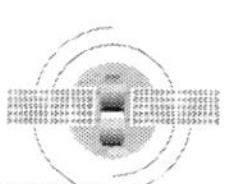

（九）测控装置 A 网通信中断

1. 信号释义

测控装置与远动后台等的 A 网通信中断。

2. 信号产生原因

1）保护装置网线接口损坏或接触不良；

2）交换机故障。

3. 后果及危险点分析

测控装置的遥信、遥测数据无法通过 A 网正常上送，遥控命令无法通过 A 网下发，若 B 网同时中断，相应间隔将失去监控。

4. 监控处置要点

1）按照异常处理流程处置，通知运维人员现场检查；

2）与现场核实检查结果；

3）若影响部分设备监控功能，应将相应监控职责移交站端；

4）跟踪现场检查结果及处理进度，做好相关记录和沟通汇报。

5. 运维处置要点

1）现场确认测控装置异常信息，检查装置报文及指示灯，无法复归需通知专业人员现场检查、处理；

2）将现场检查结果及处理进度，及时汇报监控人员；

3）配合监控做好后续处理。

（十）测控装置 B 网通信中断

1. 信号释义

测控装置与远动后台等的 B 网通信中断。

2. 信号产生原因

1）保护装置网线接口损坏或接触不良；

2）交换机故障。

3. 后果及危险点分析

测控装置的遥信、遥测数据无法通过 B 网正常上送，遥控命令无法通过 B 网下发，若 A 网同时中断，相应间隔将失去监控。

4. 监控处置要点

1）按照异常处理流程处置，通知运维人员现场检查；

2）与现场核实检查结果；

3）若影响部分设备监控功能，应将相应监控职责移交站端；

4）跟踪现场检查结果及处理进度，做好相关记录和沟通汇报。

5. 运维处置要点

1）现场确认测控装置异常信息，检查装置报文及指示灯，无法复归需通知专业人员现场检查、处理；

2）检查保护的通信情况；

3）将现场检查结果及处理进度，及时汇报监控人员；

4）配合监控做好后续处理。

（十一）测控装置对时异常

1. 信号释义

测控装置需要接收外部时间信号，以保证装置时间的准确性。当装置外接对时源失能而又没有同步上外界时间信号时，报出该信号。

2. 信号产生原因

时钟装置发送的对时信号异常、外部时间信号丢失、对时光纤或电缆连接异常、装置对时插件故障等。

3. 后果及危险点分析

可能会造成装置与站内其他设备时间不同步，对保护相关信号的采集、上送及相关动作机制的判别造成一定的影响，影响对事故及异常的分析。

4. 监控处置要点

1）按照异常处理流程处置，通知运维人员现场检查；

2）跟踪现场检查结果及处理进度，做好相关记录和沟通汇报。

5. 运维处置要点

1）现场确认装置异常信号，检查装置报文及指示灯，无法复归需通知专业人员现场检查、处理；

2）将现场检查结果及处理进度，及时汇报监控人员。

第十七节　直流系统

变电站的直流系统是为控制、信号、继电保护、自动装置及事故照明等提供可靠的直流电源。直流系统的可靠与否，直接影响变电站的安全运行。直流系统一般由充电模

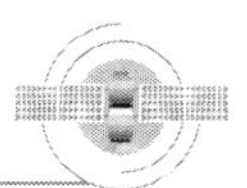

块、控制单元、直流馈电单元（控制回路保护回路、信号回路、公用回路以及事故照明回路等）、系统监控装置、蓄电池组等组成。

（一）直流母线接地

1. 信号释义

当 220V 直流系统两极对地电压绝对值差超过 40V 或绝缘电阻降低至 25kΩ 以下时，由直流母线上配置的绝缘电压继电器（老站）或直流系统绝缘监测装置发出该信息。

2. 信号产生原因

1）直流屏柜内主母排存在接地现象；

2）直流蓄电池组漏液，造成直流系统接地；

3）直流系统各个用电支路存在接地现象。

3. 后果及危险点分析

直流母线接地，将造成母线电压异常，可能影响继电器正确动作。若直流系统出现两点接地可能造成直流系统短路使熔丝熔断、直流失电、保护拒动、误动等。

4. 监控处置要点

1）通知运维人员检查设备；

2）核实现场接地母线，正负对地电压；

3）跟踪现场检查结果及处理进度，做好相关记录和沟通汇报；

4）无法及时处理时，将直流系统监视职责移交至站端。

5. 运维处置要点

1）核对站端后台告警信息。

2）现场检查直流系统运行状况：运维人员应根据直流系统接地故障绝缘监测装置的指示判别接地情况，同时应综合当日运行方式、操作工作情况、天气情况以及直流系统绝缘监察报警情况，判断可能存在的接地位置，并进行巡测以及做初步检查，若失地当时站内有人在相关二次回路上工作，要求暂停工作，待查明原因，确认与本身工作无关后方能恢复工作。雨季等恶劣天气，运行人员在等待检修人员检查处理期间应重点户外端子箱、机构箱箱门是否关紧和防潮防渗情况进行检查。

3）检查母线正负对地电压及对地电阻值：运维人员在查看绝缘监察装置的失地报警信息时，同时使用万用表高阻电压档实测直流母线对地直流电压值，若实测对地电压正常，与装置显示值不一致时，则初步判断是绝缘监察装置故障导致，重启无效后并及时告知检修人员。

4）在排除绝缘监察装置故障可能性外，应使用万用表高阻电压档测量直流母线对地交流分量，当测量交流分量大于 3V 以上，则认为可能是交流分量串入。通过绝缘监察装置显示的告警支路进行拉路查找定位具体间隔，然后再将与该支路有关的交流电源空开短时 断开进行确认，重点排查端子箱中断路器储能电机、隔离开关操作电源、电机电源、加热器电源或风冷控制、调压闭锁交流电源空开，隔离后待检修人员进一步检查处理。如绝缘装置无法显示具体支路数，则逐路断开站用交流配电屏电源出线方法进行排除和确认，拉路时优先断开端子箱、机构箱及开关柜有关的交流电源空气开关。

5）当绝缘监察装置无法报出具体接地支路但显示绝缘电阻值略大于 25 kΩ，则可通过适当提高绝缘监察装置绝缘电阻定值，再重新检查装置投入失地检测功能，按照上述方法进行接地支路查找。

6）当绝缘监察装置无法报出具体接地支路，或监察装置无法正确选线或无法借助接地查找仪定位触点地时，需采用拉路法查找、分段处理，采用“先检修设备，后运行设备”“先照明和信号，后控制、保护”“先室外后室内”原则进行查找定位。

7）当运行中出现两段直流同时失地，且失地时对地电压值相同，则可能为两段直流环路情况下某段直流失地造成，运维人员应对直流电源各环路点的空气开关、隔离开关运行状态逐个检查，排除环路可能再按照上述方法支路接地查找。当两段直流同时出现异极性失地时，则可能为某间隔挂接不同段直流电源的负荷支路存在异极性回路串接造成，同时需要采用上述绝缘监察装 置选线定位法或拉路法进行查找。

8）当通过上述均无法找到故障点，则可能故障发生在直流系统本体设备上（如母线、充电装置、蓄电池组、巡检仪、监测装置仪表等），采取以下方法查找定位：①当短时断开充电装置，失地消失，则判断为充电装置本体故障。②当短时断开蓄电池组，失地消失，则判断为蓄电池本体或蓄电池巡检仪或蓄电池在线监测系统故障，进一步判断查找蓄电池单体是否存在漏液，或蓄电池巡检接线有破损，或巡检仪或地线监测装置采集模块故障导致碰壳。当有双组蓄电池配置时，应将负荷转至另一段运行，再断开某蓄电池组进行定位判断。③查找直流母排上相关表计接线破损或脱落导致绝缘下降。

9）通知检修人员现场检查处理。

10）将设备处理情况及时汇报监控人员。

（二）交流系统窜入直流系统

1. 信号释义

变电站内直流系统和交流系统为两个相互独立的系统，直流为不接地系统，而交流为接地系统。两个系统发生了电气连接，交流系统窜入直流系统，使直流系统接地。

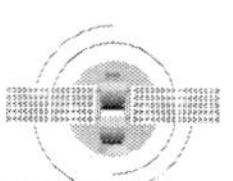

2. 信号产生原因

交流系统窜入直流系统。

3. 后果及危险点分析

可能造成开关误动跳闸。

4. 监控处置要点

1）通知运维人员检查设备；

2）核实现场接地母线，正负对地电压；

3）跟踪现场检查结果及处理进度，做好相关记录和沟通汇报；

4）无法及时处理时，将直流系统监视职责移交至站端。

5. 运维处置要点

1）核对站端后台告警信息。

2）现场检查直流系统运行状况，检查交流系统窜入直流系统时间、支路、各母线对地电压和绝缘电阻等信息。

3）发生交流窜入直流时，若正在进行倒闸操作或检修工作，则应暂停操作或工作，并向调控人员汇报。

4）根据绝缘监测装置指示或当日工作情况、直流系统绝缘状况，找出窜入支路。确认具体的支路后，停用窜入支路的交流电源，联系检修人员处理。

5）将设备处理情况及时向监控人员汇报。

（三）直流母线电压异常

1. 信号释义

直流母线电压不在正常范围内（母线电压低于 198V 或高于 242V）。

2. 信号产生原因

1）直流系统有接地或者绝缘降低；

2）所在直流母线充电机故障，导致蓄电池过放电；

3）充电机输出电压过高；

4）直流母线电压采集模块故障或直流母线电压表计故障，导致采集上传至监控器的母线电压过高或过低。

3. 后果及危险点分析

直流母线电压过低，跳合闸继电器可能无法正确动作；直流母线电压过高，长期带电的继电器容易过电压损坏。如果直流母线电压持续异常，将造成变电站控制信号，继电保护，自动装置，断路器跳、合闸操作回路的直流控制电源异常，造成故障范围扩大。

4. 监控处置要点

1）通知运维人员检查设备；

2）核实现场实际直流母线电压；

3）跟踪现场检查结果及处理进度，做好相关记录和沟通汇报。

5. 运维处置要点

1）核对站端后台告警信息。

2）现场检查直流系统运行状况：测量直流系统各极对地电压，检查直流负荷情况，检查电压继电器动作情况。

3）检查充电机工作是否正常：检查充电装置输出电压和蓄电池充电方式，综合判断直流母线电压是否异常。因蓄电池未自动切换至浮充电运行方式导致直流母线电压异常，应手动调整到浮充电运行方式。因充电装置故障导致直流母线电压异常，应停用该充电装置，投入备用充电装置。或调整直流系统运行方式，由另一段直流系统带全站负荷。

4）通知检修人员现场检查处理。

5）将设备处理情况及时汇报监控人员。

（四）直流母线馈出开关跳闸

1. 信号释义

直流馈出线屏或直流分电屏上开关跳闸。

2. 信号产生原因

1）直流馈线屏上开关故障，造成跳闸；

2）直流分电屏上开关故障，造成跳闸；

3）直流馈线屏上开关下口用电装置存在短路现象，造成跳闸；

4）直流分电屏上开关下口用电装置存在短路现象，造成跳闸；

5）直流馈线屏、分电屏进出线电缆绝缘异常，造成跳闸。

3. 后果及危险点分析

将造成直流用电设备失电，如果直流馈出开关跳闸不及时处理，会造成控制信号，继电保护，自动装置，断路器跳、合闸操作回路的电源处于失电状态，影响信号上送、开关遥控、保护动作等。

4. 监控处置要点

1）通知运维人员检查设备；

2）查看是否有直流供电装置失电或电源消失的信息；

3）若因直流失电，造成信息无法正常上送，应将相应间隔监控职责移交至站端；

4）跟踪现场检查结果及处理进度，做好相关记录和沟通汇报。

5. 运维处置要点

1）核对站端后台告警信息；

2）检查直流馈线屏、直流分电屏跳闸空开情况，可以试送一次，如不成功，禁止再次试送；

3）通知检修人员现场检查处理；

4）如跳闸回路无法恢复，且影响断路器跳闸，及时汇报调度；

5）将设备处理情况及时汇报监控人员。

（五）直流绝缘监测装置故障

1. 信号释义

直流母线绝缘监测装置失电或异常告警。

2. 信号产生原因

1）直流母线绝缘监测装置失电；

2）直流母线绝缘监测装置故障。

3. 后果及危险点分析

将失去对直流接地或绝缘降低的监控，如果此时有直流接地发生，无法及时发现并处理，可能进一步造成保护装置拒动或误动。

4. 监控处置要点

1）通知运维人员检查设备；

2）将失去监视的直流部分监控职责移交至站端；

3）跟踪现场检查结果及处理进度，做好相关记录和沟通汇报。

5. 运维处置要点

1）核对站端后台告警信息。

2）微机监控装置无显示，应先检查装置的电源空开是否正常投入，电压是否正常，若不正常应逐级向电源侧检查并处理。当电压正常，而装置仍无显示则通知检修人员处理。

3）微机监控装置显示异常，按复位键或拉合电源开关重新启动装置，仍显示异常则通知检修人员处理。

4）监控装置与上位机通信失败，检查通信线连接回路有无明显问题后通知检修人员处理。

5）当微机监控装置故障跳闸时，若有备用监控装置，应及时启动备用监控装置代替故障监控装置运行，并及时调整好运行参数。无备用监控装置时，应将负荷转至正常充电装置，并通知检修人员尽快处理。

6）将设备处理情况及时汇报监控人员。

（六）充电机故障

1. 信号释义

单只或多只充电机模块交流输入电压异常，包括过电压、欠电压或缺相。单只或多只充电机模块直流输出电压异常，包括过电压、欠电压。单只或多只充电机模块通信异常。单只或多只充电机模块过温故障。

2. 信号产生原因

1）直流屏内交流互投装置（ATS）故障；

2）直流屏内交流互投装置（ATS）切换过程中；

3）充电机模块进线开关损坏；

4）交流输入电压过电压、欠电压或缺相；

5）充电机模块散热风扇损坏；

6）充电机模块内部元器件损坏，无法正常输出直流电压；

7）充电机模块至监控器通信线有断路或接头接触不良；

8）充电机模块通信地址码设置有误。

3. 后果及危险点分析

单只或多只充电机模块损坏影响充电机可提供的额定供电电流，若负荷需求电流较大，则充电机模块无法提供所需电流，造成蓄电池放电。如果长时间处理不好，造成蓄电池过放电，无法提供负荷所需电流，可能影响断路器的分合闸及保护装置的正常运行。

4. 监控处置要点

1）通知运维人员检查设备；

2）核实充电机故障情况，确认是否已切至公用充电机工作；

3）跟踪现场检查结果及处理进度，做好相关记录和沟通汇报。

5. 运维处置要点

1）核对站端后台告警信息；

2）检查相应充电机交流电源是否正常，输入电压、电流是否正常；

3）故障充电模块交流断路器跳闸，无其他异常可以试送，试送不成功应联系检修人员处理；

4）通知检修人员现场检查处理；

5）将设备处理情况及时上报监控员。

（七）充电机直流输出开关跳闸

1. 信号释义

充电机输出至负荷母线开关跳闸；充电机输出至充电母线开关跳闸。

2. 信号产生原因

1）充电机输出至负荷母线开关正常合入时其下口有短路；

2）充电机输出至充电母线开关正常合入时其下口有短路；

3）充电机输出至负荷母线开关跳闸辅助触点有黏连；

4）充电机输出至充电母线开关跳闸辅助触点有黏连；

5）开关量采集模块故障。

3. 后果及危险点分析

充电机直流输出开关跳闸，导致充电机无法正常给负荷供电，造成蓄电池组放电。如果长时间处理不好，造成蓄电池过放电，无法提供负荷所需电流，可能影响断路器的分合闸及保护装置的正常运行。

4. 监控处置要点

1）查看主站直流系统图中相应开关位置、电流及直流母线电压；

2）通知运维人员检查设备；

3）核实现场直流开关跳闸情况；

4）跟踪现场检查结果及处理进度，做好相关记录和沟通汇报。

5. 运维处置要点

1）核对站端后台告警信息；

2）检查相应充电机直流输出开关状态；

3）检查相应直流母线段电压及蓄电池电流是否正常，如无短路等异常，可以试送一次；

4）查看是否已切换至公用充电机工作，如自动切换失败，可手动切换，防止蓄电池过放电；

5）通知检修人员现场检查处理；

6）将设备处理情况及时上报监控员。

（八）充电机直流输出电压异常

1. 信号释义

充电机模块输出口至充电机直流输出开关之间的电压有异常，包括过电压、欠电压。

2. 信号产生原因

1）所有充电机模块均过电压或欠电压；

2）充电机屏内逆止阀故障；

3）充电机模块输出口至直流输出开关之间回路有断路；

4）监控器内充电机直流输出电压过、欠电压参数设置有误。

3. 后果及危险点分析

充电机输出电压异常，导致充电机无法正常给负荷供电，若过电压，则可能烧毁控制、保护等装置；若欠电压，则造成蓄电池组放电。长时间过电压会造成控制、保护等装置烧毁；长时间欠电压造成蓄电池长时间放电，直流母线电压过低，可能影响断路器的分合闸及保护装置的正常运行。

4. 监控处置要点

1）查看主站直流母线电压；

2）通知运维人员检查设备；

3）跟踪现场检查结果及处理进度，做好相关记录和沟通汇报。

5. 运维处置要点

1）核对站端后台告警信息；

2）检查监控器是否显示充电模块故障；

3）检查相应直流母线段电压及蓄电池电流是否正常；

4）通知检修人员现场检查处理；

5）将设备处理情况及时上报监控员。

（九）充电机交流电源故障

1. 信号释义

直流充电机无交流电源输入或者缺少一路电源输入或者两路交流电源中存在缺相、交流过电压或欠电压。

2. 信号产生原因

1）某段站用电交流母线失压；

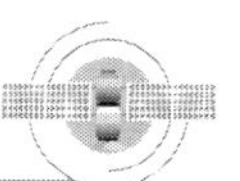

2）站用电电源切换时；

3）直流充电机交流输入电源空气开关故障；

4）交流监控单元故障；

5）交流供电回路有断线或接触不良；

6）交流采集回路有断线或接触不良；

7）监控器内交流电压过欠电压参数设置有问题。

3. 后果及危险点分析

故障充电机无交流输入时，整流器停止工作，将切至公用充电机工作。若公用充电机未自动切换成功，将造成蓄电池组放电。

4. 监控处置要点

1）通知运维人员检查设备；

2）查看站用电是否有异常，是否有其他交流失电信息发出；

3）跟踪现场检查结果及处理进度，做好相关记录和沟通汇报。

5. 运维处置要点

1）核对站端后台告警信息。

2）检查站用电是否失电，并尽快恢复：一路交流断路器跳闸，检查备自投装置及另一路交流电源是否正常。

3）若站用电无异常，则检查充电机交流输入开关是否跳闸，并通知检修人员处理。检查充电装置交流电源空气开关是否正常合闸，进出两侧电压是否正常，不正常时应向电源侧逐级检查并处理，当交流电源空气开关进出两侧电压正常，交流接触器可靠动作、触点接触良好，而装置仍报交流故障，则通知检修人员检查处理。

4）交流电源故障较长时间不能恢复时，应尽可能减少直流负载输出（如事故照明、UPS、在线监测装置等非一次系统保护电源）并尽可能采取措施恢复交流电源及充电装置的正常运行，并汇报变电运维值班室及部门领导，联系检修人员尽快处理。

5）当交流电源故障较长时间不能恢复，使蓄电池组放出容量超过其额定容量的20%及以上时，在恢复交流电源供电后，应立即手动或自动启动充电装置，按照制造厂或按恒流限压充电—恒压充电—浮充电方式对蓄电池组进行补充充电。

6）当交流电源故障较长时间不能恢复，应调整直流系统运行方式，用另一台充电装置带直流负荷。

7）将设备处理情况及时上报监控员。

（十）充电机避雷器故障

1. 信号释义

充电机避雷器损坏，避雷器模块窗口由灰色变为红色。

2. 信号产生原因

1）因交流输入电压有尖峰脉冲或电网浪涌电压等原因导致避雷器损坏；

2）避雷器报警辅助触点有黏连；

3）开关量采集模块故障。

3. 后果及危险点分析

避雷器故障后无法吸收交流输入电压中尖峰脉冲或浪涌电压，造成充电机模块输入电压不稳。严重时损坏充电机模块，造成充电机输出失压，由蓄电池提供负荷电源，长时间无法恢复可能造成蓄电池过放电。

4. 监控处置要点

1）通知运维人员检查设备；

2）跟踪现场检查结果及处理进度，做好相关记录和沟通汇报。

5. 运维处置要点

1）核对站端后台告警信息；

2）检查现场设备情况；

3）通知检修人员处理；

4）将设备处理情况及时上报监控员。

（十一）充电机微机监控装置通信异常

1. 信号释义

正常情况下，充电机微机监控装置与绝缘监测装置、馈线状态监测接口、交直流测控模块、电池巡检仪、智能数字表、量接入接口、B 码对时等都有通信联系，若通信中断，部分数据无法查阅。

2. 信号产生原因

1）绝缘监测装置、馈线状态监测接口、交直流测控模块、电池巡检仪、智能数字表、开关量接入接口、B 码对时等单个装置失电或故障；

2）充电机微机监控装置与绝缘监测装置、馈线状态监测接口、交直流测控模块、电池巡检仪、智能数字表、开关量接入接口、B 码对时通信线有断路或通信连接头接触不良。

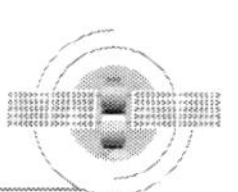

3. 后果及危险点分析

导致直流系统部分或全部模块失去监视，若直流系统出现故障，无法及时获知并及时处理，会严重影响直流系统供电的装置。

4. 监控处置要点

1）通知运维人员检查设备；

2）将失去监视的直流部分监控职责移交至站端；

3）跟踪现场检查结果及处理进度，做好相关记录和沟通汇报。

5. 运维处置要点

1）核对站端后台告警信息；

2）检查现场设备情况；

3）检查通信线连接回路有无明显问题后通知检修人员处理；

4）将设备处理情况及时上报监控员。

（十二）充电机微机监控装置故障

1. 信号释义

属于硬触点信号，在微机监控装置死机或失电后发出。

2. 信号产生原因

1）充电机微机监控装置死机；

2）微机监控装置的供电模块故障；

3）供电模块至微机监控装置回路有断路。

3. 后果及危险点分析

1）无法对直流充电模块及直流系统的运行参数进行设置。

2）监控器失电，无法调阅蓄电池、直流母线的运行工况及参数。

3）监控无法获知直流系统的运行状态及故障信息。如果此时发生直流母线接地故障，无法及时获知，将可能导致继电保护等设备无法正常工作；或者发生母线失压故障，无法及时获知，造成负荷失去电源。

4. 监控处置要点

1）通知运维人员检查设备；

2）将失去监视的直流部分监控职责移交至站端；

3）跟踪现场检查结果及处理进度，做好相关记录和沟通汇报。

5. 运维处置要点

1）核对站端后台告警信息。

2）微机监控装置无显示，应先检查装置的电源空开是否正常投入，电压是否正常，若不正常应逐级向电源侧检查并处理。当电压正常，而装置仍无显示则通知检修人员处理。

3）微机监控装置显示异常，按复位键或拉合电源开关重新启动装置，仍显示异常则通知检修人员处理。

4）当微机监控装置故障跳闸时，若有备用监控装置，应及时启动备用监控装置代替故障监控装置运行，并及时调整好运行参数。无备用监控装置时，应将负荷转至正常充电装置，并通知检修人员尽快处理。

5）将设备处理情况及时汇报监控人员。

（十三）蓄电池组单只电压异常

1. 信号释义

蓄电池组单只电池电压不在正常范围内（低于 1.8V 或高于 2.5V）。

2. 信号产生原因

1）电池巡检接线出现松动；

2）电池电压采样保险损坏；

3）电池内部损坏，导致电池电压不均衡；

4）电池巡检与充电机的通信出现异常；

5）电池巡检损坏，无法正确采集电池电压。

3. 后果及危险点分析

若电池巡检出现问题，将无法正常采集电池电压，无法实时监测电池电压，影响对电池的运行维护；若电池内部损坏，可能造成电池容量不满足运行要求。蓄电池的运行维护不到位，会大大缩短电池寿命，电池电压过大存在安全隐患，若发生站用交流全停，电池容量不足以长时间支撑站用直流负荷的供电。

4. 监控处置要点

1）通知运维人员检查设备；

2）核实现场实际蓄电池电压情况；

3）跟踪现场检查结果及处理进度，做好相关记录和沟通汇报。

5. 运维处置要点

1）核对站端后台告警信息。

2）检查蓄电池巡检仪，确定电压异常的电池编号：单个蓄电池内阻与制造厂提供的内阻基准值偏差超过 10% 及以上的蓄电池应加强关注；对于内阻偏差值达到 20%~50%

的蓄电池，应通知检修人员进行活化修复；对于内阻偏差值超过 50% 及以上的蓄电池则应立即退出或更换这个蓄电池；如超标电池的数量达到总组的 20% 以上时，应更换整组蓄电池。

3）通知检修人员处理。

4）将设备处理情况及时上报监控员。

（十四）蓄电池组巡检仪故障

1. 信号释义

蓄电池组巡检仪出现故障，对应蓄电池的电池电压无法正常采集。

2. 信号产生原因

1）电池巡检仪无法与监控器正常通信；

2）电池巡检仪地址码设置有误；

3）电池巡检仪模块损坏；

4）电池巡检仪接线松动。

3. 后果及危险点分析

无法正常采集电池电压，影响电池的运行维护。无法实时监测电池电压，不能及时处理电池故障，降低电池运行寿命，影响电池组容量。

4. 监控处置要点

1）通知运维人员检查设备；

2）跟踪现场检查结果及处理进度，做好相关记录和沟通汇报。

5. 运维处置要点

1）核对站端后台告警信息；

2）检查蓄电池巡检仪运行状况；

3）通知检修人员处理；

4）将设备处理情况及时上报监控员。

（十五）一体化电源监控装置通信中断

1. 信号释义

一体化电源监控装置与后台机、远动、规约转换等装置通信中断。

2. 信号产生原因

1）一体化电源监控装置网线接口损坏或接触不良；

2）相应交换机故障。

3. 后果及危险点分析

一体化电源监控装置部分信号无法上送，影响监控员对一体化电源运行状态的监视。

4. 监控处置要点

1）按照异常处理流程处置，通知运维人员现场检查并向相应调度汇报；

2）待运维人员到达现场后，将相关监视职责移交站端。

5. 运维处置要点

1）核对站端后台告警信息；

2）现场检查装置告警信息及运行工况，通知检修人员处理；

3）及时向值班监控员汇报检查和处理结果。

（十六）一体化电源监控装置故障

1. 信号释义

体化电源监控装置软硬件损坏或由于装置断电导致无法正常工作。

2. 信号产生原因

1）UPS 装置电源插件故障；

2）UPS 装置交流输入回路故障；

3）UPS 装置交流输入电源熔断器熔断；

4）UPS 交流电源开关跳开。

3. 后果及危险点分析

UPS 无法正常逆变。

4. 监控处置要点

1）通知运维人员检查设备；

2）跟踪现场检查结果及处理进度，做好相关记录和沟通汇报。

5. 运维处置要点

1）核对站端后台告警信息；

2）现场确认装置故障信号，检查装置报文及指示灯，无法复归需通知检修人员现场检查、处理；

3）及时向值班监控员汇报检查和处理结果。

（十七）UPS 交流输入异常

1. 信号释义

UPS 装置交流电源输入出现异常。

2. 信号产生原因

1）UPS 装置电源插件故障；

2）UPS 装置交流输入回路故障；

3）UPS 装置交流输入电源熔断器熔断；

4）UPS 交流电源开关跳开。

3. 后果及危险点分析

UPS 无法正常逆变。

4. 监控处置要点

1）通知运维人员检查设备；

2）跟踪现场检查结果及处理进度，做好相关记录和沟通汇报。

5. 运维处置要点

1）核对站端后台告警信息；

2）检查 UPS 装置运行情况；

3）检查 UPS 装置交流电源空开是否跳开，若跳开可尝试手合一次，无法恢复时通知检修人员处理；

4）将设备处理情况及时上报监控员。

（十八）UPS 直流输入异常

1. 信号释义

UPS 装置直流输入出现异常。

2. 信号产生原因

1）UPS 装置电源插件故障；

2）UPS 装置直流输入回路故障；

3）UPS 装置直流输入电源熔断器熔断；

4）UPS 直流屏电源开关跳开。

3. 后果及危险点分析

UPS 失去直流电源。

4. 监控处置要点

1）通知运维人员检查设备；

2）若交流电源同时失去，应核实是否切换至旁路运行；

3）跟踪现场检查结果及处理进度，做好相关记录和沟通汇报。

5. 运维处置要点

1）核对站端后台告警信息；

2）检查 UPS 装置运行情况；

3）检查 UPS 装置直流电源空气开关是否跳开，断开逆变电源交流输出断路器，将直流输入断路器试合一次，试合成功则操作恢复负荷供电，若直流输入断路器跳开，不允许再次合闸，及时通知检修人员处理；

4）将设备处理情况及时上报监控员。

（十九）UPS 装置故障

1. 信号释义

UPS 装置软硬件损坏。

2. 信号产生原因

1）装置程序出错导致自检、巡检异常；

2）装置插件损坏。

3. 后果及危险点分析

失去不间断供电功能。

4. 监控处置要点

1）按照异常处理流程处置，通知运维人员现场检查；

2）跟踪现场检查结果及处理进度，做好相关记录和沟通汇报。

5. 运维处置要点

1）核对站端后台告警信息；

2）现场确认装置故障信号，检查装置报文及指示灯，无法复归需通知检修人员现场检查、处理；

3）单套逆变电源配置，手动合上旁路断路器，采用旁路方式恢复负荷供电；

4）双套逆变电源配置，在确认故障点并隔离后采用母联断路器恢复供电，如无法确认故障点，可用旁路断路器试送正常后，再断开旁路断路器，改由母联断路器供电；

5）及时向值班监控员汇报检查和处理结果。

（二十）通信 DC/DC 系统异常

1. 信号释义

通信 DC/DC 装置任一控制模块、通信模块、整流模块故障时发此信号。各整流模块、控制模块、通信模块控制开关辅助触点串联或并联后接入该信号回路。

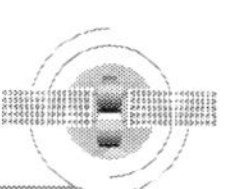

2. 信号产生原因

1）通信 DC/DC 装置控制模块、通信模块、整流模块故障；

2）通信 DC/DC 装置控制模块、通信模块、整流模块输入电源消失。

3. 后果及危险点分析

故障通信 DC/DC 装置控制模块、通信模块、整流模块故障退出运行，监控信号中断，冗余整流模块负载电流上升。通信 DC/DC 装置失去监控，如果冗余整流模块同时发生故障将造成通信设备失去一路电源，此电源供电的保护通道光电转换接口装置失电，对应的保护通道中断。

4. 监控处置要点

1）通知运维人员检查设备；

2）核实现场哪些装置受到影响，必要时汇报相关调度；

3）跟踪现场检查结果及处理进度，做好相关记录和沟通汇报。

5. 运维处置要点

1）核对站端后台告警信息；

2）检查现场直流空开跳闸情况；

3）联系检修人员处理；

4）汇报调度，申请停用受影响的保护及自动装置；

5）将设备处理情况及时汇报调度及监控人员。

（二十一）通信 DC/DC 输入空气开关动作

1. 信号释义

通信 DC/DC 装置直流输入空气开关跳闸，造成装置输入母线失压时发此信号。

2. 信号产生原因

1）二次回路由于异物、污秽、潮湿、小动物等原因引起的短路；

2）人为误碰、震动等原因引起的空气开关跳闸；

3）空气开关老化严重及产品质量等原因导致空气开关跳闸；

4）过电压、内部故障、系统接地等原因造成空气开关跳闸。

3. 后果及危险点分析

造成通信 DC/DC 装置失电，通信设备失去一路电源，此电源供电的保护通道光电转换接口装置失电，对应的保护通道中断。如另一套通信 DC/DC 装置同时失电，将出现站内通信全停，保护通道全部中断的风险。

4. 监控处置要点

1）通知运维人员检查设备；

2）核实现场哪些装置受到影响，必要时汇报相关调度；

3）跟踪现场检查结果及处理进度，做好相关记录和沟通汇报。

5. 运维处置要点

1）核对站端后台告警信息；

2）检查现场直流空开跳闸情况；

3）联系检修人员处理；

4）汇报调度，申请停用受影响的保护及自动装置；

5）将设备处理情况及时汇报调度及监控人员。

（二十二）通信 DC/DC 输出空气开关动作

1. 信号释义

通信 DC/DC 装置直流输出至母线空气开关跳闸，造成装置输出母线失压时发此信号。

2. 信号产生原因

造成通信设备失去一路电源，此电源供电的保护通道光电转换接口装置失电，对应的保护通道中断。如另一套通信 DC/DC 装置输出至母线空气开关跳闸，将出现站内通信全停，保护通道全部中断的风险。

3. 后果及危险点分析

造成通信设备失去一路电源，此电源供电的保护通道光电转换接口装置失电，对应的保护通道中断。如另一套通信 DC/DC 装置输出至母线空气开关跳闸，将出现站内通信全停，保护通道全部中断的风险。

4. 监控处置要点

1）通知运维人员检查设备；

2）核实现场哪些装置受到影响，必要时汇报相关调度；

3）跟踪现场检查结果及处理进度，做好相关记录和沟通汇报。

5. 运维处置要点

1）核对站端后台告警信息；

2）检查现场直流空开跳闸情况；

3）联系检修人员处理；

4）汇报调度，申请停用受影响的保护及自动装置；

5）将设备处理情况及时汇报调度及监控人员。

第十八节　短引线保护

在桥、角、3/2 主接线方式下，当两个断路器之间所接元件（线路或变压器）退出或检修时（出线刀闸断开），为保证供电的可靠性，需要该串恢复环网运行，自出线刀闸到边开关和中开关之间的部分成为保护死区。为此，通过新增电流差动保护（该保护引入这两个断路器的 TA 信号作为差动信号），来识别并切除这一段连线上的故障，该保护即短引线保护。保护装置的出口正电源由线路隔离刀闸的辅助触点（或屏上压板）与装置的启动元件共同开放，使保护的安全性得以提高。

一、事故类信号

1. 信号释义

当保护装置出口并触发跳闸信号保持继电器动作后发出，一般还会伴有断路器变位事项和相应信号。

2. 信号产生原因

短引线范围内（出线隔离刀闸到边开关和中开关之间的部分）发生故障。

3. 后果及危险点分析

断路器跳闸。

4. 监控处置要点

1）整理保护装置的告警信息，检查相应线路断路器的分合位置以及电流值，确认短引线跳闸情况；

2）整理故障的告警信息，记录变电站名称、准确的时间节点、跳闸断路器的编号、保护动作的信息以及负荷的损失情况，及时上报调度，通知相应运维班的人员检查现场一、二次设备情况；

3）实时跟踪现场工作人员的检查结果以及反馈的处理进度，根据现场情况做好相关记录，并且与相关人员进行沟通汇报；

4）通知调度，并根据指示做好事故处理。

5. 运维处置要点

1）到达现场，检查相关线路保护装置动作信息以及运行情况，检查故障录波器动作情况；

2）检查断路器的实际分合位置；

3）确认设备的运行以及失电的情况；

4）检查短引线保护范围内站内一、二次设备的运行情况，是否有异常工况；

5）根据现场的检查结果，立即通知专业的人员进行解决相关问题；

6）将现场的检查结果以及事故处理的进度，及时汇报相关调度和监控的值班人员；

7）配合调度和监控做好事故处理。

二、告警类信号

（一）装置闭锁

1. 信号释义

保护装置功能失去，此时保护装置完全退出运行，不会误动。

2. 信号产生原因

当保护装置失电或装置检测到装置本身硬件故障如“存储器出错、程序出错、定值出错、该区定值无效、CPU 电流异常、CPU 电压异常、DSP 电流异常、DSP 电压异常、跳合出口异常、定值校验出错、光耦电源异常、主电源异常”等异常。

3. 后果及危险点分析

1）若出线刀闸已断开且保护为单套配置时，短引线范围内发生故障时，无法能够以较短的时限切除故障，而由其他元件的后备保护动作来切除故障，延长了故障的切除时间，并且扩大了故障范围，直接影响到电力系统的稳定运行；

2）若出线刀闸已合上，即两个断路器之间所接元件（线路或变压器）恢复运行时，不影响安全运行。

4. 监控处置要点

1）立即通知运维人员检查，并汇报调度；

2）具备条件的保护装置宜尝试远方复归操作，将复归结果汇报相应调度并通知运维人员；

3）在确认另一套保护运行正常情况下短引线可以继续运行，若只有单套保护运行情况下出现此信号，则应做好该保护拒动的预想，并汇报调度，做好短引线停役的操作准备，或根据调度指令要求，采取其他临时保护措施；

4）出线刀闸合上或保护屏上投保护压板解除时，短引线保护自动退出，运行中若出现装置闭锁信号，仍应要求运维人员通知专业维护人员进站检查处理；

5）做好接收调度指令准备；

6）跟踪现场检查结果及处理进度，做好相关记录，汇报调度。

5. 运维处置要点

1）检查监控后台异常信号；

2）现场确认保护装置异常信号，检查装置报文及指示灯，无法复归需通知检修人员现场检查、处理；

3）配合调度和监控做好停役操作的准备。

（二）装置异常

1. 信号释义

装置自检、巡检发生错误，不闭锁保护，但部分保护功能可能会受到影响，一般伴随有其他告警信号。

2. 信号产生原因

1）电流互感器断线；

2）内部通信出错；

3）CPU 检测到长期启动等。

3. 后果及危险点分析

保护装置部分功能不可用，造成保护误动或拒动。

4. 监控处置要点

1）立即通知运维人员检查，并汇报调度；

2）具备条件的保护装置宜尝试远方复归操作，将复归结果汇报相应调度并通知运维人员；

3）核实哪些保护受到影响，是否有需要退出的保护及停役的设备，并向调度申请；

4）做好接收调度指令准备；

5）跟踪现场检查结果及处理进度，做好相关记录，汇报调度。

5. 运维处置要点

1）检查监控后台异常信号；

2）现场确认保护装置异常信号，检查装置报文及指示灯，无法复归需通知检修人员现场检查、处理；

3）配合调度和监控做好操作的准备。

（三）TA 断线

1. 信号释义

保护装置检测到电流互感器二次回路开路或采样值异常等原因时，发电流互感器断线信号。

2. 信号产生原因

1）保护装置采样插件损坏；

2）电流互感器二次接线松动；

3）电流互感器损坏。

3. 后果及危险点分析

闭锁保护装置出口。

4. 监控处置要点

1）立即通知运维人员检查，并汇报调度；

2）具备条件的保护装置宜尝试远方复归操作，将复归结果汇报相应调度并通知运维人员；

3）在确认另一套保护运行正常情况下短引线可以继续运行，若只有单套保护运行情况下出现此信号，则应做好该保护拒动的预想，并汇报调度，做好短引线停役的操作准备，或根据调度指令要求，采取其他临时保护措施；

4）出线刀闸合上或保护屏上投保护压板解除时，短引线保护自动退出，运行中若出现装置闭锁信号，仍应要求运维人员通知专业维护人员进站检查处理；

5）做好接收调度指令准备；

6）跟踪现场检查结果及处理进度，做好相关记录，汇报调度。

5. 运维处置要点

1）检查监控后台异常信号；

2）现场确认保护装置异常信号，检查装置报文及指示灯，无法复归需通知检修人员现场检查、处理；

3）检查 TA 二次回路接线情况；

4）配合调度和监控做好停役操作的准备。

（四）光耦电源异常

1. 信号释义

保护装置的直流 24V 或 220V 光耦电源失去。

2. 信号产生原因

1）直流空开故障跳开或保护装置的板卡故障；

2）光耦电源二次接线松动。

3. 后果及危险点分析

当线路处于停复役操作过程中时，可能导致线路失去过电压保护功能。当线路处于运行中时（两侧变电站断路器在合位），不影响线路的正常运行，但仍需尽快处置。

4. 监控处置要点

1）立即通知运维人员检查，并汇报调度；

2）具备条件的保护装置宜尝试远方复归操作，将复归结果汇报相应调度并通知运维人员；

3）在确认另一套保护运行正常情况下短引线可以继续运行，若只有单套保护运行情况下出现此信号，则应做好该保护拒动的预想，并汇报调度，做好短引线停役的操作准备，或根据调度指令要求，采取其他临时保护措施；

4）出线刀闸合上或保护屏上投保护压板解除时，短引线保护自动退出，运行中若出现装置闭锁信号，仍应要求运维人员通知专业维护人员进站检查处理；

5）做好接收调度指令准备；

6）跟踪现场检查结果及处理进度，做好相关记录，汇报调度。

5. 运维处置要点

1）检查监控后台异常信号；

2）现场确认保护装置异常信号，检查保护装置的电源是否正常及指示灯，检查保护装置光耦开入板卡的电源是否接好，无法复归需通知检修人员现场检查、处理；

3）配合调度和监控做好停役操作的准备。

第十九节　过电压保护

部分500kV输电线路距离较长，在特定条件下，如果线路末端为空载，由于容升效应会造成的线路末端产生工频过电压，并且末端电压高出首端电压，可能导致输变电设备的绝缘受到破坏。本侧线路过电压动作后并不能解决线路过电压问题，需要发远方跳闸命令使对侧跳闸才能避免过电压。因此线路需配置过电压及远方跳闸装置来完成线路过电压保护及远跳功能。500kV线路过电压保护按照系统专业提供的过电压动作值设定，一般为1.3U_N。过电压保护判别本侧线路三相均过电压及本侧断路器处跳闸位置，延时0.3s经线路保护远传不经就地判据跳开对侧断路器，不跳本侧断路器。500kV线路过电压保护与同屏柜的线路纵联保护同时投入或退出。

一、事故类信号

1. 信号释义

过电压启动远跳：线路本侧过电压保护元件动作，启动线路保护远传跳开对侧变电站断路器，一般还会伴有对侧变电站断路器变位事项。

2. 信号产生原因

线路本侧过电压。

3. 后果及危险点分析

使对侧变电站相关断路器跳闸，本侧设备遭受过电压冲击可能导致损坏。

4. 监控处置要点

1）整理相关保护装置的告警信息，检查相应断路器的遥信位置；

2）整理故障的告警信息，记录变电站名称、准确的时间节点、跳闸断路器的编号、保护动作的信息以及负荷的损失情况，及时汇报调度；

3）通知两侧变电站或运维班的人员检查现场一、二次设备情况；

4）实时跟踪现场工作人员的检查结果以及反馈的处理进度，根据现场情况做好相关记录，并且与相关人员进行沟通汇报；

5）汇报调度，并根据指示做好事故处理。

5. 运维处置要点

1）到达现场，检查相关保护装置动作信息以及运行情况，检查故障录波器动作情况；

2）检查断路器的实际分合位置；

3）确认设备的运行以及失电的情况；

4）根据告警信息检查站内保护范围内一、二次设备的运行情况，是否有异常工况；

5）根据现场的检查结果，立即通知专业的人员进行解决相关问题；

6）将现场的检查结果以及事故处理的进度，及时汇报相关调度和监控的值班人员；

7）配合调度和监控做好事故处理。

二、告警类信号

（一）装置闭锁

1. 信号释义

保护装置功能失去，此时保护装置完全退出运行，不会误动。

2. 信号产生原因

当保护装置失电或装置检测到装置本身硬件故障如“存储器出错、程序出错、定值出错、该区定值无效、CPU 电流异常、CPU 电压异常、DSP 电流异常、DSP 电压异常、跳合出口异常、定值校验出错、光耦电源异常、主电源异常”等异常。

3. 后果及危险点分析

1）当线路处于停复役操作过程中时，可能导致线路失去过电压保护功能；

2）当线路处于运行中时（两侧变电站断路器在合位），不影响线路的正常运行，但仍需尽快处置。

4. 处置原则

立即通知运维人员检查，做好该保护拒动的预想，并汇报调度，必要时申请将线路停役，并要求运维人员通知专业维护人员进站检查处理。

（二）装置异常

1. 信号释义

表明保护装置检测到异常，部分保护功能被退出。

2. 信号产生原因

当保护装置失电或装置检测到装置本身硬件故障如“存储器出错、程序出错、定值出错、该区定值无效、CPU 电流异常、CPU 电压异常、DSP 电流异常、DSP 电压异常、跳合出口异常、定值校验出错、光耦电源异常、主电源异常”等异常。

3. 后果及危险点分析

1）当线路处于停复役操作过程中时，可能导致线路失去过电压保护功能；

2）当线路处于运行中时（两侧变电站断路器在合位），不影响线路的正常运行，但仍需尽快处置。

4. 监控处置要点

1）立即通知运维人员检查，并汇报调度；

2）具备条件的保护装置宜尝试远方复归操作，将复归结果汇报相应调度并通知运维人员；

3）检查另一套保护运行情况；

4）做好接收调度指令准备；

5）跟踪现场检查结果及处理进度，做好相关记录，汇报调度。

5. 运维处置要点

1）检查监控后台异常信号；

2）现场确认保护装置异常信号，检查装置报文及指示灯，无法复归需通知检修人员现场检查、处理；

3）配合调度和监控做好停役操作的准备。

（三）TV 断线

1. 信号释义

装置检测到某一侧电压消失或三相电压消失。

2. 信号产生原因

当装置检测到“保护不启动情况下因 TV 电压不对称断线引起三相电压向量和大于 12V”时或因 TV 三相失压引起正序电压小于 33V 且“开关 TWJ 不动作或任一相 I_{Φ}>0.06I_{N}”时发出“TV 断线”。

3. 后果及危险点分析

1）当线路处于停复役操作过程中时，可能导致线路失去过电压保护功能；

2）当线路处于运行中时（两侧变电站断路器在合位），不影响线路的正常运行，但仍需尽快处置。

4. 监控处置要点

1）立即通知运维人员检查，并汇报调度；

2）具备条件的保护装置宜尝试远方复归操作，将复归结果汇报相应调度并通知运维人员；

3）检查另一套保护运行情况；

4）做好接收调度指令准备；

5）跟踪现场检查结果及处理进度，做好相关记录，汇报调度。

5. 运维处置要点

1）检查监控后台异常信号；

2）现场确认保护装置异常信号，检查装置报文及指示灯，无法复归需通知检修人员现场检查、处理；

3）检查 TV 二次回路接线情况；

4）配合调度和监控做好停役操作的准备。

（四）TWJ 异常告警

1. 信号释义

装置检测到某一侧电压消失或三相电压消失。

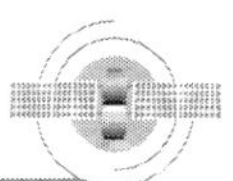

2. 信号产生原因

断路器辅助触点误导通或 TWJ 故障。

3. 后果及危险点分析

过电压保护功能不会闭锁，若装置“远跳经跳位闭锁”控制字投入，会影响部分情况下保护的判别。

4. 监控处置要点

1）立即通知运维人员检查，并汇报调度；

2）具备条件的保护装置宜尝试远方复归操作，将复归结果汇报相应调度并通知运维人员；

3）检查另一套保护运行情况；

4）做好接收调度指令准备；

5）跟踪现场检查结果及处理进度，做好相关记录，汇报调度。

5. 运维处置要点

1）检查监控后台异常信号；

2）现场确认保护装置异常信号，检查装置报文及指示灯，无法复归需通知检修人员现场检查、处理；

3）检查操作箱的指示灯以及二次回路是否有无明显异常；

4）配合调度和监控做好停役操作的准备。

（五）光耦电源异常

1. 信号释义

保护装置的直流 24V 或 220V 光耦电源失去。

2. 信号产生原因

1）直流空气开关故障跳开或保护装置的板卡故障；

2）光耦电源二次接线松动。

3. 后果及危险点分析

1）当线路处于停复役操作过程中时，可能导致线路失去过电压保护功能；

2）当线路处于运行中时（两侧变电站断路器在合位），不影响线路的正常运行，但仍需尽快处置。

4. 监控处置要点

1）立即通知运维人员检查，并汇报调度；

2）具备条件的保护装置宜尝试远方复归操作，将复归结果汇报相应调度并通知运维

人员；

3）检查另一套保护运行情况；

4）做好接收调度指令准备；

5）跟踪现场检查结果及处理进度，做好相关记录，汇报调度。

5. 运维处置要点

1）检查监控后台异常信号；

2）现场确认保护装置异常信号，检查保护装置的电源是否正常及指示灯，检查保护装置光耦开入板卡的电源是否接好，无法复归需通知检修人员现场检查、处理；

3）配合调度和监控做好停役操作的准备。

第二十节　无功补偿自动投切装置

500kV 变电站装设的低压并联电抗器和电容器自动投切装置，根据主变压器 500kV 侧电压实现电容电抗自动投切。无功补偿自动投切装置同时引入主变压器 500kV 侧 TV 的两组线圈的三相相电压（U_{a1}、U_{b1}、U_{c1}、U_{a2}、U_{b2}、U_{c2}），装置通过计算形成线电压（U_{1ab}、U_{1bc}、U_{1ca}、U_{2ab}、U_{2bc}、U_{2ca}），根据运行电压的要求具备瞬时切电抗、延时切电抗投电容和延时切电容投电抗功能，同时装置具有自动判别 TV 断线逻辑。

一、事故类信号

（一）瞬时切电抗

1. 信号释义

表示装置“瞬时切低抗”保护动作，电抗器切除。

2. 信号产生原因

当两组线圈最大线电压小于“瞬时切电抗电压定值”时，切除电抗。

3. 后果及危险点分析

该主变压器的低压侧电抗器被切除。

4. 监控处置要点

1）整理故障的告警信息，记录变电站名称、准确的时间节点、跳闸断路器的编号、保护动作的信息，及时汇报调度，通知相应变电站或运维班的人员检查现场一、二次设备情况；

2）检查该变电站的500kV电压情况；

3）检查相应断路器的遥信位置以及电流值，确认断路器跳闸情况；

4）实时跟踪现场工作人员的检查结果以及反馈的处理进度，根据现场情况做好相关记录，并且与相关人员进行沟通汇报；

5）汇报调度，并根据指示做好事故处理。

5. 运维处置要点

1）到达现场，检查相关保护装置动作信息以及运行情况；

2）检查该变电站的500kV电压情况；

3）检查断路器的实际分合位置；

4）检查站内一、二次设备的运行情况，是否有异常工况；

5）根据现场的检查结果，立即通知专业的人员进行解决相关问题；

6）将现场的检查结果以及事故处理的进度，及时汇报相关调度和监控的值班人员；

7）配合调度和监控做好事故处理。

（二）切电抗投电容

1. 信号释义

表示装置“延时切低抗投电容”保护动作，电抗器切除，电容器投入。

2. 信号产生原因

当两组线圈的最大线电压小于“切电抗投电容电压定值”时，延时“切电抗时间定值”切除电抗，同时延时“投电容时间定值”投入电容。

3. 后果及危险点分析

该主变压器的低压侧电抗器被切除，电容器投入。

4. 监控处置要点

1）整理故障的告警信息，记录变电站名称、准确的时间节点、跳闸断路器的编号、保护动作的信息，及时汇报调度，通知相应变电站或运维班的人员检查现场一、二次设备情况；

2）检查该变电站的500kV电压情况；

3）检查相应断路器的遥信位置以及电流值，确认断路器跳闸情况；

4）实时跟踪现场工作人员的检查结果以及反馈的处理进度，根据现场情况做好相关记录，并且与相关人员进行沟通汇报；

5）汇报调度，并根据指示做好事故处理。

5. 运维处置要点

1）到达现场，检查相关保护装置动作信息以及运行情况；

2）检查该变电站的 500kV 电压情况；

3）检查断路器的实际分合位置；

4）检查站内一、二次设备的运行情况，是否有异常工况；

5）根据现场的检查结果，立即通知专业的人员进行解决相关问题；

6）将现场的检查结果以及事故处理的进度，及时汇报相关调度和监控的值班人员；

7）配合调度和监控做好事故处理。

（三）切电容投电抗

1. 信号释义

表示装置“延时切电容投低抗”保护动作，电容器切除，电抗器投入。

2. 信号产生原因

当两组线圈的最小线电压大于“切电容投电抗电压定值”时，延时“切电容时间定值”切除电容，同时延时“投电抗时间定值”投入电抗。

3. 后果及危险点分析

该主变压器的低压侧电容器被切除，电抗器投入。

4. 监控处置要点

1）整理故障的告警信息，记录变电站名称、准确的时间节点、跳闸断路器的编号、保护动作的信息，及时汇报调度，通知相应变电站或运维班的人员检查现场一、二次设备情况；

2）检查该变电站的 500kV 电压情况；

3）检查相应断路器的遥信位置以及电流值，确认断路器跳闸情况；

4）实时跟踪现场工作人员的检查结果以及反馈的处理进度，根据现场情况做好相关记录，并且与相关人员进行沟通汇报；

5）汇报调度，并根据指示做好事故处理。

5. 运维处置要点

1）到达现场，检查相关保护装置动作信息以及运行情况；

2）检查该变电站的 500kV 电压情况；

3）检查断路器的实际分合位置；

4）检查站内一、二次设备的运行情况，是否有异常工况；

5）根据现场的检查结果，立即通知专业的人员进行解决相关问题；

6）将现场的检查结果以及事故处理的进度，及时汇报相关调度和监控的值班人员；

7）配合调度和监控做好事故处理。

二、告警类信号

（一）TV 断线

1. 信号释义

表示接入保护装置的电压存在异常情况。

2. 信号产生原因

1）当两组线圈的任一相电压幅值差大于 $0.25U_N$ 时，装置经设定的延时后判 TV 断线；

2）任一组线圈的负序电压 $U_2 > 8V$，装置经设定的延时后判 TV 断线。

3. 后果及危险点分析

装置的部分保护功能可能失去。

4. 监控处置要点

1）立即通知运维人员检查，并汇报调度；

2）具备条件的保护装置宜尝试远方复归操作，将复归结果汇报相应调度并通知运维人员；

3）核实哪些保护受到影响，是否有需要退出的保护及停役的设备，并向调度申请；

4）做好接收调度指令准备；

5）跟踪现场检查结果及处理进度，做好相关记录，汇报调度。

5. 运维处置要点

1）检查监控后台异常信号；

2）现场确认保护装置异常信号，检查装置报文及指示灯，无法复归需通知检修人员现场检查、处理；

3）配合调度和监控做好操作的准备。

（二）电压空气开关跳开

1. 信号释义

空气开关跳开。

2. 信号产生原因

TV 二次电压空气开关跳开。

3. 后果及危险点分析

装置的部分保护功能可能失去。

4. 监控处置要点

1）立即通知运维人员检查，并汇报调度；

2）具备条件的保护装置宜尝试远方复归操作，将复归结果汇报相应调度并通知运维人员；

3）核实哪些保护受到影响，是否有需要退出的保护及停役的设备，并向调度申请；

4）做好接收调度指令准备；

5）跟踪现场检查结果及处理进度，做好相关记录，汇报调度。

5. 运维处置要点

1）检查监控后台异常信号；

2）现场确认保护装置异常信号，检查装置报文、指示灯及空气开关情况，无法复归需通知检修人员现场检查、处理；

3）配合调度和监控做好操作的准备。

第三章 辅助设备典型信号辨识及处置

第一节　安防设备

变电站安防系统一般由站内围墙、大门、电子围栏、红外对射、主控楼防盗系统、视频监控系统等组成。

（一）安全防范装置故障

1. 信号释义

监视安全防范装置运行状态，安全防范装置故障或失电后发出该信息。

2. 信号产生原因

1）安全防范装置内部故障或异常；

2）安全防范装置总电源跳闸、失电。

3. 后果及危险点分析

无法正常布防，可能导致失去安防告警，对站内设备及人员安全产生威胁。

4. 监控处置要点

1）通知运维人员到站检查；

2）与运维人员核实现场检查情况，必要时将安防监控职责移交至站端；

3）跟踪现场检查结果及处理进度，做好相关记录和沟通汇报。

5. 运维处置要点

1）核对站端后台告警信息。

2）现场检查安全防范装置电源及运行情况。

3）脉冲电子围栏常见故障及处理方法：

a）主机死机或无法正常布防、撤防或无任何显示：应检查主机电源是否正常，回路是否断线松动，主机是否损坏，尝试重启装置，若问题仍无法解决，应尽快联系厂家处理。

b）声光告警器故障：尽快通知厂家带备品进站更换维修。

c）金属导线松脱、支撑杆倾斜：可暂时将脉冲电子围栏关闭，在确认金属导线已无电后，对导线或支撑杆进行重新紧固、固定。

d）金属导线断裂、支撑杆折断：应查明是人为原因或本身老化引起的，并尽快联系厂家带备品进站更换修复。

e）绝缘子、避雷器破损：尽快通知厂家带备品进站更换维修。

f）就地控制装置故障、漏电、短路：切断装置电源，将相应防区撤防，并尽快通知厂家处理。

g）若脉冲电子围栏因故无法及时恢复正常时，当班运维人员或保安人员应每日加强对于故障防区的巡视检查频次。

4）脉冲电子围栏常见故障及处理方法：

a）主机死机或无法正常布防、撤防：尝试重启装置，若问题仍无法解决，应尽快联系厂家处理。

b）探头故障、破损：尽快通知厂家带备品进站更换维修。

c）无法正常告警：应检查是否电源消失，若为电源消失，应检查原因尽快恢复；应检查是否报警回路或探头故障，并尽快通知厂家进站处理。

d）若红外对射装置因故无法及时恢复正常时，当班运维人员或保安人员应每日加强对于故障的红外对射装置的监视区域的巡视检查频次。

5）将现场检查结果及处理进度，及时汇报监控人员。

6）配合监控做好后续处理。

（二）安全防范总告警

1. 信号释义

安全防范装置监测到有入侵情况时发出该信号。

2. 信号产生原因

1）有可疑人员或小动物入侵变电站；

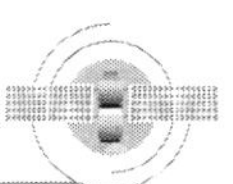

2）因异物搭接引起。

3. 后果及危险点分析

非法入侵，对站内设备及人员安全产生威胁。

4. 监控处置要点

1）通知运维人员到站检查；

2）与运维人员核实现场检查情况；

3）跟踪现场检查结果及处理进度，做好相关记录和沟通汇报。

5. 运维处置要点

1）核对站端后台告警信息；

2）检查是否有树枝等异物误碰或者有人为翻入围墙的情况；

3）检查相应防区安全防范探测器有无异常情况；

4）若为人员入侵造成的报警，核查是否有财产损失，同时汇报上级管理部门；

5）若无人员入侵，根据控制箱显示的防区，检查电子围栏有无断线、异物搭挂，按“消音”键中止警报声；

6）若是围栏断线造成的报警，断开电子围栏电源，将断线处重新接好，调整围栏线松紧度，再合上电子围栏电源；

7）若为异物造成的告警，清除异物，恢复正常；

8）若检查无异常，确认是误发信号，又无法恢复正常，联系专业人员处理；

9）将现场检查结果及处理进度，及时汇报监控人员。

第二节　消防设备

变电站的消防设施由火灾自动报警系统、主变固定灭火系统、消防水系统、消防器材等组成。常见的主变固定灭火系统包括排油注氮灭火系统、水喷雾灭火系统、泡沫喷雾灭火系统等。

一、火灾自动报警系统

（一）消防装置故障

1. 信号释义

消防火灾告警装置或者火灾探测器、火灾显示盘、输入输出模块等外控设备出现故障，发出告警信息。

2. 信号产生原因

1）主、备电源故障；

2）装置板件损坏；

3）火灾探测器、输入输出模块、火灾显示盘等外控设备故障。

3. 后果及危险点分析

无法正常发出火灾报警信号，站内火灾情况失去监视。

4. 监控处置要点

1）通知运维人员到站检查；

2）将消防火灾监控职责移交至站端；

3）跟踪现场检查结果及处理进度，做好相关记录和沟通汇报。

5. 运维处置要点

1）核对站端后台告警信息。

2）检查现场装置故障情况。

3）当报主电故障时，应确认是否发生主电停电，否则检查主电源的接线是否发生断路、熔断器是否发生熔断备用电源是否已切换。主电断电情况下，备电可以连续供电 8h。

4）当报备电故障时，应检查备用电池的连接接线；当备用电池连续工作时间超过 8h 后，也可能因电压过低而报备电故障。

5）若系统发生异常的声音、光指示、气味等情况时，应立即关闭电源，并尽快通知安装单位或厂家处理。

6）将现场检查处理情况及时汇报监控人员。

（二）消防火灾总告警

1. 信号释义

站内消防探测器、感温电缆、光栅光纤感温设备、吸气式感烟设备、手动报警模块等消防报警设备因感受到烟雾、高温或者人工手动触发火灾总告警信号。

2. 信号产生原因

1）站内发生火灾；

2）消防探头等探测设备损坏导致误发；

3）室内动火作业未做防烟措施。

3. 后果及危险点分析

发生火灾，危害站内人身及设备安全。

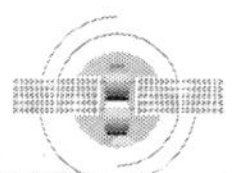

4. 监控处置要点

1）通知运维人员到站检查；

2）若现场无法手动复归，应将消防火灾监控职责移交至站端；

3）跟踪现场检查结果及处理进度，做好相关记录和沟通汇报。

5. 运维处置要点

1）核对站端后台告警信息。

2）首先应按“消音”键中止警报声，然后根据控制器的故障信息或打印出的故障点码查找出对应的火情部分，立即派人到现场确认是否有火情发生，若确认有火情发生，应根据情况采取灭火措施。必要时，拨打 119 报警。

3）检查对应部位并无火情存在，且按下“复位”键后不再报警，可判断为误报警，加强对火灾报警装置的巡视检查；若按下“复位”键，仍多次重复报信号，可判断为该地址码相应回路或装置故障，应将其屏蔽，及时维修，若因特殊原因不能及时排除的故障，应联系厂家处理。

4）将现场检查处理情况及时汇报监控人员。

二、排油注氮装置

（一）排油注氮装置探测器火灾告警

1. 信号释义

变压器发生火灾或者变压器顶部温度过高，超过火灾探测器的动作温度限值后导致探测器动作，发出火灾报警。主变压器探测器应分为独立的两路，分别为 1 号报警探测器，2 号报警探测器。

2. 信号产生原因

1）火灾探测器接线盒内元器件故障、探测器损坏或者因凝露渗水等原因造成接线短路，误发报警；

2）变压器发生火灾，探测器正确动作。

3. 后果及危险点分析

发生火灾，危害站内人身及设备安全。

4. 监控处置要点

1）通知运维人员到站检查；

2）若现场无法手动复归，应将相应消防火灾监控职责移交至站端；

3）跟踪现场检查结果及处理进度，做好相关记录和沟通汇报。

5. 运维处置要点

1）核对站端后台告警信息；

2）检查现场是否有火灾情况；

3）如无火情，通知专业人员到站处理；

4）将现场检查处理情况及时汇报监控人员。

（二）排油注氮装置故障

1. 信号释义

变压器排油注氮装置失电或故障，发出报警信号。

2. 信号产生原因

1）装置组部件故障；

2）装置失去电源。

3. 后果及危险点分析

排油注氮系统无法正常启动，变压器发生火灾时，无法及时动作灭火。

4. 监控处置要点

1）通知运维人员到站检查；

2）核实现场检查结果；

3）跟踪现场检查结果及处理进度，做好相关记录和沟通汇报。

5. 运维处置要点

1）核对站端后台告警信息；

2）检查现场装置故障情况；

3）通知专业人员到站处理；

4）将现场检查处理情况及时汇报监控人员。

（三）排油注氮装置失电

1. 信号释义

排油注氮装置失去电源，发出报警信号。

2. 信号产生原因

1）装置电源或上级电源失去；

2）装置电源件出现故障。

3. 后果及危险点分析

排油注氮系统无法正常启动，变压器发生火灾时，无法及时动作灭火。

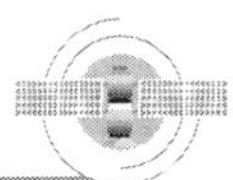

4. 监控处置要点

1）通知运维人员到站检查；

2）核实现场检查结果；

3）跟踪现场检查结果及处理进度，做好相关记录和沟通汇报。

5. 运维处置要点

1）核对站端后台告警信息；

2）检查现场装置电源情况；

3）通知专业人员到站处理；

4）将现场检查处理情况及时汇报监控人员。

（四）氮气瓶压力低告警

1. 信号释义

氮气瓶压力表示数下降至下限值触发告警。

2. 信号产生原因

1）电触点压力表故障误报警；

2）氮气瓶因漏气导致氮气不足；

3）环境温度下降引起压力变化。

3. 后果及危险点分析

氮气瓶压力不足，动作注氮时动力源不足影响灭火效能。变压器着火后不能有效灭火，可能造成设备严重损坏。

4. 监控处置要点

1）通知运维人员到站检查；

2）核实现场实际压力；

3）跟踪现场检查结果及处理进度，做好相关记录和沟通汇报。

5. 运维处置要点

1）核对站端后台告警信息；

2）检查现场氮气实际压力值；

3）通知专业人员到站处理；

4）加强监视压力变化趋势；

5）将现场检查处理情况及时汇报监控人员。

（五）节流阀关闭

1. 信号释义

排油注氮系统节流阀关闭动作反馈。节流阀装设在主变压器储油柜与本体气体继电器之间，当排油注氮系统动作后，节流阀应关闭保证储油柜内的油不在流入变压器。正常运行时节流阀应在打开状态。

2. 信号产生原因

1）变压器发生火灾，系统启动消防；

2）节流阀接线盒因凝露渗水等原因导致接线柱短接，误发报警；

3）信号线缆线芯绝缘不良导致误发。

3. 后果及危险点分析

节流阀关闭，阻隔储油柜补油。如果节流阀非消防启动关闭，会切断补油通路，变压器有跳闸风险。

4. 监控处置要点

1）通知运维人员到站检查；

2）核实排油注氮系统有无动作信号，主变压器有无火情；

3）核实节流阀实际状态；

4）跟踪现场检查结果及处理进度，做好相关记录和沟通汇报。

5. 运维处置要点

1）核对站端后台告警信息；

2）检查现场是否有火情；

3）检查节流阀实际状态；

4）通知专业人员到站处理；

5）将现场检查处理情况及时汇报监控人员。

（六）注氮阀开启

1. 信号释义

排油注氮系统注氮阀打开状态反馈。在排油注氮系统动作后经延时开启注氮阀。

2. 信号产生原因

1）变压器发生火灾，系统满足自动启动条件；

2）装置误动作。

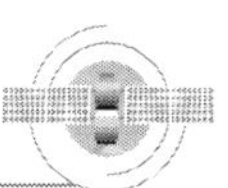

3. 后果及危险点分析

注氮阀打开，从变压器底部注入氮气。如果是误动作，会造成变压器跳闸。

4. 监控处置要点

1）通知运维人员到站检查；

2）核实现场是否有火情；

3）核实注氮阀实际状态；

4）跟踪现场检查结果及处理进度，做好相关记录和沟通汇报。

5. 运维处置要点

1）核对站端后台告警信息；

2）检查现场是否有火情；

3）检查注氮阀实际状态；

4）通知专业人员到站处理；

5）将现场检查处理情况及时汇报监控人员。

（七）排油阀开启

1. 信号释义

排油注氮系统排油阀打开状态反馈。在排油注氮系统动作后开启排油阀排油。

2. 信号产生原因

1）变压器发生火灾，系统满足自动启动条件；

2）装置误动作。

3. 后果及危险点分析

排油阀打开，变压器排油。如果是误动作，会造成变压器故障跳闸。

4. 监控处置要点

1）通知运维人员到站检查；

2）核实现场是否有火情；

3）核实排油阀实际状态；

4）跟踪现场检查结果及处理进度，做好相关记录和沟通汇报。

5. 运维处置要点

1）核对站端后台告警信息；

2）检查现场是否有火情；

3）检查排油阀实际状态；

4）通知专业人员到站处理；

5）将现场检查处理情况及时汇报监控人员。

（八）排油阀漏油报警

1. 信号释义

排油注氮系统排油阀漏油反馈。

2. 信号产生原因

排油阀密封不严，发生渗漏油情况。

3. 后果及危险点分析

造成变压器油持续渗漏，如果排油阀渗漏严重，造成储油柜油位下降危及变压器运行。

4. 监控处置要点

1）通知运维人员到站检查；

2）核实现场实际情况；

3）加强对变压器油温、油位信号的监视；

4）跟踪现场检查结果及处理进度，做好相关记录和沟通汇报。

5. 运维处置要点

1）核对站端后台告警信息；

2）检查变压器排油阀是否有漏油；

3）检查变压器本体油位是否异常；

4）通知专业人员到站处理；

5）加强对变压器运行监视；

6）将现场检查处理情况及时汇报调度。

三、泡沫喷雾装置

（一）泡沫喷雾系统运行状态（手动 / 自动）

1. 信号释义

泡沫喷雾灭火系统的运行状态显示，当置于自动状态时满足启动条件后会自动启动灭火，当置于手动状态时，需要人工触发后才能启动灭火。正常情况下，系统运行时应置于自动状态，当主变压器检修或者设备故障的时应按照运行规程将系统置于手动状态。

2. 信号产生原因

表示泡沫喷雾系统的运行状态，根据实际状态显示手动或自动。

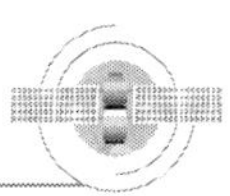

3. 后果及危险点分析

若因装置异常导致的信息与实际状态不符，造成误判断，可能造成泡沫喷雾系统在火灾时不能可靠动作，对站内设备及人员安全产生威胁。

4. 监控处置要点

监视状态变化，确认状态变化是否正常，若状态切换异常应立即通知运维人员到站检查。

5. 运维处置要点

1）核对站端后台告警信息；

2）核实信息与实际状态是否一致；

3）确认泡沫喷雾系统运行状态是否满足实际要求，若状态出现异常应立即通知专业人员处理。

（二）感温电缆火灾告警

1. 信号释义

变压器发生火灾或者变压器顶部温度过高，超过感温电缆的动作温度限值后，发出火灾报警。感温电缆应敷设独立的两路，分别为 1 号感温电缆和 2 号感温电缆。

2. 信号产生原因

1）感温电缆接线盒内元器件故障、感温电缆损坏或者因凝露渗水等原因造成接线短路，误发报警；

2）变压器发生火灾，感温电缆正确动作。

3. 后果及危险点分析

发生火灾，危害站内人身及设备安全。

4. 监控处置要点

1）通知运维人员到站检查；

2）若现场无法手动复归，应将相应消防火灾监控职责移交至站端；

3）跟踪现场检查结果及处理进度，做好相关记录和沟通汇报。

5. 运维处置要点

1）核对站端后台告警信息；

2）检查现场是否有火灾情况；

3）如无火情，通知专业人员到站处理；

4）将现场检查处理情况及时汇报监控人员。

（三）泡沫喷雾装置故障

1. 信号释义

变压器泡沫喷雾装置故障或失电，发出报警信号。

2. 信号产生原因

1）装置组部件故障；

2）装置失去电源。

3. 后果及危险点分析

泡沫喷雾系统无法正常启动，变压器发生火灾时，无法及时动作灭火。

4. 监控处置要点

1）通知运维人员到站检查；

2）核实现场检查结果；

3）跟踪现场检查结果及处理进度，做好相关记录和沟通汇报。

5. 运维处置要点

1）核对站端后台告警信息；

2）检查现场装置故障情况；

3）通知专业人员到站处理；

4）将现场检查处理情况及时汇报监控人员。

（四）泡沫喷雾装置动作

1. 信号释义

泡沫喷雾系统满足动作条件后，开启泡沫分区阀以及氮气动力瓶。一般动作条件为主变压器各侧断路器分位以及双感温电缆均发火灾报警。

2. 信号产生原因

1）主变压器发生火灾，主变压器断路器跳闸；

2）系统误动。

3. 后果及危险点分析

消防泡沫喷洒至变压器灭火，可能会导致变压器损坏。

4. 监控处置要点

1）通知运维人员到站检查；

2）核实现场是否有火情；

3）核实分区阀、启动瓶组实际状态；

4）跟踪现场检查结果及处理进度，做好相关记录和沟通汇报。

5. 运维处置要点

1）核对站端后台告警信息；

2）检查现场是否有火情；

3）检查分区阀、启动瓶组实际状态，如开启应手动关闭分区阀；

4）通知专业人员到站处理；

5）将现场检查处理情况及时汇报监控人员。

四、水喷雾装置

（一）水喷雾系统运行状态（手动 / 自动）

1. 信号释义

水喷雾灭火系统的运行状态显示，当置于自动状态时满足启动条件后会自动启动灭火，当置于手动状态时，需要人工触发后才能启动灭火。正常情况下，系统运行时应置于自动状态，当主变压器检修或者设备故障的时应按照运行规程将系统置于手动状态。

2. 信号产生原因

表示水喷雾系统的运行状态，根据实际状态显示手动或自动。

3. 后果及危险点分析

若因装置异常导致的信息与实际状态不符，造成误判断，可能造成水喷雾系统在火灾时不能可靠动作，对站内设备及人员安全产生威胁。

4. 监控处置要点

监视状态变化，确认状态变化是否正常，若状态切换异常应立即通知运维人员到站检查。

5. 运维处置要点

1）核对站端后台告警信息；

2）核实信息与实际状态是否一致；

3）确认水喷雾系统运行状态是否满足实际要求，若状态出现异常应立即通知专业人员处理。

（二）水喷雾装置故障

1. 信号释义

变压器水喷雾装置故障或失电，发出报警信号。

2. 信号产生原因

1）装置组部件故障；

2）装置失去电源。

3. 后果及危险点分析

水喷雾系统无法正常启动，变压器发生火灾时，无法及时动作灭火。

4. 监控处置要点

1）通知运维人员到站检查；

2）核实现场检查结果；

3）跟踪现场检查结果及处理进度，做好相关记录和沟通汇报。

5. 运维处置要点

1）核对站端后台告警信息；

2）检查现场装置故障情况；

3）通知专业人员到站处理；

4）将现场检查处理情况及时汇报监控人员。

（三）水喷雾装置动作

1. 信号释义

水喷雾系统满足动作条件后，开启雨淋阀以及启动消防泵。一般动作条件为主变压器各侧断路器分位以及双感温电缆均发火灾报警。

2. 信号产生原因

1）主变压器发生火灾，主变压器断路器跳闸；

2）系统误动。

3. 后果及危险点分析

消防水喷洒至变压器灭火，可能会导致变压器损坏。

4. 监控处置要点

1）通知运维人员到站检查；

2）核实现场是否有火情；

3）核实分区阀、启动瓶组实际状态；

4）跟踪现场检查结果及处理进度，做好相关记录和沟通汇报。

5. 运维处置要点

1）核对站端后台告警信息；

2）检查现场是否有火情；

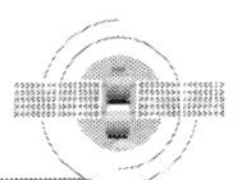

3）检查消防泵、雨淋阀实际状态；

4）通知专业人员到站处理；

5）将现场检查处理情况及时汇报监控人员。

（四）水喷雾管网压力低告警

1. 信号释义

水喷雾系统管网电触点压力表示数下降至下限值触发告警。正常状态下，水喷雾管网由稳压泵系统进行稳压，压力保持在规定范围内，一方面确保消防用水的快速性，另一方面有可能会启动消防泵。一般在消防泵和雨淋阀之间的管路需要满水稳压。

2. 信号产生原因

1）电触点压力表故障误报警；

2）稳压系统故障导致压力建立不足；

3）管网有渗漏水的情况。

3. 后果及危险点分析

若管网压力低至启泵值后会直接启动消防泵，可能会导致误喷。

4. 监控处置要点

1）通知运维人员到站检查；

2）核实现场实际压力；

3）跟踪现场检查结果及处理进度，做好相关记录和沟通汇报。

5. 运维处置要点

1）核对站端后台告警信息；

2）检查消防泵启动情况；

3）检查稳压泵启动情况；

4）检查管网压力示数；

5）检查管网有无渗漏水；

6）通知专业人员到站处理；

7）将现场检查处理情况及时汇报监控员。

第三节　环境监测

变电站环境监测系统配备数据采集单元、环境控制（温湿度）单元、照明控制单元、火灾报警与消防系统接口及一体化智能控制管理平台，实现了变电站内的温度、湿度、水浸、SF_6浓度、噪声、H_2S等环境信息进行实时采集、处理和上传，对配电室内环境状态、空调、风机及照明等辅助设施实现在线监测，根据各种环境条件及运行环境要求，通过一体化环境管理平台实现站内辅助设备进行联动，完成变电站站端的环境智能控制。

（一）水泵回路电源故障

1. 信号释义

监视水泵电机电源运行情况，当水泵电机失去电源时，发出该信号。

2. 信号产生原因

1）水泵电机电源断线或熔断器熔断（空气小开关跳开）；

2）水泵电机热偶继电器动作；

3）水泵电机故障或回路故障。

3. 后果及危险点分析

水泵无法正常运转，无法及时将水外排，造成缆沟积水，影响设备安全。

4. 监控处置要点

1）通知运维人员到站检查；

2）与运维人员核实现场检查情况；

3）跟踪现场检查结果及处理进度，做好相关记录和沟通汇报。

5. 运维处置要点

1）检查水泵电源及运行情况；

2）根据检查结果通知专业人员处理；

3）将现场检查结果及处理进度，及时汇报监控人员；

4）配合监控做好后续处理。

（二）水泵控制回路电源故障

1. 信号释义

水泵控制回路电源消失时，发出该信号。

2. 信号产生原因

1）水泵控制回路接线松动；

2）水泵控制回路保险熔断或空气开关跳闸；

3）水泵控制回路电源失电。

3. 后果及危险点分析

水泵无法正常运转，无法及时将水外排，造成缆沟积水，影响设备安全。

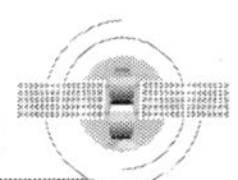

4. 监控处置要点

1）通知运维人员到站检查；

2）与运维人员核实现场检查情况；

3）跟踪现场检查结果及处理进度，做好相关记录和沟通汇报。

5. 运维处置要点

1）检查水泵控制回路电源；

2）根据检查结果通知专业人员处理；

3）将现场检查结果及处理进度，及时汇报监控人员；

4）配合监控做好后续处理。

（三）空调与控制器通信故障

1. 信号释义

监视空调与空调控制器通信情况，通信中断时发出该信号。

2. 信号产生原因

1）空调故障；

2）空调控制器故障；

3）空调与空调控制器间通信线路断路。

3. 后果及危险点分析

无法调整设备室温湿度，可能影响设备安全运行异常。

4. 监控处置要点

1）通知运维人员到站检查；

2）与运维人员核实现场检查情况；

3）跟踪现场检查结果及处理进度，做好相关记录和沟通汇报。

5. 运维处置要点

1）检查空调与控制器运行情况；

2）根据检查结果通知专业人员处理；

3）将现场检查结果及处理进度，及时汇报监控人员；

4）配合监控做好后续处理。

（四）风机回路电源故障

1. 信号释义

监视风机电源，当风机失电时，发出该信号。

2. 信号产生原因

1）风机电源断线或熔断器熔断（空气小开关跳开）；

2）风机电机热偶继电器动作；

3）风机电机故障或回路故障。

3. 后果及危险点分析

风机停止运转，无法排风，无法及时排除 SF_6 或烟雾等有害物质，人员进入设备室安全无法保障。

4. 监控处置要点

1）通知运维人员到站检查；

2）与运维人员核实现场检查情况；

3）跟踪现场检查结果及处理进度，做好相关记录和沟通汇报。

5. 运维处置要点

1）检查风机电源及运行情况；

2）根据检查结果通知专业人员处理；

3）将现场检查结果及处理进度，及时汇报监控人员；

4）配合监控做好后续处理。

（五）风机控制回路电源故障

1. 信号释义

风机控制回路电源消失时，发出该信号。

2. 信号产生原因

1）风机控制回路接线松动；

2）风机控制回路保险熔断或空气开关跳闸；

3）风机控制回路电源失电。

3. 后果及危险点分析

风机无法正常启动，无法及时排除 SF_6 或烟雾等有害物质，人员进入设备室安全无法保障。

4. 监控处置要点

1）通知运维人员到站检查；

2）与运维人员核实现场检查情况；

3）跟踪现场检查结果及处理进度，做好相关记录和沟通汇报。

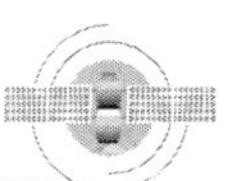

5. 运维处置要点

1）检查风机控制回路电源；

2）根据检查结果通知专业人员处理；

3）将现场检查结果及处理进度，及时汇报监控人员；

4）配合监控做好后续处理。

（六）电缆水浸总告警

1. 信号释义

监视电缆水浸探测器情况，水位超过探测器时发出该信号。

2. 信号产生原因

封堵不严或渗漏导致积水超过水浸探测器。

3. 后果及危险点分析

电缆外绝缘降低，影响设备安全运行。

4. 监控处置要点

1）通知运维人员到站检查；

2）与运维人员核实现场检查情况；

3）跟踪现场检查结果及处理进度，做好相关记录和沟通汇报。

5. 运维处置要点

1）核对站端后台告警信息；

2）现场检查电缆水浸探测器处积水情况，及时排水；

3）根据检查结果通知专业人员处理；

4）将现场检查结果及处理进度，及时汇报监控人员；

5）配合监控做好后续处理。

（七）小室 SF_6 浓度超标

1. 信号释义

监视小室 SF_6 及氧气浓度情况，当 SF_6 浓度超过 1000μL/L 或氧气浓度低于 18% 时发出该信号。

2. 信号产生原因

1）探测器故障误报；

2）设备室内充气设备漏气；

3）设备室风机故障。

3. 后果及危险点分析

设备室空气环境受到影响，人员进入设备室后，危及人员生命。

4. 监控处置要点

1）通知运维人员到站检查；

2）与运维人员核实现场检查情况；

3）跟踪现场检查结果及处理进度，做好相关记录和沟通汇报。

5. 运维处置要点

1）现场进行排风，待环境允许后方可进入室内；

2）根据检查结果通知专业人员处理；

3）将现场检查结果及处理进度，及时汇报监控人员；

4）配合监控做好后续处理。

第四节　在线监测

（一）变压器（电抗器）油中溶解气体绝对值告警

1. 信号释义

变压器（电抗器）类油中溶解气体，如氢气、乙炔、一氧化碳、甲烷、乙烯等，气体量超标时发气体绝对值告警信号。

2. 信号产生原因

1）在线监测系统发生误报；

2）变压器发生内部故障；

3）变压器存在局部发热等。

3. 后果及危险点分析

无。

4. 监控处置要点

1）按照异常处理流程处置，通知运维人员现场检查；

2）与运维人员核实现场检查情况；

3）跟踪现场检查结果及处理进度，做好相关记录和沟通汇报。

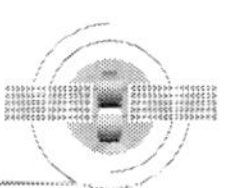

5. 运维处置要点

1）对现场在线监测装置进行自检，检查是否正常。

2）检查现场监测设备电气回路端子是否松动、脱落，并对端子进行紧固。

3）检查是否存在强烈电磁干扰源等情况，确认是否为在线监测系统发生误报。

4）确认被监测设备检测数据超过注意值，应通知检修人员进行检查。

5）将现场检查结果及处理进度及时向监控人员汇报。

6）配合监控做好后续处理。

（二）变压器（电抗器）局部在线监测放电量告警

1. 信号释义

变压器（电抗器）局部在线监测放电量超标，在线监测系统发告警信号。

2. 信号产生原因

1）在线监测系统发生误报；

2）变压器内部零件不清洁；

3）变压器内部出现绝缘缺陷问题。

3. 后果及危险点分析

局部放电对绝缘设备的破坏要经过长期、缓慢的发展过程才能显现。如果局部放电存在时间过长，在特定情况下会导致绝缘装置的电气强度下降，对于高压电气设备来讲是一种安全隐患。

4. 监控处置要点

1）按照异常处理流程处置，通知运维人员现场检查；

2）与运维人员核实现场检查情况；

3）跟踪现场检查结果及处理进度，做好相关记录和沟通汇报。

5. 运维处置要点

1）对现场在线监测装置进行自检，检查是否正常。

2）检查现场监测设备电气回路端子是否松动、脱落，并对端子进行紧固。

3）检查是否存在强烈电磁干扰源等情况，确认是否为在线监测系统发生误报。

4）确认为变压器内部局部放电量超标时，应通知检修人员进行检查。

5）将现场检查结果及处理进度及时向监控人员汇报。

6）配合监控做好后续处理。

（三）GIS 局放在线监测放电量告警

1. 信号释义

GIS 局部在线监测放电量超标，在线监测系统发告警信号。

2. 信号产生原因

1）在线监测系统发生误报；

2）GIS 内部出现绝缘缺陷问题。

3. 后果及危险点分析

GIS 受内部结构空间及工作场强影响，其绝缘裕度相对较小，一旦出现绝缘缺陷问题，极易引发设备故障。

4. 监控处置要点

1）按照异常处理流程处置，通知运维人员现场检查；

2）与运维人员核实现场检查情况；

3）跟踪现场检查结果及处理进度，做好相关记录和沟通汇报。

5. 运维处置要点

1）对现场在线监测装置进行自检，检查是否正常。

2）检查现场监测设备电气回路端子是否松动、脱落，并对端子进行紧固。

3）检查是否存在强烈电磁干扰源等情况，确认是否为在线监测系统发生误报。

4）确认为 GIS 局部放电量超标时，应通知检修人员进行检查。

5）将现场检查结果及处理进度，及时汇报监控人员。

6）配合监控做好后续处理。

第五节　防误设备

防误设备能够实现误操作闭锁功能，利用微机采集、分析信息，发出控制命令，适合于各种接线方式。通常微机防误操作闭锁装置由智能模拟屏、电脑钥匙、电编码锁、机械编码锁等组成。

1. 信号释义

防误主、子站间通信中断。

2. 信号产生原因

1）防误通信链路中断；

2）防误子站异常；

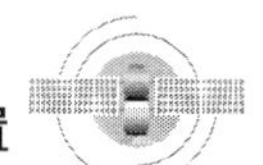

3）防误主站异常；

4）其他问题。

3. 后果及危险点分析

影响遥控拓扑逻辑判断，隔离开关遥控防误闭锁。无法及时将水外排，造成缆沟积水，影响设备安全。

4. 监控处置要点

1）立即通知运维单位，与自动化值班台确认防误链路状态；

2）向现场核实情况，若造成五防链路断链，汇报调度员，移交全站冷备用遥控操作职责；

3）了解异常的原因、现场处置的情况，现场处置结束后，检查信号是否复归并做好记录。

5. 运维处置要点

1）前往现场检查防误通信情况；

2）根据检查结果通知专业人员处理；

3）将现场检查结果及处理进度，及时汇报监控人员；

4）配合监控做好后续处理。

第四章 异常与事故案例

案例 1 500kV×× Ⅰ路三相跳闸

一、案例简述

11 月 15 日 10:32:16，监控系统跳闸告警铃响，查看监控系统：综合智能告警窗显示 500kV×× Ⅰ路故障跳闸。事故信号显示：500kV×× Ⅰ路两侧变电站 PSL603G、RCS931D 保护动作，线路 4 台开关操作箱出口 1、2 跳闸动作。变位窗显示：线路 4 台开关三相分闸。越限告警窗显示：×× Ⅱ路有功值越上限。D5000 系统告警窗口实时信号如表 4–1~ 表 4–6 所示。

表 4–1　　综合智能告警

序号	动作时间	复归时间	内容	告警类型
1	2022–11–15 10:32:17		500kV×× Ⅰ路跳闸	
2	2022–11–15 10:32:17		A 变电站 500kV×× Ⅰ路 5041 开关跳闸	
3	2022–11–15 10:32:17		A 变电站 500kV×× Ⅰ路 5042 开关跳闸	

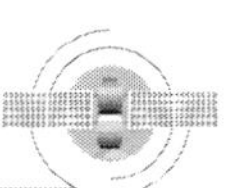

续表

序号	动作时间	复归时间	内容	告警类型
4	2022-11-15 10:32:17		B 变电站 500kV×× Ⅰ路 5031 开关跳闸	
5	2022-11-15 10:32:17		B 变电站 500kV YY/×× Ⅰ路 5032 开关跳闸	

表 4-2　　事故告警

序号	动作时间	复归时间	内容	告警类型
1	2022-11-15 10:32:16		A 变电站 500kV×× Ⅰ路 5041_5042PSL603G 保护动作	遥信变位
2	2022-11-15 10:32:16		A 变电站 500kV×× Ⅰ路 5041_5042RCS931D 保护动作	遥信变位
3	2022-11-15 10:32:16		A 变电站 500kV×× Ⅰ路 5041 操作箱出口 2 跳闸	遥信变位
4	2022-11-15 10:32:17		A 变电站 500kV×× Ⅰ路 5042 操作箱出口 1 跳闸	遥信变位
5	2022-11-15 10:32:17		A 变电站 500kV×× Ⅰ路 5041 操作箱出口 1 跳闸	遥信变位
6	2022-11-15 10:32:17		A 变电站 500kV×× Ⅰ路 5042 操作箱出口 2 跳闸	遥信变位
7	2022-11-15 10:32:17		B 变电站 500kV×× Ⅰ路 5031RCS921A 保护动作	遥信变位
8	2022-11-15 10:32:17		B 变电站 500kV×× Ⅰ路 5031 操作箱出口 2 跳闸	遥信变位
9	2022-11-15 10:32:17		B 变电站 500kV×× Ⅰ路 5031_5032PSL603G 保护动作	遥信变位
10	2022-11-15 10:32:17		B 变电站 500kV×× Ⅰ路 5031_5032RCS931D 保护动作	遥信变位
11	2022-11-15 10:32:17		B 变电站 500kV×× Ⅰ路 5032 开关间隔事故总	遥信变位

续表

序号	动作时间	复归时间	内容	告警类型
12	2022-11-15 10:32:17		B 变电站 500kV××Ⅰ路 5032 操作箱出口 2 跳闸	遥信变位
13	2022-11-15 10:32:17		B 变电站 500kV××Ⅰ路 5031 开关间隔事故总	遥信变位
14	2022-11-15 10:32:17		A 变电站 500kV××Ⅰ路 5042RCS921A 保护动作	遥信变位
15	2022-11-15 10:32:17		A 变电站 500kV××Ⅰ路 5041RCS921A 保护动作	遥信变位
16	2022-11-15 10:32:17		B 变电站 /500kV××Ⅰ路 5032RCS921A 保护动作	遥信变位
17	2022-11-15 10:32:17		A 变电站 500kV××Ⅰ路 5042 开关间隔事故总	遥信变位
18	2022-11-15 10:32:17		A 变电站 500kV××Ⅰ路 5041 开关间隔事故总	遥信变位
19	2022-11-15 10:32:22	2022-11-15 10:32:23	A 变电站 500kV××Ⅰ路 5041_5042PSL603GB 相跳闸（CPU1）	遥信变位
20	2022-11-15 10:32:23	2022-11-15 10:32:24	A 变电站 500kV××Ⅰ路 5041_5042PSL603G 差动永跳出口	遥信变位
21	2022-11-15 10:32:25	2022-11-15 10:32:28	A 变电站 500kV××Ⅰ路 5041_5042RCS931D A 相跳闸	遥信变位
22	2022-11-15 10:32:26	2022-11-15 10:32:29	A 变电站 500kV××Ⅰ路 5041_5042/RCS931D B 相跳闸	遥信变位
23	2022-11-15 10:32:26	2022-11-15 10:32:29	A 变电站 500kV××Ⅰ路 5041_5042RCS931D C 相跳闸	遥信变位
24	2022-11-15 10:32:27	2022-11-15 10:32:28	A 变电站 500kV××Ⅰ路 5041_5042RCS931D 差动动作	遥信变位
25	2022-11-15 10:32:27	2022-11-15 10:32:32	B 变电站 500kV××Ⅰ路 5031_5032RCS931D 差动动作	遥信变位
26	2022-11-15 10:32:29	2022-11-15 10:32:32	B 变电站 500kV××Ⅰ路 5031_5032RCS931D A 相跳闸	遥信变位

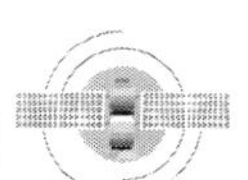

续表

序号	动作时间	复归时间	内容	告警类型
27	2022-11-15 10:32:29	2022-11-15 10:32:33	B 变电站 500kV××Ⅰ路 5031_5032RCS931D B 相跳闸	遥信变位
28	2022-11-15 10:32:30	2022-11-15 10:32:32	B 变电站 500kV××Ⅰ路 5031_5032PSL603G 差动永跳出口	遥信变位
29	2022-11-15 10:32:30	2022-11-15 10:32:34	B 变电站 500kV××Ⅰ路 5031_5032RCS931D C 相跳闸	遥信变位

表 4-3　　异常告警

序号	动作时间	复归时间	内容	告警类型
1	2022-11-15 10:32:16	2022-11-15 10:32:17	A 变电站 500kV××Ⅰ路 5042 操作箱控制回路 2 断线	遥信变位
2	2022-11-15 10:32:16	2022-11-15 10:32:17	A 变电站 500kV××Ⅰ路 5041 操作箱控制回路 2 断线	遥信变位
3	2022-11-15 10:32:16	2022-11-15 10:32:17	A 变电站 500kV××Ⅰ路 5041 操作箱控制回路 1 断线	遥信变位
4	2022-11-15 10:32:17	2022-11-15 10:32:17	A 变电站 500kV××Ⅰ路 5042 操作箱控制回路 1 断线	遥信变位
5	2022-11-15 10:32:17	2022-11-15 10:32:17	B 变电站 500kV××Ⅰ路 5031 操作箱控制回路 1 断线	遥信变位
6	2022-11-15 10:32:17	2022-11-15 10:32:17	B 变电站 500kV××Ⅰ路 5031 操作箱控制回路 2 断线	遥信变位
7	2022-11-15 10:32:17	2022-11-15 10:32:17	B 变电站 500kV××Ⅰ路 5032 操作箱控制回路 1 断线	遥信变位
8	2022-11-15 10:32:17	2022-11-15 10:32:17	B 变电站 500kV××Ⅰ路 5032 操作箱控制回路 2 断线	遥信变位
9	2022-11-15 10:32:17	2022-11-15 10:32:35	B 变电站 500kV××Ⅰ路 5031 操作箱压力低闭锁重合	遥信变位
10	2022-11-15 10:32:17	2022-11-15 10:32:28	A 变电站 500kV××Ⅰ路 5041 操作箱压力低闭锁重合	遥信变位

续表

序号	动作时间	复归时间	内容	告警类型
11	2022-11-15 10:32:17		A 变电站 500kV××Ⅰ路 5042 操作箱压力低闭锁重合	遥信变位
12	2022-11-15 10:32:17	2022-11-15 10:32:35	B 变电站 500kV××Ⅰ路 5032 操作箱压力低闭锁重合	遥信变位
13	2022-11-15 10:35:17		A 变电站 500kV××Ⅰ路 5042 开关电机打压超时	

表 4-4　越限告警

序号	动作时间	复归时间	内容	告警类型
1	2022-11-15 10:32:16	2022-11-15 10:32:17	C 变电站 500kV××Ⅱ路有功值越上限	遥信变位

表 4-5　变位告警

序号	动作时间	复归时间	内容	告警类型
1	2022-11-15 10:32:16		A 变电站 500kV××Ⅰ路 5041 开关 B 相分闸	遥信变位
2	2022-11-15 10:32:16		A 变电站 500kV××Ⅰ路 5041 开关分闸	遥信变位
3	2022-11-15 10:32:16		A 变电站 500kV××Ⅰ路 5042 开关 B 相分闸	遥信变位
4	2022-11-15 10:32:16		A 变电站 500kV××Ⅰ路 5042 开关 C 相分闸	遥信变位
5	2022-11-15 10:32:16		A 变电站 500kV××Ⅰ路 5042 开关分闸	遥信变位
6	2022-11-15 10:32:17		A 变电站 500kV××Ⅰ路 5041 开关 C 相分闸	遥信变位
7	2022-11-15 10:32:17		A 变电站 500kV××Ⅰ路 5041 开关 A 相分闸	遥信变位

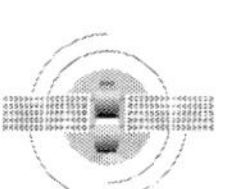

续表

序号	动作时间	复归时间	内容	告警类型
8	2022-11-15 10:32:17		A 变电站 500kV×× Ⅰ路 5042 开关 A 相分闸	遥信变位
9	2022-11-15 10:32:17		B 变电站 500kV×× Ⅰ路 5032 开关分闸	遥信变位
10	2022-11-15 10:32:17		B 变电站 500kV×× Ⅰ路 5031 开关分闸	遥信变位
11	2022-11-15 10:32:17		B 变电站 500kV×× Ⅰ路 5031 开关 B 相分闸	遥信变位
12	2022-11-15 10:32:17		B 变电站 500kV×× Ⅰ路 5032 开关 A 相分闸	遥信变位
13	2022-11-15 10:32:17		B 变电站 500kV×× Ⅰ路 5032 开关 B 相分闸	遥信变位
14	2022-11-15 10:32:17		B 变电站 500kV×× Ⅰ路 5032 开关 C 相分闸	遥信变位
15	2022-11-15 10:32:17		B 变电站 500kV×× Ⅰ路 5031 开关 C 相分闸	遥信变位
16	2022-11-15 10:32:17		B 变电站 500kV×× Ⅰ路 5031 开关 A 相分闸	遥信变位

表 4-6　告知告警

序号	动作时间	复归时间	内容	告警类型
1	2022-11-15 10:32:17	2022-11-15 10:32:27	B 变电站 事故总信号	遥信变位
2	2022-11-15 10:32:17	2022-11-15 10:32:27	B 变电站 华东全站事故总	遥信变位
3	2022-11-15 10:32:17	2022-11-15 10:32:39	B 变电站 500kV×× Ⅰ路 5032 开关油泵启动	遥信变位
4	2022-11-15 10:32:17	2022-11-15 10:32:39	B 变电站 500kV×× Ⅰ路 5031 开关油泵启动	遥信变位

续表

序号	动作时间	复归时间	内容	告警类型
5	2022-11-15 10:32:17	2022-11-15 10:32:35	A变电站 500kV××Ⅰ路5042开关A相油泵启动	遥信变位
6	2022-11-15 10:32:17	2022-11-15 10:32:36	A变电站 500kV××Ⅰ路5042开关B相油泵启动	遥信变位
7	2022-11-15 10:32:17	2022-11-15 10:32:38	A变电站 500kV××Ⅰ路5041开关A相油泵启动	遥信变位
8	2022-11-15 10:32:17	2022-11-15 10:32:39	A变电站 500kV××Ⅰ路5041开关B相油泵启动	遥信变位
9	2022-11-15 10:32:17	2022-11-15 10:32:38	A变电站 500kV××Ⅰ路5041开关C相油泵启动	遥信变位
10	2022-11-15 10:32:17	2022-11-15 10:32:27	A变电站 事故总信号	遥信变位
11	2022-11-15 10:32:17	2022-11-15 10:32:27	A变电站 华东全站事故总	遥信变位
12	2022-11-15 10:32:17	2022-11-15 10:32:39	A变电站 500kV××Ⅰ路5042开关C相油泵启动	遥信变位
13	2022-11-15 10:32:17		A变电站 500kV××Ⅰ路5042RCS921A重合闸充电满	遥信变位
14	2022-11-15 10:32:35	2022-11-15 10:32:45	A变电站 事故总信号	遥信变位
15	2022-11-15 10:32:41		A变电站 500kV××Ⅰ路5041RCS921A重合闸充电满	遥信变位
16	2022-11-15 10:32:59		B变电站 500kV××Ⅰ路5031RCS921A重合闸充电满	遥信变位
17	2022-11-15 10:33:29		B变电站 500kV××Ⅰ路5032RCS921A重合闸充电满	遥信变位
18	2022-11-15 10:35:17	2022-11-15 10:35:27	A变电站 事故总信号	遥信变位

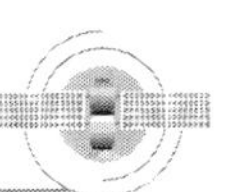

二、信号分析

（1）综合智能告警，500kV××Ⅰ路跳闸为D5000合成信号，当线路两侧开关分位及有事故信号合成该信号，提示监控与调度员有线路事故信号。A变电站500kV××Ⅰ路5041开关跳闸、A变电站500kV××Ⅰ路5042开关跳闸、B变电站500kV××Ⅰ路5031开关跳闸、B变电站500kV YY/××Ⅰ路5032开关跳闸为D5000合成信号，当对应间隔开关分位及间隔内有事故信号即合成该信号，提示监控与调度员开关事故信号。

（2）事故信号：① 两侧变电站RCS931D、PSL603G保护动作，说明线路两侧的两套线路保护有跳闸，保护动作信号还包括了后备保护动作信号，该信号自保持，由现场运维人员检查保护装置后在装置面板上按复归按钮复归。② 线路两侧两个开关的出口1跳闸、出口2跳闸为开关操作箱自保持信号，说明操作箱收到线路保护或开关保护的跳闸信号，经操作箱出口跳开关机构并向测控装置发跳闸信号。③ 500kV开关间隔事故总信号，告知监控与调度员该开关事故跳闸，该信号为操作箱手合继电器辅助触点与跳闸信号合并而成。④ 保护跳闸信号：PSL603G.A相跳闸（CPU1）R表示603保护的CPU1位差动保护板，说明主保护出口跳闸，为保护装置软报文。RCS931D.A相跳闸R表示装置跳闸为A相，RCS931D差动动作，动作说明为主保护动作。

（3）异常信号：① 控制回路断线为开关分闸过程中的正常信号，为跳闸回路的合位监视继电器在保护跳闸触点闭合时短时失去励磁造成保护控制回路断线，当跳闸信号复归或开关分闸后该信号自动复归。② 压力低闭锁重合为液压机构在开关跳闸时由于机构压力降低到闭锁重合闸以下，由液压机构的液压辅助开关接入操作箱压力低闭锁重合闸回路，操作箱继电器励磁后给测控发出压力低闭锁重合闸信号，该信号在油泵启动打压后应自动复归。③ A变电站5042开关操作箱压力低闭锁重合、电机打压超时，因开关跳闸后储能机构压力不足，启动电机打压进行建压，电机或打压回路存在故障导致打压异常，无法建压，压力低节点经操作箱重动后开入测控。

（4）告知信号：开关变位信号5042开关A相分闸、5042开关分闸信号，表示开关某项分闸及开关三相分闸信号。

（5）告知信号：全站事故总、华东事故总信号，全站220、500kV电压等级的有任一开关事故跳闸该信号触发。油泵启动为开关压力降低到油泵启动值后油泵自启动打压。RCS921A重合闸充电满为开关分闸后开关的重合闸信号复归信号。

三、处置要点

（1）500kV××Ⅰ路故障跳闸，××Ⅱ路潮流越限。电网面临风险，需要尽快恢复跳闸线路。

（2）监控员汇报调度 500kV××Ⅰ路跳闸的同时需汇报 ××Ⅱ路潮流越限，申请调整负荷。

（3）监控员全面查看各监控系统，判断设备具备送电条件，尽快汇报调度。

1）确认查看测距信息：调阅故障录波系统，确定测距信息距离两侧变电站大于 1km。

2）查看视频信息：调阅变电站辅助综合监控系统，对故障范围的设备进行巡视，观察无冒烟、爆炸等情况。

3）A 变电站 5042 开关电机打压超时，开关储能机构可能存在故障，若对该开关进行强送，导致开关储能压力不足，进而导致开关闭锁无法跳闸，若再次故障将造成开关失灵保护动作进一步造成事故扩大。当强送失败或再次故障时，因开关无法分闸，失灵保护动作，扩大事故停电范围。该开关不具备送电条件。无高压并联电抗器保护动作、失灵保护动作情况。

4）10:45 汇报调度：A 变电站 5042 开关不具备强送条件，A 变电站 5041 开关，B 变电站 5031、5032 开关具备强送条件。

（4）按照调度指令对 A 变电站 5041 开关进行强送，强送成功。10:50，B 变电站 5031 开关恢复合环运行，线路潮流恢复。10:53，B 变电站 5032 开关恢复成串运行。

A 变电站 5042 开关经现场检查为 5042 开关打压接触器故障无法吸合，导致打压超时，更换打压接触器后建压正常，信号复归。缺陷消除后 5042 开关恢复成串运行。

案例 2　500kV 同杆双回线自适应重合闸

一、案例简述

某地区 500kVABⅠ/Ⅱ路为同杆并架的双回线路，采用自适应重合闸方式。两侧变电站内第一套线路保护装置为 RCS93E，第二套线路保护装置为 CSC103E，线路断路器保护为 RCS921C。

某日 18:16，监控系统跳闸告警铃响，查看监控系统综合智能告警窗显示 500kV ABⅠ/Ⅱ路故障跳闸。事故信号显示：500kV ABⅠ/Ⅱ路两侧变电站 RCS931E、CSC103E 保护动作，事故跳闸报文如表 4–7 所示（以 A 变电站为例）。

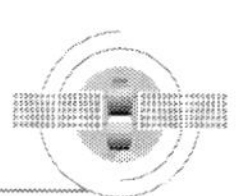

表 4-7 事故跳闸报文

序号	时间	内容
1	2000-01-01 18:16:23	500kV AB Ⅱ路 5032_5033CSC103E 保护动作 动作
2	2000-01-01 18:16:23	500kV AB Ⅱ路 5032 开关 分闸
3	2000-01-01 18:16:24	500kV AB Ⅱ路 5032 操作箱出口 1 跳闸 动作
4	2000-01-01 18:16:24	500kV AB Ⅱ路 5032 开关 A 相分闸
5	2000-01-01 18:16:24	500kV AB Ⅱ路 5033 操作箱出口 1 跳闸 动作
6	2000-01-01 18:16:25	500kV AB Ⅱ路 5033 开关 A 相 分闸
7	2000-01-01 18:16:25	500kV AB Ⅱ路 5033 开关 分闸
8	2000-01-01 18:16:25	500kV AB Ⅰ路 5043 开关 分闸
9	2000-01-01 18:16:25	500kV AB Ⅰ路 5043 开关 C 相分闸
10	2000-01-01 18:16:25	500kV AB Ⅱ路 5032_5033RCS931E 保护动作 动作
11	2000-01-01 18:16:25	500kV AB Ⅱ路 5032 操作箱出口 2 跳闸 动作
12	2000-01-01 18:16:25	500kV AB Ⅱ路 5033 操作箱出口 2 跳闸 动作
13	2000-01-01 18:16:25	500kV AB Ⅰ路 5042 开关 分闸
14	2000-01-01 18:16:25	500kV AB Ⅰ路 5042 开关 C 相分闸
15	2000-01-01 18:16:25	500kV AB Ⅰ路 5042 开关 A 相分闸
16	2000-01-01 18:16:25	500kV AB Ⅰ路 5042RCS921C 保护动作 动作

续表

序号	时间	内容
17	2000-01-01 18:16:25	500kV AB Ⅱ路 5033RCS921C 保护动作　动作
18	2000-01-01 18:16:25	500kV AB Ⅰ路 5042 操作箱出口 2 跳闸　动作
19	2000-01-01 18:16:25	500kV AB Ⅰ路 5042 操作箱出口 1 跳闸　动作
20	2000-01-01 18:16:25	500kV AB Ⅱ路 5032RCS921C 保护动作　动作
21	2000-01-01 18:16:25	事故总信号　动作
22	2000-01-01 18:16:25	500kV AB Ⅰ路 5043 开关 A 相分闸
23	2000-01-01 18:16:25	500kV AB Ⅱ路 5033 开关间隔事故总　动作
24	2000-01-01 18:16:25	华东全站事故总　动作
25	2000-01-01 18:16:25	500kV AB Ⅱ路 5032 开关间隔事故总　动作
26	2000-01-01 18:16:25	500kV AB Ⅱ路 5032_5033CSC103E 分相差动动作　动作
27	2000-01-01 18:16:25	500kV AB Ⅱ路 5032_5033CSC103E 纵差动作　动作
28	2000-01-01 18:16:26	500kV AB Ⅰ路 5042_5043RCS931E 重合闸动作　动作
29	2000-01-01 18:16:26	500kV AB Ⅰ路 5042_5043CSC103E 纵差动作　动作
30	2000-01-01 18:16:26	500kV AB Ⅰ路 5042_5043CSC103E 分相差动动作　动作
31	2000-01-01 18:16:26	500kV AB Ⅰ路 5043 开关间隔事故总　动作
32	2000-01-01 18:16:26	500kV AB Ⅰ路 5042_5043CSC103E 保护动作　动作

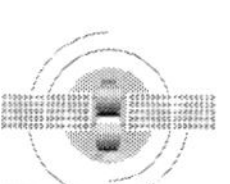

续表

序号	时间	内容
33	2000-01-01 18:16:26	500kV AB Ⅱ路 5032_5033RCS931E 重合闸动作　动作
34	2000-01-01 18:16:26	500kV AB Ⅰ路 5042_5043RCS931E 保护动作　动作
35	2000-01-01 18:16:26	500kV AB Ⅰ路 5043RCS921C 保护动作　动作
36	2000-01-01 18:16:26	500kV AB Ⅰ路 5043 操作箱出口 2 跳闸　动作
37	2000-01-01 18:16:26	500kV AB Ⅰ路 5043 操作箱出口 1 跳闸　动作
38	2000-01-01 18:16:26	500kV AB Ⅰ路 5043RCS921C 重合闸动作　动作
39	2000-01-01 18:16:26	500kV AB Ⅱ路 5033 操作箱控制回路 1 断线　动作
40	2000-01-01 18:16:26	500kV AB Ⅱ路 5033RCS921C 重合闸动作　动作
41	2000-01-01 18:16:26	500kV AB Ⅰ路 5043 操作箱控制回路 2 断线　动作
42	2000-01-01 18:16:26	500kV AB Ⅰ路 5043 操作箱控制回路 1 断线　动作
43	2000-01-01 18:16:26	500kV AB Ⅱ路 5033 操作箱控制回路 2 断线　动作
44	2000-01-01 18:16:26	500kV AB Ⅰ路 5043 操作箱控制回路 1 断线　复归
45	2000-01-01 18:16:26	500kV AB Ⅰ路 5043 操作箱控制回路 2 断线　复归
46	2000-01-01 18:16:26	500kV AB Ⅱ路 5033 操作箱控制回路 1 断线　复归
47	2000-01-01 18:16:26	500kV AB Ⅰ路 5043 开关 A 相合闸
48	2000-01-01 18:16:26	500kV AB Ⅱ路 5033 开关间隔事故总　复归

续表

序号	时间	内容
49	2000-01-01 18:16:26	500kV AB Ⅱ路 5033 操作箱控制回路 2 断线　复归
50	2000-01-01 18:16:26	500kV AB Ⅱ路 5033 开关　合闸
51	2000-01-01 18:16:26	500kV AB Ⅱ路 5033 开关 A 相合闸
52	2000-01-01 18:16:26	500kV AB Ⅰ路 5043 操作箱控制回路 1 断线　复归
53	2000-01-01 18:16:26	500kV AB Ⅰ路 5043 操作箱控制回路 2 断线　动作
54	2000-01-01 18:16:26	500kV AB Ⅰ路 5043 操作箱控制回路 1 断线　动作
55	2000-01-01 18:16:26	500kV AB Ⅰ路 5043 操作箱控制回路 2 断线　复归
56	2000-01-01 18:16:26	500kV AB Ⅱ路 5032RCS921C 重合闸动作　动作
57	2000-01-01 18:16:26	500kV AB Ⅰ路 5042 操作箱控制回路 1 断线　动作
58	2000-01-01 18:16:26	500kV AB Ⅰ路 5042RCS921C 重合闸动作　动作
59	2000-01-01 18:16:26	500kV AB Ⅰ路 5042 开关间隔事故总　动作
60	2000-01-01 18:16:26	500kV AB Ⅰ路 5042 操作箱控制回路 2 断线　动作
61	2000-01-01 18:16:26	500kV AB Ⅱ路 5032 操作箱控制回路 1 断线　动作
62	2000-01-01 18:16:26	500kV AB Ⅱ路 5032 操作箱控制回路 2 断线　动作
63	2000-01-01 18:16:26	500kV AB Ⅱ路 5032 开关 A 相合闸
64	2000-01-01 18:16:26	500kV AB Ⅱ路 5032 开关　合闸

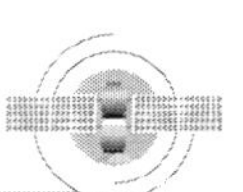

续表

序号	时间	内容
65	2000-01-01 18:16:26	500kV AB Ⅱ路 5032 操作箱控制回路 2 断线　复归
66	2000-01-01 18:16:26	500kV AB Ⅱ路 5032 操作箱控制回路 1 断线　复归
67	2000-01-01 18:16:26	500kV AB Ⅰ路 5042 开关 A 相合闸
68	2000-01-01 18:16:26	500kV AB Ⅱ路 5032 开关间隔事故总　复归
69	2000-01-01 18:16:26	500kV AB Ⅰ路 5043 开关　合闸
70	2000-01-01 18:16:26	500kV AB Ⅰ路 5042 操作箱控制回路 1 断线　复归
71	2000-01-01 18:16:26	500kV AB Ⅰ路 5043 开关 C 相合闸
72	2000-01-01 18:16:26	500kV AB Ⅰ路 5043 开关间隔事故总　复归
73	2000-01-01 18:16:26	500kV AB Ⅰ路 5042 开关　合闸
74	2000-01-01 18:16:26	500kV AB Ⅰ路 5042 开关 C 相合闸
75	2000-01-01 18:16:26	500kV AB Ⅱ路 5032_5033CSC103E 分相差动动作　复归
76	2000-01-01 18:16:26	华东全站事故总　复归
77	2000-01-01 18:16:27	500kV AB Ⅱ路 5032_5033CSC103E 纵差动作　复归
78	2000-01-01 18:16:27	事故总信号　复归
79	2000-01-01 18:16:27	500kV AB Ⅱ路 5033RCS921C 重合闸充电满　动作
80	2000-01-01 18:16:27	500kV AB Ⅱ路 5032RCS921C 重合闸充电满　动作

续表

序号	时间	内容
81	2000-01-01 18:16:27	500kV AB Ⅱ路 5032_5033RCS931E 差动动作　动作
82	2000-01-01 18:16:27	500kV AB Ⅱ路 5032_5033RCS931E A 相跳闸　动作
83	2000-01-01 18:16:27	500kV AB Ⅱ路 5032_5033RCS931E 差动动作　复归
84	2000-01-01 18:16:27	500kV AB Ⅱ路 5032_5033RCS931E A 相跳闸　复归
85	2000-01-01 18:16:27	500kV AB Ⅰ路 5042_5043CSC103E 纵差动作　复归
86	2000-01-01 18:16:27	500kV AB Ⅰ路 5042_5043CSC103E 分相差动动作　复归
87	2000-01-01 18:16:27	500kV AB Ⅰ路 5042_5043RCS931E 差动动作　动作
88	2000-01-01 18:16:27	500kV AB Ⅰ路 5042_5043RCS931E A 相跳闸　动作
89	2000-01-01 18:16:27	500kV AB Ⅱ路 5032RCS921C 重合闸充电满　复归
90	2000-01-01 18:16:27	500kV AB Ⅱ路 5033RCS921C 重合闸充电满　复归
91	2000-01-01 18:16:27	500kV AB Ⅰ路 5042_5043RCS931E C 相跳闸　动作
92	2000-01-01 18:16:27	500kV AB Ⅰ路 5042_5043RCS931E A 相跳闸　复归
93	2000-01-01 18:16:27	500kV AB Ⅰ路 5042_5043RCS931E 差动动作　复归
94	2000-01-01 18:16:27	500kV AB Ⅰ路 5042_5043RCS931E C 相跳闸　复归
95	2000-01-01 18:16:27	500kV AB Ⅰ路 5042RCS921C 重合闸充电满　动作
96	2000-01-01 18:16:27	500kV AB Ⅰ路 5042RCS921C 重合闸充电满　复归

续表

序号	时间	内容
97	2000–01–01 18:16:27	500kV AB Ⅰ路 5042 开关间隔事故总　复归
98	2000–01–01 18:16:27	500kV AB Ⅰ路 5042 操作箱控制回路 2 断线　复归

二、案例分析

1. 信号分析

从告警的监控报文可以发现，500kV AB Ⅰ / Ⅱ路 RCS931E、CSC103E 两套线路保护装置的差动保护动作，导致 500kV AB Ⅰ路 A、C 相跳闸，500kV AB Ⅱ路 A 相跳闸。AB Ⅰ / Ⅱ路的 RCS931E 及各开关保护的重合闸动作，开关重合成功。

2. 故障录波图

从图 4–1 和图 4–2 的故障电流上可以看出，AB Ⅰ路是 AC 相故障，AB Ⅱ路是 A 相故障。故障跳闸后，AB Ⅰ / Ⅱ路的边开关（5043、5033）A 相首先同时重合，而后 AB Ⅰ路的边开关（5043）C 相重合，接着 AB Ⅰ / Ⅱ路的中开关（5042、5032）A 相同时重合，最后 AB Ⅰ路的中开关（5042）C 相再重合。

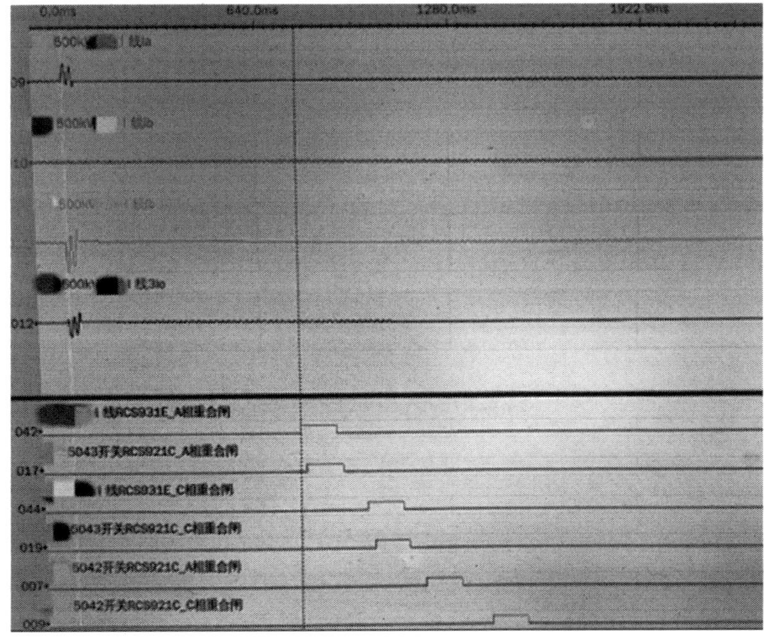

图 4–1　A 变电站 500kV AB Ⅰ路故障录波图

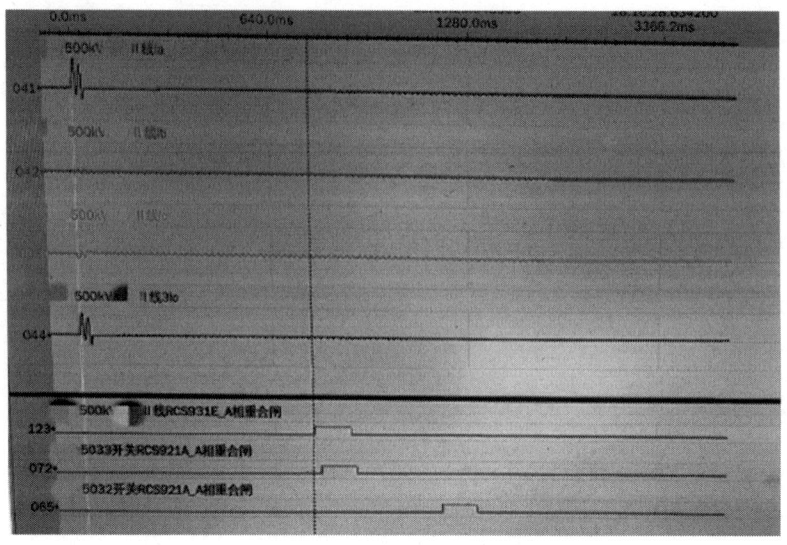

图 4-2　A 变电站 500kV AB Ⅱ路故障录波图

三、处置要点

自适应重合闸的线路，当发生故障满足重合条件时，采用的是按相重合，两回线同时只有一相再重合。其重合原则有以下几点：

（1）双回线六根导线至少有两根异名相无故障就能重合；

（2）一回线三相故障三跳后该线路不重合；

（3）同名相的跨线故障跳闸后两回线的该相可以优先同时重合；

（4）超前相优先重合。重合相别的顺序为 A → B → C → A；

（5）两相故障的线路跳闸后超前相优先重合。

由分析可知，发生的是 $Ⅰ_{AC}Ⅱ_{A}$ 跨线故障，根据重合原则（1）可知，存在两根（$Ⅰ_{B}$、$Ⅱ_{BC}$）无故障异名相，因此满足重合条件。根据上述重合原则（3）可知，因Ⅰ回线是 A、C 两相故障，Ⅱ回线是 A 相故障，因此Ⅰ、Ⅱ回线 A 相先重合。

综上分析可知，保护及重合闸动作行为均正确。

案例 3　× × 变电站＃ 1 联络变压器过激磁保护反时限动作跳闸事件分析报告

一、案例简述

× × × × 年 × 月 × 日，× × 变电站 06:05 开始进行 500kV 的年检停电操作。06:22，

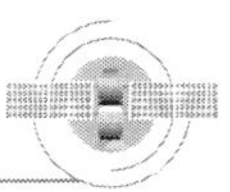

某电厂在外送线路（2003 年 1 月投运）的合环操作中造成 ×× 变电站操作过电压，×× 变电站运行值班人员发现 SCADA 显示“1 号主变压器 500kV 过激磁告警”，检查 1 号联络变压器 +RT2 保护屏 U11.25-RALK 过激磁继电器 start 灯亮，无法复归。检查此时 500kV 系统电压为 529.2kV，在正常电压范围内。随即根据省调令进行 500kV 系统的年检停电操作。08:20，×× 变电站主控事故喇叭响，5021、5022、27A、37A 开关闪光，“主变压器过激磁”“5021 开关保护动作”“5022 开关保护动作”“220kV 故障录波动作”光字牌亮，查 SCADA 相应信号发出。1 号联络变压器保护屏过激磁反时限动作跳 1 号联络变压器三侧开关。检查一次设备无异常，根据省调要求退出主变压器过激磁保护，10:28，1 号联络变压器中压侧 27A 开关由热备用转对 1 号联络变压器充电运行。10:34，1 号联络变压器高压侧 5021 开关由热备用转合环运行。

二、案例分析

由于春节期间用电量减少，系统电压偏高，事故前 ×× 变电站 500kV 系统电压为 525.6~532.8kV（SCADA 系统记录）。×× 变电站 1 号联络变压器过激磁保护启动值为 540kV，返回值为 521.5kV。当日新投运的 500kV 外送线路操作产生过电压引起 ×× 变电站 1 号联络变压器过激磁保护保护启动，随后因系统电压持续高于其返回值，装置长时间保持励磁，经反时限延时（2h）后，保护出口跳联络变压器三侧开关。

三、处置要点

（1）过励磁保护主要防止过电压和低频率对变压器造成的损坏，过激磁保护告警是监控员应对联络变压器高压侧电压及频率开展监视，及时汇报调度和通知现场。要防止当系统出现操作过电压引起该套保护继电器启动后，继电器无法返回，造成反时限动作出口跳闸。

（2）“过励磁保护动作”核实开关跳闸情况并立即上报调度，通知现场运维人员检查，加强运行监控，做好相关操作准备。

（3）及时掌握 *N*-1 后设备运行情况，重点关注其他运行变压器负载情况，根据故障后运行方式调整相应的监控措施。

（4）关注站用变压器有无正确备自投，站用电工作情况是否正常。

（5）做好操作准备，根据调度指令进行处理或转检修操作。

案例4 ××变电站联络变压器保护报过负荷误告警处置与分析

一、案例简述

2023年3月11日21:35，AVC投入××变电站35kV 3号电抗器，D5000报××变电站1号联络变压器PCS978T过负荷告警、1号联络变压器PCS978T装置异常、1号联络变压器WBH801T过负荷告警。遥控退出××变电站35kV 2号电抗器后信号复归。现场检查为低压侧过负荷告警，经过二次专业配合检查定值，现场装置显示低压侧过负荷定值为：1745A（一次值）/0.529A（二次值），投入两台电抗器后约1900A已超过定值，造成两套保护都报过负荷告警。负荷定值是厂家装置内部固化，不属于省调下达的定值单范畴。

二、案例分析

国网“九统一”后变压器保护的过负荷保护固定投入，投入3号电抗器后，低压侧电流达1900A左右，超过低压绕组过负荷告警值。国网“九统一”变压器保护定值固化时默认按接入的低压绕组TA按三角绕组整定，而三相一体变压器的低压绕组实际为星形绕组，两者存在1.732倍的幅值差。现场轮退保护修改1号联络变压器978保护、801保护“设备参数值”中“低压侧套管TA一次值”。

三、处置要点

（1）立即通知运维单位并汇报调度，初步判断为电抗器投入后报出两套电量保护过负荷误告警，向省调申请断开××变电站2号电抗器，同时申请临时在1、2号电抗器上挂“禁止遥控牌”退出1号联络变压器低压侧1号电抗器、2号电抗器的AVC自动运行状态，防止再次投入运行。

（2）变压器过负荷报警后，应立即检查联络变压器三相电流值（联络变压器高、中、低压侧额定电流，负荷电流值超过额定电流值，即为过负荷），对变压器进行仔细检查，油温、油位符合温度油位曲线，检查变压器组散热器温度。

（3）初步确认为误告警，推送缺陷并跟踪了解主变压器过负荷原因。了解现场处理方法，是否需要调度采取其他措施，并将情况汇报调度。

（4）若实际存在过负荷应对该台主变压器加强监视，将该主变压器负荷设专屏实时监视。过负荷期间禁止调节分接头。查阅规程中允许过负荷的倍数及允许时间，严格按

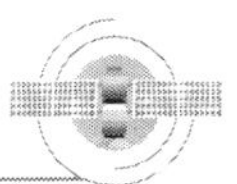

照运行限额控制并及时汇报调度。

案例 5　××变电站 35kV 2 号站用变压器轻瓦告警缺陷异常处置分析

一、案例简述

2021 年 1 月 1 日 06:59，××变电站 D5000 系统报 35kV 2 号站用变 /CSC241C“本体有载轻瓦告警油位异常”“装置异常 R”告警，监控后台报 2 号站用变“本体或有载轻瓦斯或油位异常”。

运维人员立即到现场检查 35kV 2 号站用变一、二次设备情况，检查站用变外观正常，本体油温指示 15℃，油位表指针为 3，现场无明显漏油或温度异常迹象。检查站用变气体继电器内有少量（不明显）气体。检查 2 号站用变保测装置提示非电量 4（即本体及有载轻瓦斯及油位异常）告警。值班人员立即将现场检查情况汇报领导。

07:35，值班人员申请将××变电站 35kV 2 号站用变转热备用，380V Ⅱ段母线负荷由 35kV 0 号站用变供电，并通知检修人员进一步检查。同时通知配调对外来电（××变电站 35kV 0 号站用变进线）线路保供电。

二、案例分析

在 2 号站用变转检修后，检修人员发现气体继电器确有瓦斯气体，现场进行取气并试验，未发现异常明显特征气体，同时开展本体取油样分析及电气试验，均未发现设备存在异常。

在进行瓦斯气体取气过程中，检修人员发现本体气体继电器引下的集气盒内迟迟未出油，疑似 2 号站用变内油较少。进一步查看运维人员抄录的站用变储油柜油位，发现该站用变本体储油柜油位计，随气温变化不明显，怀疑表计指针存在卡涩或异常。进一步检查油位计，发现油位计存在卡涩现象，导致现场表计无法真实反映实际油位。对油位计进行处理后，可正常转动。

综上所述，本次异常的原因如下：

现场检查本体轻瓦动作造成“本体、有载轻瓦告警、油位异常告警”。而造成轻瓦动作的原因为 2 号站用变储油柜油位较低，气温骤降导致瓦斯气体继电器油量不足。

三、处置要点

变压器类（非强油循环）设备轻瓦斯告警处理：第一次轻瓦告警后，查看 D5000 系统主要保护动作情况，记录时间，复归音响，同时汇报调度、部门领导和相关专责。过视频系统查看变压器外观重点查看气体继电器是否有气体，查看 OMDS 在线监测系统内油色谱分析数据，并对相关数据进行记录和分析判断。申请拉停变压器。

运维人员到站后（无人站 90min 内到，如遇特殊情况无法按时到达，需提前向调度部门报备），查看监控后台后简要汇报。待变压器停电后，值班负责人安排运维人员到保护小室检查联变保护装置动作情况及一次设备外观、油温、油位。必要时在设备停电后尽快开展一次设备红外测温工作，更好帮助现场的异常分析。检查完成后值班负责人立即详细汇报，通知检修人员异常情况，要求其尽快进站进行抢修。根据调度指令进一步处理。现场配合检修人员进行进一步检查。

案例 6　× × 变电站气动开关压力低闭锁重合信号分析

一、案例简述

2020 年 12 月 17 日 04:13:53，D5000 报 × × 变电站“500kV 5003 操作箱压力低闭锁重合”告警（D5000 告知窗口无空压机打压相关信号）。监控后台显示 05:01:34 空压机启动打压，约 1 min 后“重合闸压力低”“低气压闭锁重合闸”信号自动复归，约 3min 后空压机启动打压复归。经现场检查为空压机电机启停压力开关节点偏离正常设定打压值，导致空气压力降低到重合闸闭锁值后空压机才进行打压，检修人员重新调整压力开关节点，使气泵能够在 1.45MPa 正常打压，1.55MPa 停止。调整后试验两次均无异常。

二、案例分析

× × 变电站 500kV 5003 开关压力低闭锁重合闸告警发生在 12 月凌晨，为天气寒冷气温骤降时段，且空气压力确实存在降低，该开关与 2001 年投运，投运年限较久，设备存在一定程度的老化，压力开关定值偏移未正常打压导致告警。× × 变电站 500kV 5003 开关告警及复归时无任何空压机启动打压信号，未在 D5000 系统配置相关打压信号，于 2021 年 3 月才将打压信号配置导入 D5000 系统，打压信号是否正确上送有助于监控员正

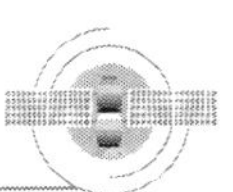

确判断压力低告警信号。

三、处置要点

监控员在D5000系统发现气动开关异常告警后，首先告知现场并要求核实一次设备空气压力值，了解当前是否有人工作、实际空气压力值、启动打压值、告警值、重合闸闭锁值、分合闸总闭锁值，是否有无继续降低的迹象，根据实际一次设备运行工况确认应急处置措施并填报对应等级缺陷。各站信号上送规范情况均不一致，监控员在发现异常告警后需及时与现场确认相关设备情况，确保第一时间感知设备状态。

（1）若现场汇报空气压力低于告警压力值，并且持续下降，应立即汇报调度，申请断开该断路器，必要时（如压力下降较快）可同步要求主/副值班员直接断开该断路器。

（2）若现场汇报空气压力指示无持续下降趋势，要求现场加强跟踪，有下降趋势应立即汇报。

（3）若当前空气压力数值低于闭锁值，了解现场的处理方法及需要调度采取的措施，并汇报调度，同时间做好隔离故障相关操作前准备，同时做好事故后该开关拒动的事故预想。实际压力降低正常应伴有空压机打压信号、空气压力低告警、重合闸闭锁、分合闸总闭锁及控制回路断线信号，当信号未按照压力由高到低的顺序连续出现，跳过电压力低直接报出压力低闭锁等情况，应确认相应伴生信号是否存在误报或漏报。

（4）如冬天极寒天气下出现该信号，可能为气温过低引起，有同类设备大范围出现该异常的可能，应问邻近变电站天气情况，加强同样气候范围变电站的监视，将相关风险及时汇报调度并提示现场运维人员检查启动相关应急预案。

案例7　××变电站开关保护装置闭锁告警处置与分析

一、案例简述

2023年5月22日18:30:41，D5000报××变电站500kV AB Ⅰ路5041 PCS921A装置闭锁、装置异常、TA断线R、重合闸充电满动作告警。现场检查921保护装置运行灯灭、充电完成灯灭、异常灯亮。装置自检告警信息显示装置报警、装置闭锁、模拟量采集错、保护DSP采样出错，闭锁失灵保护、闭锁重合闸、TA断线。根据相关规程规定失去开关保护相应间隔一次设备停役或采取临时保护措施，现场申请将5041开关转冷备用。

二、案例分析

现场检查 5041 开关保护装报文显示“装置闭锁、装置异常、保护 DSP 采样出错、模拟量采集错、TA 断线”。5041 开关转冷备用后，装置 DSP 采样 A 相电流在 0~4.0A 波动，B、C 相电流稳定为 0，启动 DSP 采样三相电流稳定为 0，钳形电流表测量三相电流为 0，装置电压采样正常。隔离外部电流、电压回路后，异常现象仍存在重启保护装置后，异常信号无法消除。

现场调取保护录波告警事件文件以及对 DSP 板进行在线诊断，判断为 DSP 板的保护 DSP 电流 A 相采样回路存在硬件故障，导致装置闭锁。更换 5041 开关保护 DSP 板，相关异常信号复归观察 10h，装置无异常。

三、处置要点

（1）立即通知运维单位并汇报调度，了解断路器保护是否有拒动和误动的风险，是否需要退出保护，必要时可向保护专业咨询 500kV 断路器无保护运行，应将相应断路器停用，若必须运行，应经调度批准；

（2）3/2 接线如需退出断路器保护，需将开关转冷备用，做好开关操作准备，如为双套断路器保护退出一套的，开关可以正常运行；

（3）了解异常的原因现场处置的情况，现场处置结束后，检查信号是否复归并做好记录。

案例 8　××变电站智能终端中断告警分析

一、案例简述

2022 年 2 月 21 日，D5000 报 ×× 变电站 500kV AB Ⅰ路 5013 测控、500kV AB Ⅰ路 1 号联络变压器 5012 测控“5013 智能终端 1 中断”告警信号，D5000 显示 AB Ⅰ路 5013 开关分位，实际为合位。经现场检查，×× 变电站 500kV 第一串 GOOSE 交换机 1 的第 7 个口通信灯灭，为交换机光模块故障引起 GOOSE 中断，更换对应光模块后缺陷消除。

二、案例分析

通过 GOOSE 协议通信的装置之间定时发送 GOOSE 报文用以检测通信链路状态，装置在接受报文的允许生存时间的 2 倍时间内没有收到下一帧 GOOSE 报文时，会判断为链

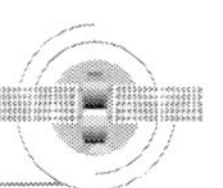

路中断。本案例中 5013 和 5012 开关测控“智能终端 1 中断”告警表明测控装置无法收到 5013 智能终端 1 遥信变位及设备告警信息，测控无法通过智能终端 1 下达分、合闸遥控命令。对于完全独立双重化配置的设备，GOOSE 链路中断最严重的将导致一套保护拒动，但不影响另一套保护正常快速的切除故障。

三、处置要点

当智能终端产生异常调控信息告警时，由监控员负责初步判断，立即通知运维单位，根据检查情况发起设备缺陷管理流程，了解现场的处置方法及措施，需要调度采取措施及时汇报申请。现场汇报缺陷处理结束后应了解异常原因和处理措施，检查异常信号复归并做好记录。根据异常类别总结处理原则见表 4-8。

表 4-8 智能终端异常类别总结处理原则

异常类别	缺陷等级	重要告警信息	一般处理原则
智能终端故障	危急	智能终端直流电源消失、装置闭锁、控制回路断线等	1）关注该套智能终端对应哪套保护装置、合并单元，加强监视，如后续其他保护装置、合并单元故障，则可能需要停运一次设备； 2）了解该套智能终端所采集的遥信和所遥控的范围，双重化配置的第一套智能终端异常移交该间隔监控权； 3）两套智能终端同时发生故障按开关拒动应急处理
智能终端异常	危急	智能终端运行异常、装置告警等	1）如开关无法正常分合闸应立即汇报调度； 2）关注该套智能终端对应哪套保护装置、合并单元，加强监视，如后续其他保护装置、合并单元故障，则可能需要停运一次设备； 3）了解该套智能终端所采集的遥信和所遥控的范围，移交相应监控权； 4）两套智能终端同时发生异常按开关拒动应急处理
智能终端遥信电源消失	危急	智能终端遥信电源消失	移交该间隔监控权
智能终端 GOOSE 总告警	危急	GOOSE 总告警、线路 BH 中断、开工 BH 中断、测控中断、母差 BH 中断、本体智能终端中断等	1）检查 GOOSE 告警范围，了解现场的处置方法及需要调度采取的措施； 2）两套智能终端同时出现保护相关告警信息时，尽快断本开关，测控 GS 中断移交本间隔监控权

续表

异常类别	缺陷等级	重要告警信息	一般处理原则
智能终端对时异常	一般	对时异常	1）立即通知运维单位； 2）如信号发生频繁告警可将单点抑制转就地监视； 3）跟踪缺陷处理情况，了解原因、处置流程并验收信号正常

案例 9　××变电站 AVC 控制电容器合闸后立即分闸异常处置与分析

一、案例简述

2022 年 3 月 21 日 15:20 AVC 控制 ×× 变电站 35kV 2 号电容器组 382 开关合闸后立即分闸，D5000 系统无相关异常信号告警，初步判断设备可能存在异常缺陷。现场检查有保测装置有启动信号，保测装置有相应断路器变位信息，无其他异常信号。

二、案例分析

×× 变电站 35kV 2 号电容器组 382 开关为河南平高电器公司生产的 LW35-40.5(G)/T 断路器，为弹簧操作机构。当机构处于分闸位置，合闸弹簧已储能状态时，合闸信号经控制回路传至合闸电磁铁，合闸电磁铁受电动作，动铁芯推动合闸半轴上的顶板，使储能保持掣子与合闸半轴的扣接量减小到零，解除对储能保持掣子的约束，合闸弹簧力使凸轮快速转动推动输出拐臂带动断路器合闸。合闸后分闸半轴扣接住合闸保持掣子，使断路器保护在合闸状态。

当机构处于合闸位置时，分闸信号经控制回路传至分闸电磁铁，分闸电磁铁受电动作，动铁芯推动分闸半轴上的顶板，使合闸保持掣子与分闸半轴的扣接量减小到零，解除对合闸保持掣子的约束，分闸弹簧力带动输出拐臂逆时针转动完成断路器分闸操作。

由此可知分闸半轴若磨损严重，将造成与合闸保持掣子间扣接量减少，合闸保持掣子无法保持，造成合闸后马上分闸。

三、处置要点

（1）该型号机构需要定期关注合闸后立即分闸情况，对于出现异常变位应采取停电处理措施，监控员应加强异常变位信息关注。

（2）AVC 控制 35kV 2 号电容器组 382 开关合闸后，实际一次回路已瞬时接通，保护已启动，AVC 投入不成功隔一段时间后仍然还会继续投入，电容器组频繁投切对联变有冲击影响。汇报调度申请将该电容器组暂时退出 AVC，并关注该变电站 500kV 及 220kV 电压值。

（3）推送集控缺陷，待检修人员消缺处理。

案例 10　TV 断线信号漏报分析

一、案例简述

××××年 06 月 27 日，A 变电站 220kV×× Ⅰ路因工作需要转检修。在 A 变电站 220kV×× Ⅰ路由运行顺控为冷备用操作完成后，监控系统报“A 变 220kV×× Ⅰ路/RCS902A.TV 断线 R”告警信号，而同一间隔内的另一套线路保护 PSL602G 装置的“TV 断线（CPU2）R”“TV 断线（CPU3）R”信号均未报出（该间隔光字牌如图 4-3 所示）。监控员怀疑信号漏报，第一时间告知运维人员进行检查处理。运维与二次人员沟通后回复：PSL602G 装置判断线路开关在分位，因此不会报 TV 断线，属于正常情况。

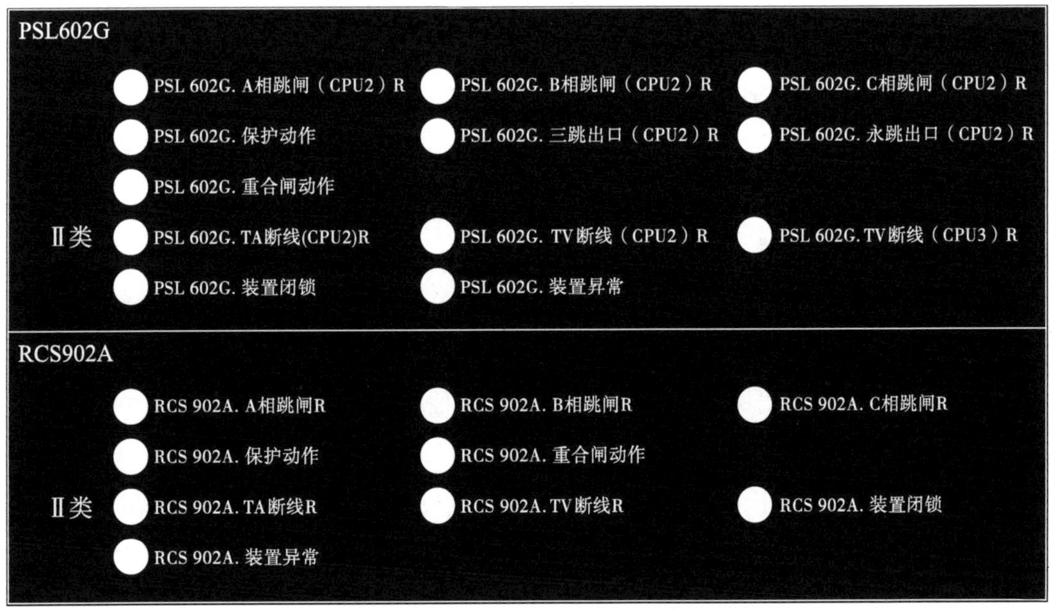

图 4-3　A 变电站 220kV×× Ⅰ路间隔信号

A 变电站 220kV×× Ⅰ路为电铁间隔，按照相关要求重合闸方式为三重。线路 TV

为单相式，线路保护装置采用的是经操作箱切换后的母线 TV 二次电压。

二、案例分析

（一）PSL602G 装置程序判别

对于 PSL602G 装置，其在正常运行程序时对于二次电压的监视在两部分程序内实现，第一部分为交流电压断线检查，即检查保护计算所需的电压。第二部分为线路抽取电压断线检查，即检查用作线路重合闸的电压。

1. 交流电压断线

对于交流电压断线检查，程序内又分为不对称断线识别和三相失压识别两种情况。第一种为不对称断线的识别，其判据有以下两个（两者之间为或关系）。

判据 1：三相电压向量和大于 8V。

判据 2：负序电压大于额定电压的一半，并且负序电流小于 1/4 的额定电流或者 1/4 的正序电流。

当上述两个判据的任意一个满足，持续时间达 1.25s 后，装置认为 TV 二次回路存在异常，发出“TV 断线”告警信号。

第二种为三相失压的识别。三相失压的判据为：当采用母线 TV 时，不判别线路开关的位置，当三相电压绝对值之和小于 $0.5U_N$，装置认为 TV 三相失压，持续时间达 1.25s 后发出“TV 断线”和“TV 三相失压”告警信号。

无论是 TV 不对称断线还是 TV 三相失压，装置均视为 TV 断线，距离保护退出，并退出静稳破坏启动元件。零序电流保护的方向元件是否退出由控制字决定，不带方向元件的各段零序电流保护可以动作。

2. 线路抽取电压断线

对于线路抽取电压断线的检查，与装置的重合闸方式有关。

当重合闸投入且处于三重或综重方式，如果装置整定为重合闸检同期或检无压，则要用到线路抽取电压，当用作同期电压的那路线路抽取电压低于 8V，且三相中任一相开关有流或者开关在合位时，满足条件持续 10s 报“线路 TV 断线”。

当重合闸投入且处于单重方式，如果装置整定为单重检三相有压，则要用到线路抽取电压，当开关三相均在合闸位置，且任意一路线路抽取电压低于 8V，持续 10s 报“线路 TV 断线”。

如重合闸不投或者不检同期也不检无压时，线路抽取电压可以不接入本装置，装置也不进行线路抽取电压断线的判别。×× Ⅰ路重合闸方式为三重，而 PSL602G 装置内的

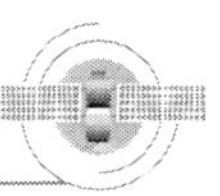

“重合闸检同期”和“重合闸检无压”控制字均置 0，如图 4–4 所示。因此 PSL602G 装置不进行“线路抽取电压断线的判别”。

控制字定义	控制字	(15)	(14)	(13)	(12)	(11)	(10)	(9)	(8)	(7)	(6)	(5)	(4)	(3)	(2)	(1)	(0)
	KG1 置	1	1	1	0	0	0	0	0	0	0	0	0	1	0	0	1
	KG1: (15)电压和电流求和自检投入。(14) TA 额定电流为 1 安(置“0”为 5A)。(13) 合后继可用。(4)单重检三相有压。(3) 重合充电时间 12s(置“0”为 20s)。(2)重合闸检同期。(1)重合闸检无压。(0)开关偷跳重合。(12)~(5)备用。																

图 4–4 A 变电站 220kV×× Ⅰ路 PSL602G 装置定值单内的控制字

（二）分析

220kV×× Ⅰ路 PSL602G 接入的是经操作箱切换后的母线 TV 二次电压，在断开母线侧隔离开关后，母线 TV 二次回路与 PSL602G 装置的回路中断，装置采集的三相电压绝对值之和小于 $0.5U_N$，且不判别断路器位置，持续 1.25s 发 TV 断线信号和 TV 三相失压事件。

监控员与运维人员确认现场监控后台有“PSL602GTV 三相失压”告警，保护小室内 PSL602G 装置的“TV 断线”指示灯亮起，装置告警逻辑正确无误。可以确认 PSL602G 装置的“TV 三相失压”信号未上送监控系统，属于信号漏报。对于停电的设备，信号漏报并不会造成影响。而处在运行的线路中，如果 TV 端子箱内的空开跳开或线路保护柜内的空开跳开，导致 TV 三相失压，此时装置失去部分保护功能，而监控员无法通过监控及时发现异常情况。

三、处置要点

（1）后续二次人员将 TV 三相失压和 TV 断线合并为一个遥信点“TV 断线（CPU2）R”上送，信号正常。“TV 断线（CPU3）R”信号关联 PSL602G 装置的 CPU3 板（综合重合闸板）的 TV 断线及失压软报文，由上述分析可知该点位永远不会告警。

（2）监控员及运维人员应加强设备停电过程中，除了要重点关注监控系统出现的告警信号，还需留意正常应该出现而未出现的告警信号，确保信号点位能正确告警，避免出现漏告警。必要时可查看保护说明书。

（3）加强监控系统点表审核把关，确保信号规范、合理，对于不需要的点位及时删除。

案例 11　电压偏差异常分析

一、案例简述

（1）× 月 × 日，D5000 系统显示 ×× 变电站 220kV AB Ⅱ路间隔 A、B、C 三相电压分别为 133.16、133.31、139.56kV，C 相电压存在较大偏差，现场检查测控装置 C 相电压为 63.47V，较其余两相偏高约 3V，外部接线电压正常，判断测控装置采样板由于运行时间长导致采样出现偏差。

（2）× 月 × 日，D5000 系统多次报 ×× 变电站 500kV Ⅱ段母线电压越下限值 2 告警并复归，最低电压降至 511.65kV，稳定后 500kV Ⅱ段母线电压显示为 519.75kV，500kV Ⅰ段母线电压为 529.06kV，Ⅱ段母线电压偏低约 10kV。

（3）× 月 × 日，D5000 系统显示 ×× 变电站 1 号联络变压器中压侧电压 A 相 132.24kV 、B 相 132.71kV、C 相电压 134.79kV（D5000 系统上 2 号联络变压器中压侧，220kV Ⅰ、Ⅱ段母线 A 相电压均比 B、C 相高约 1.1kV）。现场 1 号联络变压器保护屏上两套装置显示的二次电压、1 号联络变压器中压侧 TV 端子箱实测二次电压，A 相均比 B、C 相高 0.5~1.1V，测控屏上显示 A、B 相比 C 相电压低 1.1V。

（4）× 月 × 日 23:45，D5000 系统上 ×× 变电站 220kV AB Ⅰ路同期电压 U_4 比 220kV AB Ⅱ路同期电压 U_4 低 4kV，查历史电压数据 AB Ⅰ路每日同期电压波动非常明显，最低时刻比 AB Ⅱ路低 10~30kV。

（5）× 月 × 日，×× 变电站 500kV 母线电压波动较大（约 4~5kV），且频繁越限告警。

二、案例分析

（1）× 月 × 日，D5000 系统显示 ×× 变电站 220kV AB Ⅱ路间隔 A、B、C 三相电压分别为 133.16、133.31、139.56kV，C 相电压存在较大偏差。检修人员测量进入测控电压正常，判断采样板由于运行时间长导致采样出现偏差。对测控装置交流采样板进行通道校准后电压采样值恢复正常。

（2）× 月 × 日，D5000 系统多次报 ×× 变电站 500kV Ⅱ段母线线电压越下限值 2 告警并复归，最低电压降至 511.65kV。现场检查Ⅱ段母线 TV 端子箱内测量电压空开上端接线松动，紧固后电压恢复正常，观察一段时间电压正常。

（3）× 月 × 日，D5000 系统显示 ×× 变电站 1 号联络变压器中压侧电压 A 相

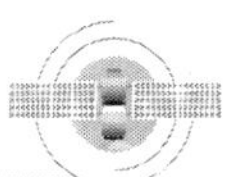

132.24kV、B相132.71kV、C相电压134.79kV（D5000系统上2号联络变压器中压侧，220kV Ⅰ、Ⅱ段母线A相电压均比B、C相高约1.1kV）。现场1号联络变压器保护屏上两套装置显示的二次电压、1号联络变压器中压侧TV端子箱实测二次电压，A相均比B、C相高0.5~1.1V，测控屏上显示A、B相比C相电压低1.1V。现场排查发现1号联络变压器中压侧测控电压回路N600接线错误，改接后电压恢复正常。

（4）×月×日23:45，D5000系统上××变电站220kV AB Ⅰ路同期电压U_4比220kV AB Ⅱ路同期电压U_4低4kV，查历史电压数据AB Ⅰ路每日同期电压波动非常明显，最低时刻比AB Ⅱ路低10~30kV。现场检查发现220kV AB Ⅰ路线路保护1及测控线路同期电压为117kV，正常电压应为133kV，进一步检查发现AB Ⅰ路智能柜端子排处线路TV二次同期电压N600和TV一点接地线之间的短接片松动。电压偏低的原因为AB Ⅰ路线路TV二次同期电压N600和TV一点接地线之间的短接片松动导致同期电压一点接地点不牢靠，出现电压偏低情况。检修人员对短接片重新插紧，AB Ⅰ路线路同期电压恢复至133kV，观察一段时间电压正常。

（5）×月×日，××变电站500kV母线电压波动较大（约4~5kV），且频繁越限告警。现场测量母线电压进母线测控装置前的电压幅值，与装置面板及监控后台显示的母线电压一致，且在测量时电压跳变不大，电压一次值跳变约0.05V，D5000上500kV母线电压无越限告警及大幅跳变。调取母线录波4月26日及5月5日母线电压手动录波文件对比发现4月26日500kV母线电压35、37次谐波含有率较高，现场对该测控装量进行电压在线校核，其精度满足规程要求。分析原因为受电网系统运行方式影响，××变电站500kV母线电压含有较高的35、37次谐波导致测控测量值发生偶发性跳变导致越限。现场目前500kV母线电压实际值与测控、录波、PMU、后台显示的值一致，无跳变及越限异常。根据电压越限期间电网运行方式和不越限时电网运行方式对比，发现受换流站相连线路影响，与换流站相关线路停电时电压越线消失。

三、处置要点

（1）立即通知运维单位，与监控后台核对D5000系统与监控后台是否电压一致。告知电压偏差情况，了解电压偏差的影响范围，询问现场的处理方法及当前需要采取的措施。

（2）除检查测控电压异常外，还需要电压互感器保护绕组是否也存在电压异常情况，重点核实是否有保护受到影响，必要时可向保护专业咨询，若需要退出相关保护，应立即汇报调度。

（3）正常电压一般为额定电压±0.5%偏差范围内，了解异常的原因、现场处置的情况，现场处置结束后，若达到缺陷标准应按缺陷标准推送相应等级缺陷，检查信号是否复归并做好记录。

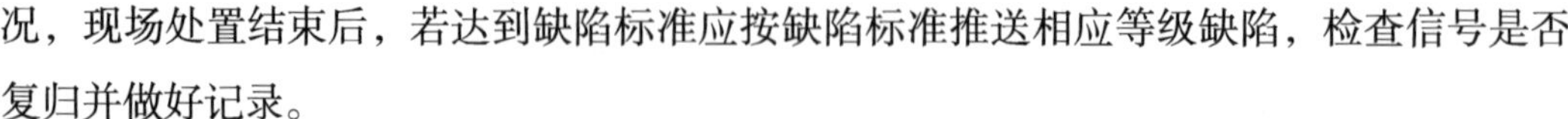

案例 12 冷却器异常分析

一、案例简述

变压器冷却器对于降低变压器温度及保持变压器长期安全运行十分重要。常见的冷却方式包括：油浸自冷、油浸风冷，强迫油循环风冷、强迫油循环导向风冷、强迫油循环水冷等。在迎峰度夏阶段，变压器负荷高叠加环境温度高，冷却器长期运行相关异常信号较多。变压器冷却器异常信号主要有：变压器冷却器全停告警、变压器冷却器电源消失、变压器油泵故障、变压器风扇故障、变压器冷却器故障等。

二、案例分析

（1）× 月 × 日，D5000 报 ×× 变电站 3 号联络变压器报“工作冷却器故障”“备用冷却器故障”“第二组风扇故障”“第三组风扇故障”“第四组风扇故障”“第五组风扇故障”“第六组风扇故障”（3 号联络变压器为三相一体变压器，强迫油循环风冷，共 6 组风扇）。运维人员现场检查联络变压器冷控柜 2~6 号冷却器故障灯亮并停止运行，只有 1 号冷却器处工作中。经排查试送发现 6 号冷却器无法恢复仍报故障，将 6 号冷却器退出运行，1、2、3、5 号冷却器恢复正常运行，4 号冷却器备用（PLC 自动控制），D5000 系统除“工作冷却器故障”信号（任一组风扇故障均报该信号）外，其余信号复归。白天运维人员再次进行检查，未发现第六组风扇存在明显故障，再次将第六组风扇投入，“工作冷却器故障”信号复归，观察几小时未再出现异常。现场检查发现冷控柜 X2/2JD/5 端子松动导致 5 号冷却器至 6 号冷却器出现 N 端断开，进而导致 5 号冷却器至 6 号冷却器控制回路断线，进而导致冷却器出现停机故障，对 X2/2JD/5 端子进行紧固之后，冷却器恢复正常。

（2）× 月 × 日，D5000 报 ×× 变电站 1 号联络变压器 / 冷却器“油泵油流量低”“冷却器故障”告警，现场检查 1 号联络变压器 A 相 2 号冷却器的风扇故障，导致 1 号联络变压器 A 相 2 号冷却器空气开关跳开，现场实际共 4 组冷却器，1、3、4 号冷却器组均正常。进一步检查发现 A 相 2 号冷却器电源线被风机扇叶打断，2 号风机电源线一端存在短路情况，进而导致 2 号冷却器电源空气开关跳开，更换 2 号风机电源线后恢

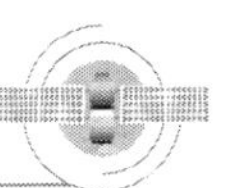

复正常。

（3）× 月 × 日，D5000 报“× × 变 /.3 号联变 /A 相 1 号电源故障告警”。现场冷却器切至 2 号电源运行。检修人员试验发现 × × 变电站 3 号联络变压器 A 相冷却器交流第一路电源电压监视继电器老化，内部电压采样值发生偏移，导致在电压正常情况下（380V），仍会动作。现场对该电压监视继电器进行更换，更换后的电压监视继电器得电后稳定运行，缺陷消除，设备合格，可以投运。

（4）× 月 × 日，D5000 系统报 × × 变电站 1 号联络变压器 /B 相冷却器电机故障告警。监控后台报 1 号联络变压器 B 相冷却器电机故障，现场检查发现冷却器电机电源 B 相电压降低，冷却器电源继电器 K20.2 输入电压正常，输出电压 B 相降低为 136V。故障原因为冷却器电源继电器 K20.2 年久老化，导致触点松动、接触不良，引起 B 相电压降低，A、C 相电流升高，造成冷却器电机电源空气开关跳闸。现场将交流进线电源 2 空气开关 Q20.2 进行试分合后，冷却器电源继电器 K20.2 输出电压恢复正常。

（5）× 月 × 日，D5000 报“× × 变 4 号联变 / 冷却器电源 Ⅰ 断相告警”。现场检查总动力电源箱内 KA1 未吸合，电压监视继电器 KV1 故障。故障原因为电压监视继电器 KV1 故障导致 KA1 未吸合，4 号联络变压器冷却器电源 Ⅰ 断相告警复归。现场重新更换电压监视继电器 KV1，KA1 重新吸合，4 号联络变压器冷却器电源 Ⅰ 断相告警复归。

（6）× 月 × 日，D5000 频报 × × 变电站 1 号联络变压器 C 相 PLC 故障。现场检查 1 号联络变压器 C 相 PLC 装置故障指示灯闪烁，目前已将 1 号联络变压器 C 相 PLC 装置电源空气开关断开，C 相冷却器切至“手动”模式。现场检查 1 号联络变压器 C 相 PLC 装置故障指示灯闪烁，目前已将 1 号联络变压器 C 相 PLC 装置电源空气开关断开，C 相冷却器切至“手动”模式。故障原因为 1 号联络变压器 C 相冷控柜 PLC 220V 交流电源转两路 ±24V 直流电源模块损坏。现场将 1 号联络变压器 C 相冷控柜 PLC 220V 交流电源转两路 ±24V 直流电源模块更换并进行试验，试验结果各项功能恢复正常。并对 A、B 相进行检查，确认功能均正常。

三、处置要点

1. 变压器冷却器全停告警

（1）立即通知现场运维人员并汇报调度，时刻监视主变压器油温值，了解该变压器冷却方式。若为强油风冷的，应立即通知调度人员该变压器若 20min 后到达 75℃有被迫停役的风险，密切监视绕组温度的变化情况。

（2）如强油风冷变压器冷却器全停后油温接近或超过 75℃的，或持续运行时间接近或超过 1h，应向调度汇报，做好变压器停役操作准备。

（3）了解异常的原因、现场处置的情况，现场处置结束后，检查信号是否复归并做好记录。

2. 变压器冷却器电源消失

（1）立即通知运维单位，加强监视主变压器油温值，询问现场的处理方法及当前需要采取的措施；

（2）如油温有持续升高的趋势，应汇报调度；

（3）了解异常的原因、现场处置的情况，现场处置结束后，检查信号是否复归并做好记录。

3. 变压器油泵故障

（1）立即通知运维单位，加强监视主变压器绕组温度和油温值，询问现场的处理方法及当前需要采取的措施；

（2）如绕组温度或油温有持续升高的趋势，应汇报调度；

（3）了解异常的原因、现场处置的情况，现场处置结束后，检查信号是否复归并做好记录。

4. 变压器风扇故障

（1）立即通知运维单位，加强监视主变压器油温值，询问现场的处理方法及当前需要采取的措施；

（2）如油温有持续升高的趋势，应汇报调度；

（3）了解异常的原因、现场处置的情况，现场处置结束后，检查信号是否复归并做好记录。

5. 变压器冷却器故障

（1）立即通知运维单位，加强监视主变压器油温、负荷值，检查有无备用冷却器启动信号，询问现场的处理方法及当前需要采取的措施；

（2）如油温有持续升高的趋势，应汇报调度；

（3）了解异常的原因、现场处置的情况，现场处置结束后，检查信号是否复归并做好记录。

案例 13　西门子液压氮气机构氮气泄漏异常分析

一、案例简述

×月×日，D5000 报××变电站 1 号联络变压器待用串 /1 号联络变压器 500kV 侧

5022 开关间隔报“N_2 泄漏”“合闸总闭锁”“压力低闭锁重合”，并推危急缺陷。现场检查监控后台相关信号有：“N_2 泄漏”“断路器合闸闭锁”“断路器压力低闭锁重合闸”。

运维人员随即到现场检查 5022 开关压力情况，其中 A 相液压压力为 31.5MPa，B 相液压压力为 32MPa，C 相液压压力为 34.0MPa（氮气泄漏压力为 35.5MPa，启动打压压力为 32MPa，重合闸闭锁压力为 30.8MPa，合闸闭锁压力为 27.8MPa，总闭锁压力为 26.3MPa），外观无异常，现场温度为 1℃左右。由于 C 相液压压力为 34.0MPa，比较接近氮气的泄漏压力 35.5MPa（可能是因为氮气泄漏或其他某种原因打压到 35.5MPa 后，触发氮气泄漏信号，电机打压回路被切断，液压压力回落至 34MPa 附近），于是申请断开 5022 开关并通知检修以便进一步检查。

二、案例分析

在 5022 开关转热备用并许可开工后，检修人员通过检查判断是 5022 断路器机构箱内部 B1 压力微动开关启动打压节点黏连，建压完成后未复归，打压至 35.5MPa 时，报“N_2 泄漏”“合闸总闭锁”“压力低闭锁重合”，并切断打压回路。于是从仓库中更换下的机械式压力开关拆除 B1 微动开关，并检查其正常后，对 5022 开关 B1 微动开关进行更换，并调试检查各节点正确动作，同时对三相的机械式压力开关 B1、B2 微动开关均再进行清洗、润滑，并校验各节点正确动作。5022 断路器机构箱内部 B1 压力微动开关见图 4–5。

图 4–5　5022 断路器机构箱内部 B1 压力微动开关

现将上述出现的相关信号做简要的分析。首先是油泵控制回路中（见图 4-6），当液压压力低于 32MPa 时，B1 微动开关的 1—2 这对辅助触点接通，经过 K15 时间继电器短延时后 K9 继电器得电，在氮气泄漏回路中（见图 4-7），此时由于 B1 微动开关的原因，油泵未在 33MPa 停泵，一直打压至 35.5MPa，使得 B1 微动开关的 4—6 这对辅助触点接通，导致氮气泄漏继电器 K81 得电随即报出“N_2 泄漏”信号，与此同时合闸闭锁继电器 K12 失电，图 4-8 中的 K12 辅助触点断开，闭锁合闸回路并报出“合闸闭锁”信号与“断路器压力低闭锁重合闸”（如图 4-9 所示，此时是液压压力高引起的重合闸闭锁，若是液压压力低于 30.8MPa。则由 K4 的 7—8 辅助触点闭合而闭锁重合闸）。

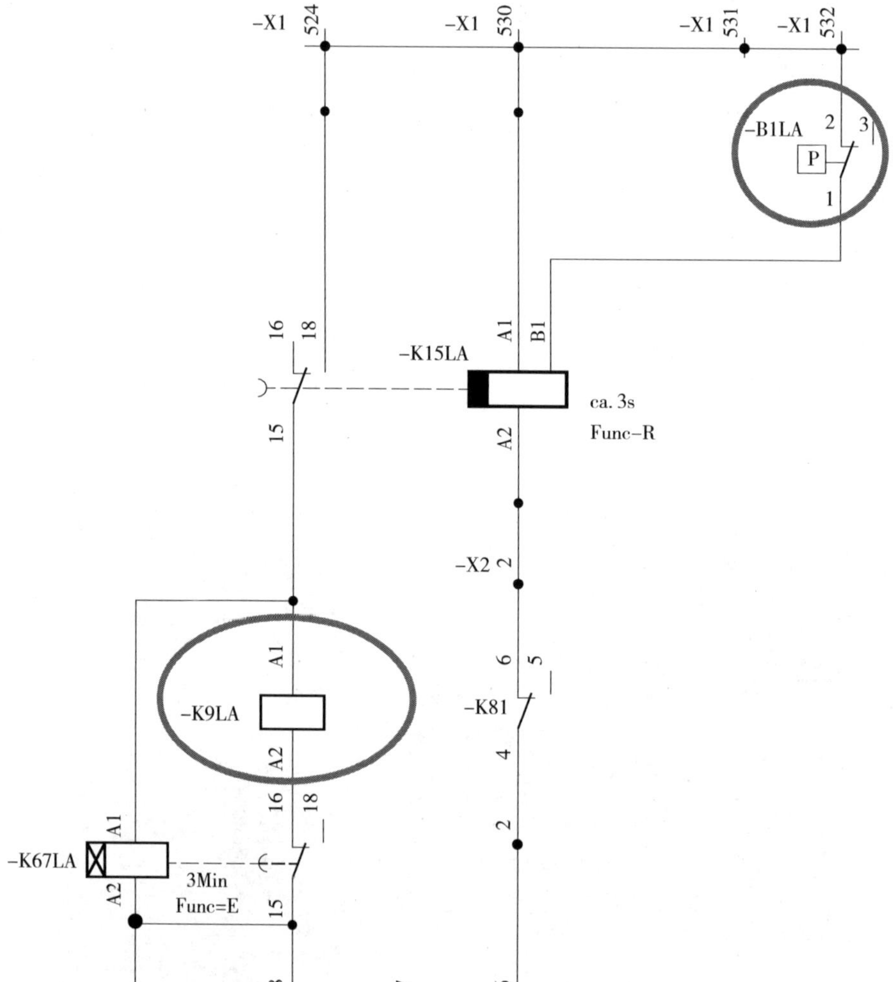

图 4-6　油泵控制回路（局部）

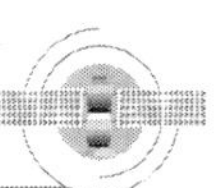

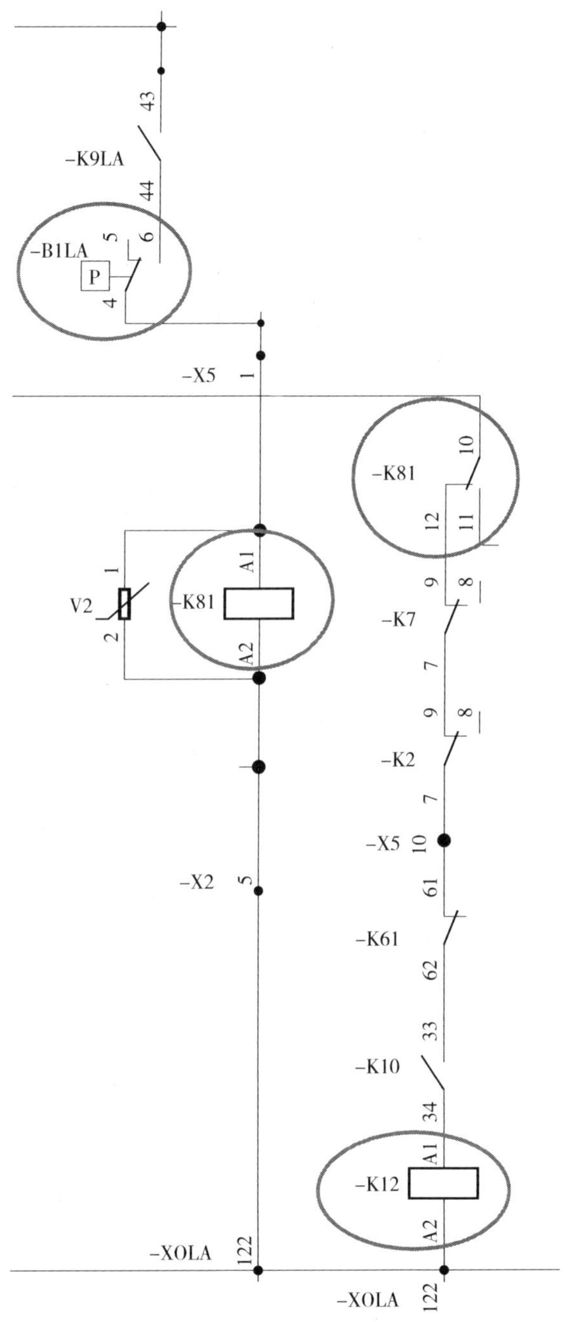

图 4-7　氮气泄漏回路（局部）

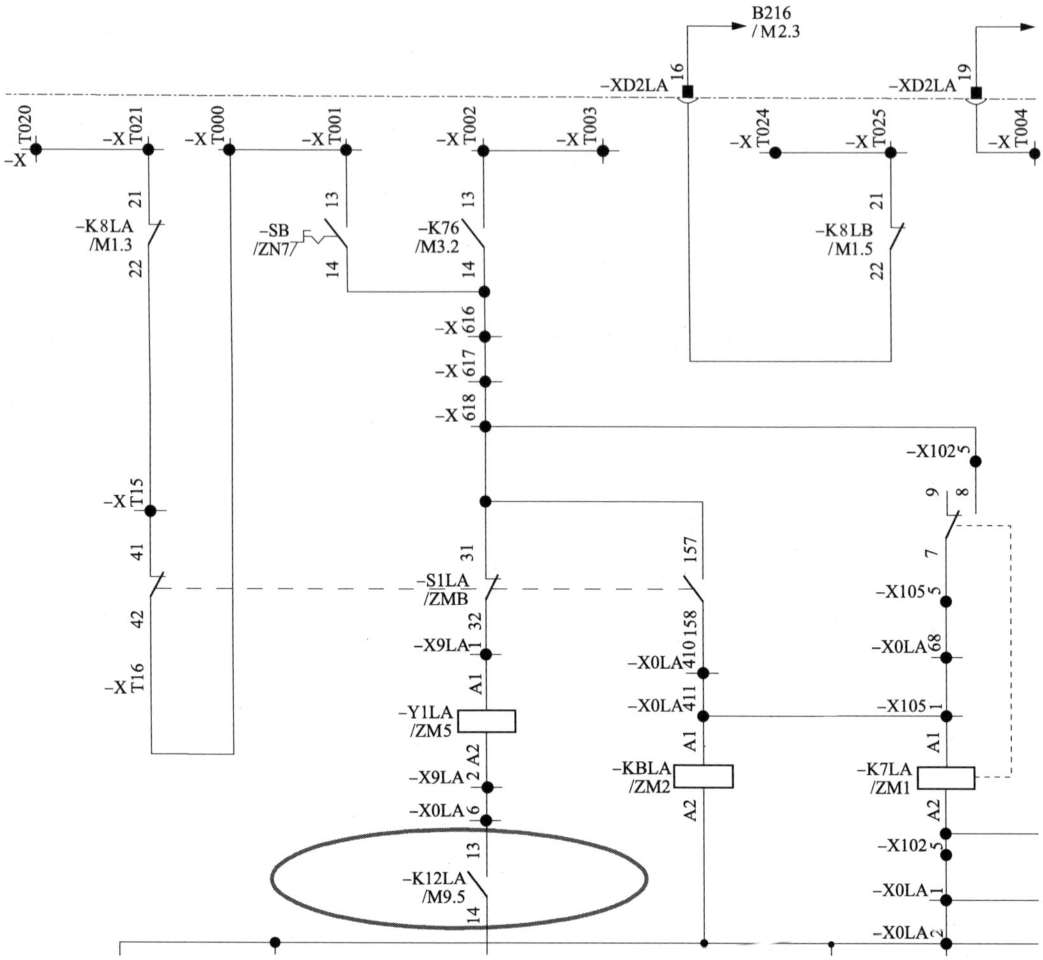

图 4-8　合闸回路（局部）

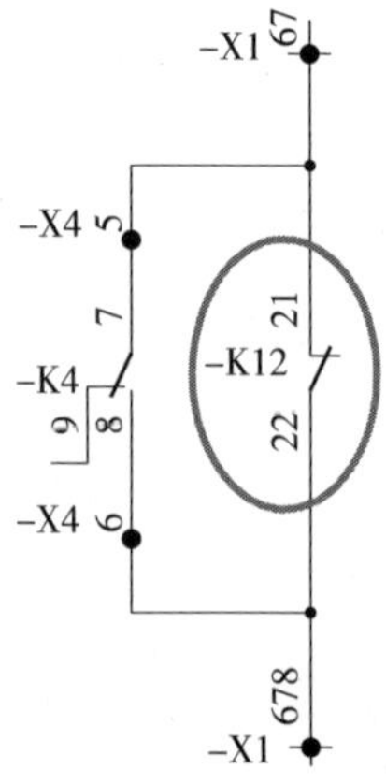

图 4-9　闭锁重合闸回路（局部）

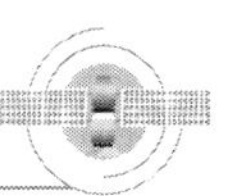

三、处置要点

（1）立即通知运维单位并汇报调度，了解操动机构氮气当前压力值、闭锁限值以及有无压力继续降低的迹象；

（2）如现场汇报压力有继续降低迹象的，应立即做好拉开该开关的操作准备，汇报调度告知该信号以及压力继续降低将可能有闭锁分合闸的风险；

（3）如该开关有告警后延时闭锁分合闸功能，应向现场核实具体情况，将详细情况汇报调度；

（4）了解异常的原因、现场处置的情况，现场处置结束后，检查信号是否复归并做好记录。

案例 14　×× 变电站 220kV 隔离开关辅助触点异常分析

一、案例简述

×× 变电站 220kV 母线接线方式为双母双分段。2023 年 05 月 05 日，在进行 220kV L1 路 264 开关由接Ⅲ段母线顺控为接Ⅳ段母线运行过程中，220kV Ⅲ _ Ⅳ母第二套母差 PCS915 装置报“隔离开关位置告警、母联 _ 母分 TA 断线、装置异常告警”，PCS915 装置显示 2642 隔离开关为分位、2641 隔离开关为合位，现场隔离开关实际机械位置为 2642 隔离开关处合位、2641 隔离开关处分位。

二、案例分析

运维人员现场检查 220kV Ⅲ _ Ⅳ母 PCS915 母差保护装置上“异常”“差动保护闭锁”“隔离开关告警”指示灯亮，装置报“装置报警、支路隔离开关位置异常、母联 / 分段 TA 断线、闭锁后备保护、母联 TA 断线、母联 TA 异常、264 隔离开关位置异常、闭锁差动保护”，915 母差保护装置模拟盘上 220kV L1 路 264 间隔隔离开关位置指示灯均灭。初步判断为 915 母差保护装置上接入的 264 间隔隔离开关辅助触点位置异常。监控事项窗口告警信号见表 4–9。

二次人员到站后，检查发现 220kV Ⅲ _ Ⅳ母 915 母差保护装置的 L1 路 2642 隔离开关合位辅助触点无电，进一步检查发现 264 开关汇控箱内 2642 隔离开关 B 相合位辅助触点不通，判断 L1 路 2642 隔离开关 B 相合位触点不通导致 915 母差保护装置判断隔离开关位置异常，闭锁保护。在264汇控箱内更换2642隔离开关B相合位备用辅助触点，915母差保护正常收到2642隔离开关合位，装置异常复归，缺陷消除。

表4-9　　隔离开关监控事项窗口告警信号异常报文

序号	报警时间	内容
1	2023-05-05 02:36:36	220kV L1路2642隔离开关　合闸
2	2023-05-05 02:36:36	220kV L1路264操作箱切换继电器同时动作　动作
3	2023-05-05 02:36:36	220kV母差Ⅲ_Ⅳ母第一套WMH801A Ⅲ_Ⅳ母互联　动作
4	2023-05-05 02:36:38	220kV母差Ⅲ_Ⅳ母第一套WMH801A 2642合位R　动作
5	2023-05-05 02:36:40	220kV母差Ⅲ_Ⅳ母第二套PCS915SA装置异常　动作
6	2023-05-05 02:36:41	220kV母差Ⅲ_Ⅳ母第二套PCS915SA TA_TV断线　动作
7	2023-05-05 02:36:43	220kV母差Ⅲ_Ⅳ母第二套PCS915SA母联_母分TA断线　动作
8	2023-05-05 02:37:17	220kV L1路2641隔离开关　分闸
9	2023-05-05 02:37:17	220kV母差Ⅲ_Ⅳ母第一套WMH801A Ⅲ_Ⅳ母互联　复归
10	2023-05-05 02:37:18	220kV母差Ⅲ_Ⅳ母第二套PCS915SA隔离开关位置告警　动作
11	2023-05-05 02:37:18	220kV L1路264/操作箱切换继电器同时动作　复归
12	2023-05-05 02:37:18	220kV母差Ⅲ_Ⅳ母第一套WMH801A 2641合位　复归

三、处置要点

（1）立即通知运维单位并汇报调度，重点核实PCS915母差保护装置有无误动、拒动风险。如在220kV Ⅲ段母线（或Ⅳ段母线）故障时是否会存在两端母线都被切除的风险。母差保护装置是否有配套的模拟盘，以及是否可以通过模拟盘用强制开关指定相应的隔离开关位置状态。该套母差保护装置是否需要临时退出。

（2）检查另一套母差保护装置是否正常运行，有无出现异常告警，重点核实该间隔

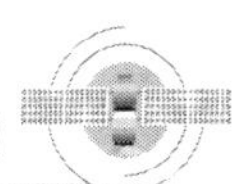

隔离开关位置指示是否与现场隔离开关机械位置一致。

（3）了解异常的原因、现场处置的情况，现场处置结束后，检查信号是否复归并做好记录。

案例 15　× × 变电站智能终端操作电源消失分析

一、案例简述

× 月 × 日，监控系统报 × × 变电站 220kV × × Ⅰ路 213 间隔“智能终端 2 操作电源消失”信号，无“控制回路断线”告警。

二、案例分析

（一）操作电源监视回路

智能终端的操作电源监视继电器 JJ 接在操作电源之间，如图 4–10 所示。当操作电源失电时，JJ 继电器失电，其动断触点（JJ1）17X13–17X14 闭合，智能终端装置报操作电源消失信号，如图 4–11 所示。

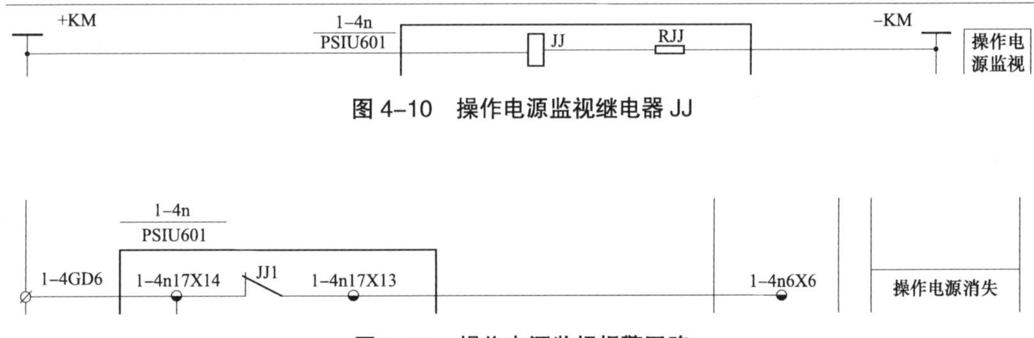

图 4–10　操作电源监视继电器 JJ

图 4–11　操作电源监视报警回路

（二）控制回路断线监视回路

控制回路断线告警信号由分相跳位监视继电器 TWJ 与合位监视继电器 HWJ 的动断触点串联组成，如图 4–12 所示。

当开关在合位时，其 A、B、C 相跳位监视继电器 TWJA、TWJB、TWJC 失电，动断触点闭合，而 A、B、C 相合位监视继电器 HWJA、HWJB、HWJC 得电，动断触点打开。当任一相操作电源消失时（以 A 相为例），该相合位监视继电器失电（见图 4–13），其动断触点 18X12—18X10 闭合，与分相跳位监视继电器动断触点 TWJ 串联，报控制回路断线信号，如图 4–12 所示。

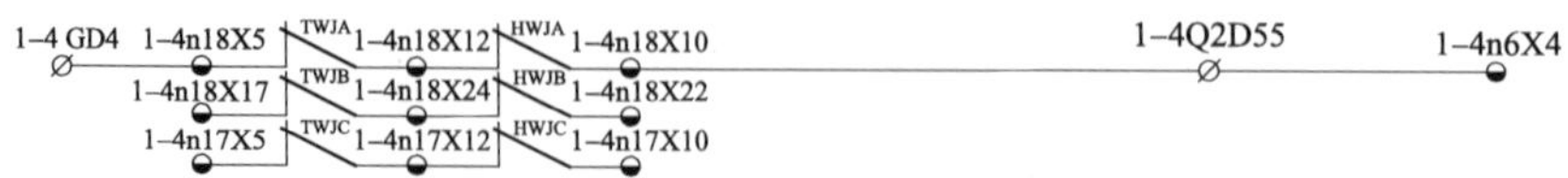

图 4–12　控制回路断线监视报警回路

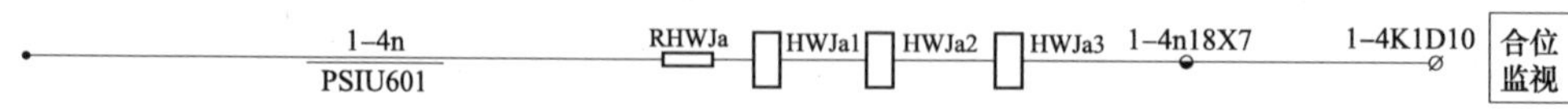

图 4–13　合位监视继电器 HWJ（以 A 相为例）

而当开关在分位时，同理，任一相操作电源消失时，其跳位监视继电器 TWJ 失电，动断触点闭合，与分相合位监视继电器动断触点串联，报控制回路断线信号。

（三）现场检查情况

运维人员现场检查发现 220kV×× Ⅰ路 213 单元智能控制柜内智能终端 2 面板上“控回失电”灯亮，检查柜内第二组控制电源直流空开在合位。

二次人员到场后，检查发现智能终端 2 仅报操作电源消失，未报控制回路断线。用万用表测量操作电源空开的上下级，直流电压正常。经进一步检查，判断为智能终端 2 的跳闸出口板上的电源监视继电器损坏，导致该继电器动断触点闭合，引起操作电源消失告警。因实际操作电源并未失去，A、B、C 相合位监视继电器 HWJA、HWJB、HWJC 均在得电状态，常闭节点处于分位，所以未报控制回路断线信号，告警行为正确。经更换跳闸出口板后，智能终端 2 操作电源消失告警信号复归。

由以上分析可以知道，若实际发生智能终端操作电源消失的情况下，会同时导致控制回路断线。仅当操作电源监视继电器内部故障时，只报操作电源消失信号，但此时断路器控制回路正常，不影响断路器的跳合闸功能。

三、处置要点

（1）立即通知运维单位并汇报调度，检查操作电源空气开关状态，上下级电压是否正常；

（2）了解断路器本体机构及操作机构是否正常；

（3）检查另一套智能终端装置是否正常运行，有无出现异常告警；

（4）了解异常的原因、现场处置的情况，现场处置结束后，检查信号是否复归并做好记录。

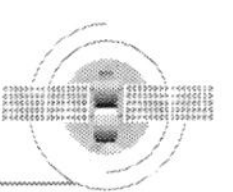

案例 16　× × 变电站线路故障操作箱出口跳闸 2 未动作分析

一、案例简述

08 月 28 日 17 时 58 分，× × 变电站 220kV × × Ⅱ路 212 线路 BC 相相间故障，212 开关三相跳闸。两套线路保护动作情况如下：

RCS-902L1 线路保护动作情况：18ms 纵联距离动作，18ms 纵联零序方向，29ms 距离Ⅰ段动作，故障相别 BC 相。

PSL-603 线路保护动作情况：26ms 差动保护 C 跳出口，31ms 差动永跳出口，52ms 相间距离Ⅰ段动作、52ms 保护永跳出口（CPU2）。

监控系统报“操作箱出口 1 跳闸动作”，未报“操作箱出口 2 跳闸动作”，现场检查操作箱第二组跳闸信号灯不亮。

二、案例分析

线路故障情况下，线路保护发跳令，通过操作箱接入断路器跳闸线圈，并通过操作箱 21TBJI 继电器的进行自保持，见图 4-14。同时 21TBJI 的另一对节点接通 2TXJ 双位置继电器，见图 4-15，2TXJ 双位置继电器一端得电后，其一对节点点亮跳闸出口信号灯，另一对节点送至测控装置，用于监控后台跳闸信号提示，如图 4-16 所示。

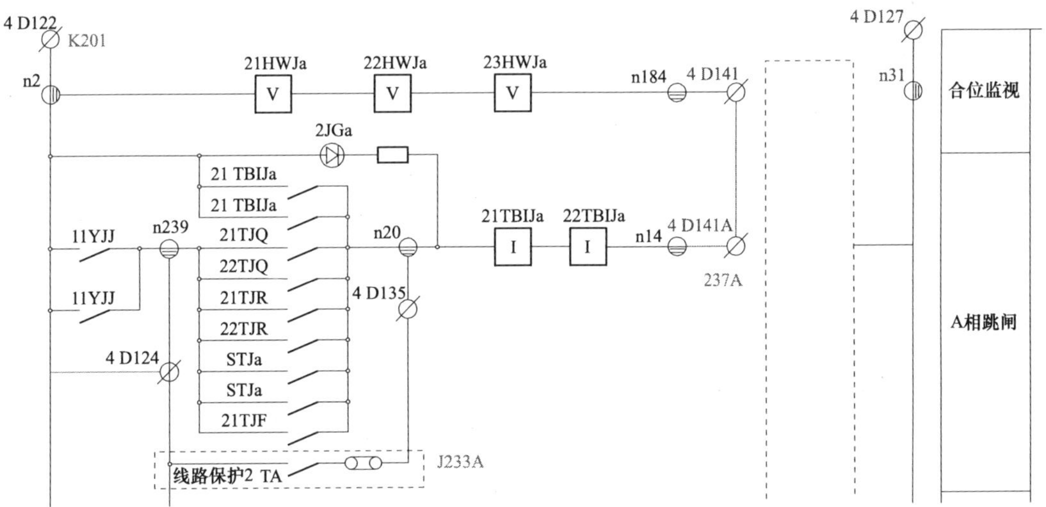

图 4-14　操作箱跳闸出口回路（第二组）

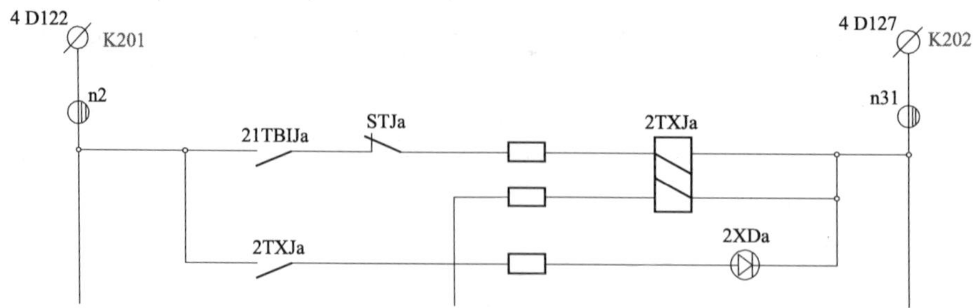

图 4-15　操作箱跳闸出口信号灯（第二组）

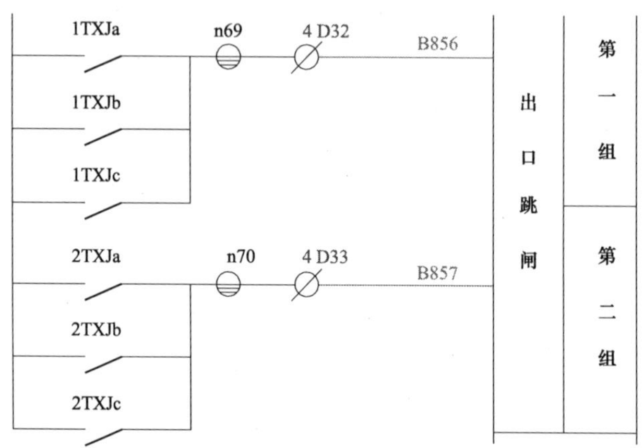

图 4-16　操作箱跳闸出口信号（第二组）

××变电站××Ⅱ路 212 间隔，RCS902A 保护为第一套线路保护，跳闸出口回路对应操作箱第一组跳闸回路，PSL603G 为第二套线路保护，跳闸出口回路对应操作箱第二组跳闸回路操作箱。

调阅故障录波图，如图 4-17 所示，显示保护动作时序如下：

RCS902A：保护动作时间（跳 A）：23.4ms、保护动作时间（跳 B）：22.6ms、保护动作时间（跳 C）：23.0ms。

PSL603G：保护动作时间（跳 A）：36.4ms、保护动作时间（跳 B）：35.8ms、保护动作时间（跳 C）：32.4ms。

操作箱：A 相跳位时间：33.8ms，B 相跳位时间：32.2ms，C 相跳位时间：31.2ms。

由图 4-17 故障录波图可知，以 A 相为例，第一套线路保护，即 RCS902A 保护在 23.4ms 时先动作跳闸，第一套线路保护出口成功后，33.8ms 断路器分闸，接入跳闸回路的常开辅助触点断开，即第一组、第二组跳闸回路均断开。此时第二套线路保护，即 PSL603G 保护在 36.4ms 时再发跳令，由于第二组跳闸回路已断开，21TBJI 继电器无法得电，所以操作箱第二组跳闸信号灯不亮，监控后台也不会发操作箱跳闸出口 2 告警信号，

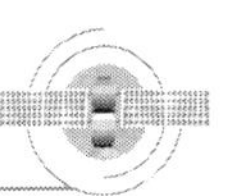

该现象为正常现象。

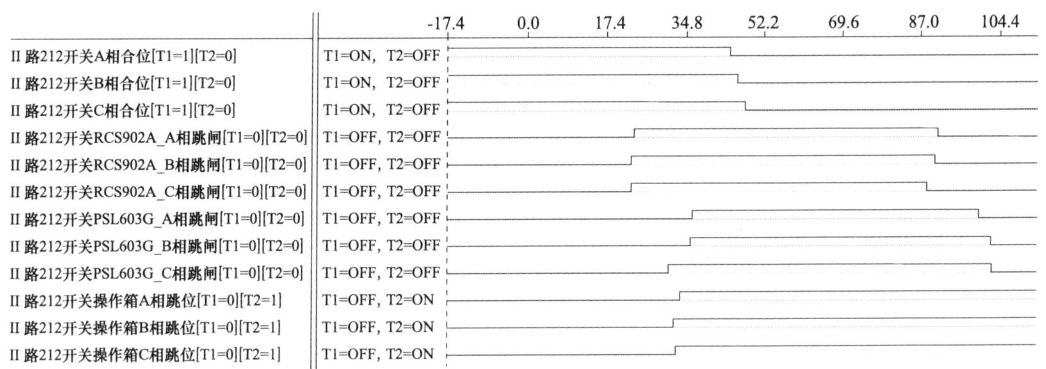

图 4–17　故障录波图

三、处置要点

（1）立即通知运维单位检查现场操作箱跳闸信号灯指示情况。

（2）确认两套线路保护对应跳闸回路情况，同时尽快调取故障录波图，查阅保护动作时序。

（3）如检查操作箱跳闸信号灯与报文信息不符，则可能存在信号漏发或误发缺陷，需进一步进行检查处理。如两套保护装置动作时序接近，则需进一步检查跳闸回路情况。

案例 17　合智一体装置收备自投 GOOSE 中断

一、案例简述

某站 110kV 系统为扩大内桥接线，如图 4–18 所示。1 号主变压器、L1 线接Ⅰ段母线运行，L2 为备用线接Ⅱ段母线处于备用状态，3 号主变压器、L3 线接Ⅲ段母线热备用，母联开关 15M 和母分开关 15K 均在运行中。

3 月 24 日 22:15:10，监控主机上报 ×× 变 L1 线 154 合智一体（Ⅰ套）收 110kV 备自投 GOOSE 中断，×× 变 L1 线 154 合智一体（Ⅰ套）GOOSE 总告警，×× 变 110kV 公用信号 WBT821B 备自投收 L1 线 154 合智一体Ⅰ套 GOOSE 通信中断。

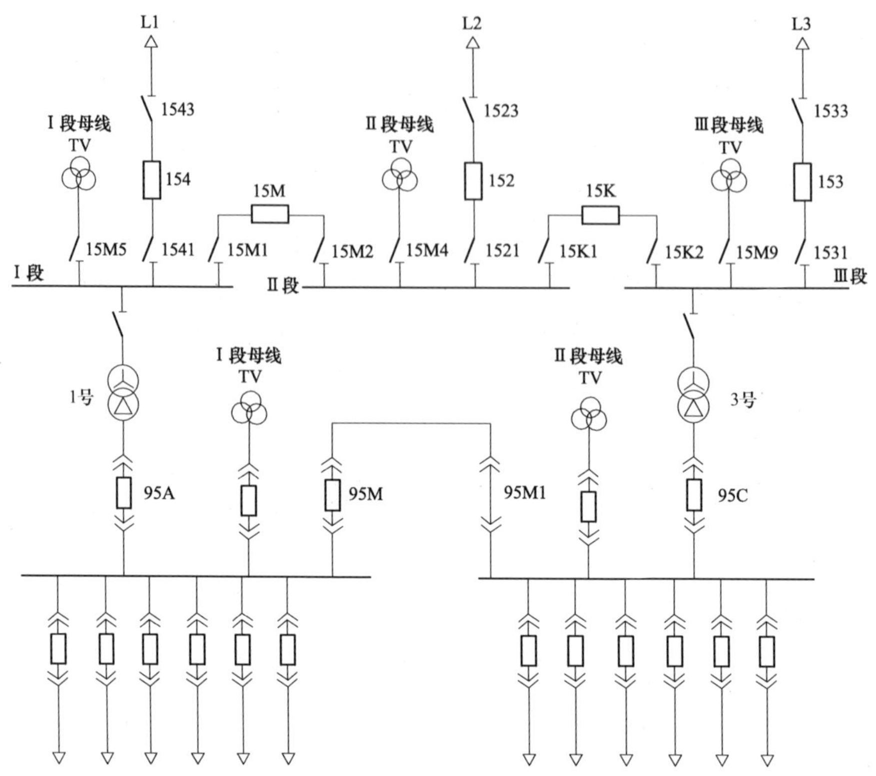

图 4-18　110kV 变电站扩大内桥接线示意图

二、案例分析

备自投装置根据备用方式分为桥备投和进线备投两种，该站采用的是进线备投的方式。

进线备自投充电需同时满足以下条件：154 开关合位、15M 开关合位、153 开关分位、L3 线路三相有压、Ⅰ段母线和Ⅱ段母线三相有压。

进线备自投放电只需满足其中一条即可，分别是 154 开关分位、15M 开关分位、153 开关合位、L1 线路三相无压。

进线启动条件为Ⅰ母、Ⅱ母三相无电压，工作线路 L1 线无电流，热备用线路 L3 线三相有电压，备自投启动。

因故障需跳开 154 开关后，在热备用线路 L3 线路有压，母联 15M 开关处于合位的情况下，跳开工作线路 L1 线的 154 开关，经延时合上热备用线路 L3 线的 153 开关，保证系统的供电可靠性。

（1）×× 变电站 L1 线 154 合智一体（1 套）收 110kV 备自投 GOOSE 中断，信号表明 L1 线 154 合智一体装置无法接收 110kV 备自投信号，若此时Ⅰ段母线出现故障，备

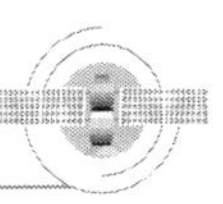

自投装置对154合智一体装置发跳闸信号时，154合智一体装置因通信中断而导致154开关无法跳闸。××变L1线154合智一体（I套）GOOSE总告警为伴随信号。

（2）××变电站110kV公用信号WBT821B备自投收L1线154合智一体I套GOOSE通信中断，信号表明110kV备自投装置无法接收到L1线154合智一体装置的信息，包括遥测、遥信、遥控信息。备自投收工作线路L1线的遥测信息中断，L1线的三相电压消失导致110kV备自投放电。

在当前的运行方式下，当工作线路L1线因故障跳开154开关后，110kV备自投装置因通信中断未启动，热备用线路L3线的153开关仍处于分闸位置，将导致Ⅰ、Ⅱ、Ⅲ段母线均失去电压，造成用户负荷的损失。

三、处置要点

（1）监控员应及时梳理告警信号，通知运维人员到现场检查设备状态，观察监控主机上的告警信号是否复归；

（2）监控员应及时汇报调度，××变电站L1线154合智一体（I套）收110kV备自投GOOSE中断，××变电站110kV公用信号WBT821B备自投收L1线154合智一体I套GOOSE通信中断，申请调整系统的运行方式；

（3）按照调度指令将153开关由热备用转运行，断开母联开关15M、母分开关15K；

（4）在监控主机上查看确认10kV备自投装置充电状态指示正确，无异常告警信号。

案例18　110kV线路合智一体装置闭锁告警

一、案例简述

220kV某变电站为智能变电站，110kV线路间隔均配置一套UDM-502系列合并单元智能终端一体化装置，一套PCS-923G-DM保护测控一体装置，110kV母线配置一套SGB750母差保护。

2021年5月10日10:14:20，监控主机上报出110kV L1线路智能终端合并单元装置闭锁告警、智能终端合并单元SV总告警、110kV L1线路保护测控装置接收一体化装置测控遥信GOOSE中断、110kV公用信号母差收110kV L1线路保护测控装置SV总告警等信号，具体报文信息见表4-10。

表 4–10　　　　报文信息

序号	时间	内容
1	2021–05–10 10:14:20	110kV L1 线路 PCS941A–DM 保护测控装置接收一体化装置测控遥信 GOOSE 中断（软报文） 动作
2	2021–05–10 10:14:20	110kV L1 线路 PCS941A–DM 保护测控装置接收一体化装置保护遥信 GOOSE 中断（软报文） 动作
3	2021–05–10 10:14:20	110kV L1 线路 PCS941A–DM 保护测控装置 GOOSE 总告警（软报文）动作
4	2021–05–10 10:14:20	110kV SGB750 母差收西江Ⅱ路 162 保测装置 GOOSE 中断（软报文） 动作
5	2021–05–10 10:14:20	110kV L1 线路智能终端合并单元装置闭锁　动作
6	2021–05–10 10:14:20	110kV L1 线路智能终端合并单元 SV 总告警（软报文） 动作
7	2021–05–10 10:14:20	110kV L1 线路 PCS941A–DM 保护测控装置接收一体化装置 SV 中断（软报文） 动作
8	2021–05–10 10:14:20	110kV L1 线路 PCS941A–DM 保护测控装置　动作
9	2021–05–10 10:14:20	110kV L1 线路 PCS941A–DM 保护测控装置 SV 总告警（软报文） 动作
10	2021–05–10 10:14:20	110kV 公用信号 /SGB750 母差收西江Ⅱ路 162 合智一体 SV 异常（软报文） 动作
11	2021–05–10 10:14:20	110kV L1 线路 PCS941A–DM 保护 TV 断线（软报文） 动作（IEC–103）

二、案例分析

在智能变电站中，智能终端通过电缆与一次设备连接，通过光纤与保护、测控连接，实现对一次设备的测量与控制。合并单元负责对电压、电流数据的采集与处理，并将数据上送给保护与测控装置。智能变电站的网络信息流如图 4–19 所示。

在本案例中，110kV L1 线路智能终端合并单元装置闭锁告警信号表明该条线路的合并单元智能终端一体化装置运行异常，影响范围包括：

（1）110kV L1 线路保护测控一体装置接收不到合并单元智能终端一体化装置上送的遥

测、遥信信息，因而监控主机上出现110kV L1线路保护测控装置接收一体化装置测控遥信GOOSE中断、110kV L1线路PCS941A-DM保护TV断线（软报文）告警（IEC-103）等信号；

（2）110kV L1线路不能进行遥控操作；

（3）110kV母差保护装置接收不到合并单元智能终端一体化装置采集电流信息、隔离开关位置信息等，影响大差、小差的判断，因而监控主机上出现110kV公用信号SGB750母差收L1线路合智一体SV异常（软报文）告警信号；

（4）110kV L1线路智能终端合并单元装置接收不到保护测控一体装置发出的跳闸信号，若此时遇到故障，该条线路开关无法断开，将扩大事故影响范围。

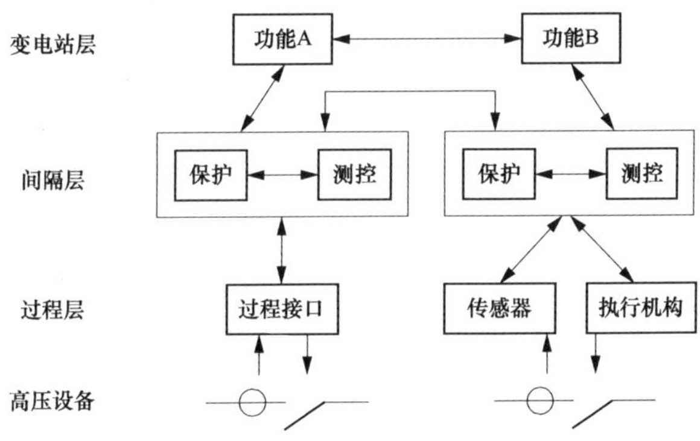

图4-19　智能变电站网络信息流

三、处置要点

（1）监控员应及时梳理告警信号，通知运维人员到现场检查110kV L1线路智能终端合并单元装置状态；

（2）监控员应及时汇报调度，110kV L1线路智能终端合并单元装置闭锁告警、110kV L1线路保护测控装置接收一体化装置测控遥信GOOSE中断、110kV公用信号SGB750母差收L1线路合智一体SV异常（软报文）告警信号，配合调度指令进行操作；

（3）将母差保护中110kV L1线路间隔的SV投入软压板退出，使得母差保护不再需要采集110kV L1线路间隔的电流，让母差保护恢复正常运行。

案例19　110kV主变压器差动保护动作跳闸事故

一、案例简述

110kV某变电站为扩大内桥接线，如图4-20所示，事故前1号主变压器接Ⅰ段母线

运行，2 号主变压器接Ⅲ段母线运行，L1 线接Ⅰ母运行，L2 线接Ⅲ母热备用，110kV 母联断路器 12M 在运行状态，10kV 母联断路器 92M 在热备用状态。

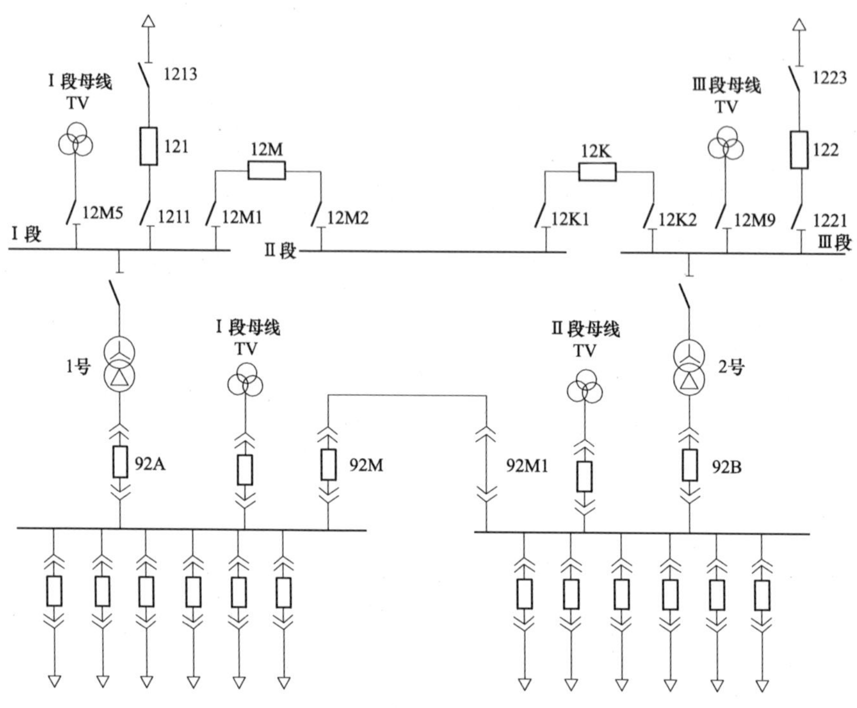

图 4-20　110kV 某变电站接线方式

2021 年 4 月 10 日 10:00，调度下令“110kV L2 线 122 开关由热备用转合环运行”，在合环过程中，1 号主变压器差动保护动作，跳开 110kV L1 线 121 开关、110kV 母联 12M 开关及 1 号主变压器 10kV 侧 92A 开关，10kV 备自投动作，92M 开关合闸。1 号主变压器跳闸过程中，造成 10kV Ⅰ段母线短时失压，104 通道链路中断，110kV Ⅰ段母线失压，具体报文信息见表 4-11~ 表 4-15。

表 4-11　　　　事故信号

序号	时间	内容
1	2021-04-10 10:18:46	110kV L2 线 121 智能终端（Ⅰ套）事故总
2	2021-04-10 10:18:46	110kV 1 号主变压器 UDT-531A（Ⅰ套）事件总（软报文） 动作
3	2021-04-10 10:18:46	110kV 1 号主变压器 10kV 侧 92A 开关事故总
4	2021-04-10 10:18:46	110kV Ⅰ、Ⅱ段母分 12M 合智一体（Ⅰ套）事故总（软报文） 动作

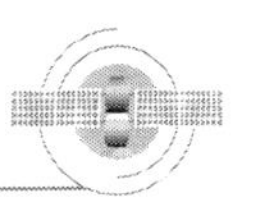

表 4-12　　　　　　　　　　　　变位信号

序号	时间	内容
1	2021-04-10 00:18:46	10kV 1 号主变压器 10kV 侧 92A 开关　事故分闸
2	2021-04-10 00:18:46	110kV L2 线 122 开关　合闸
3	2021-04-10 00:18:46	10kV 1 号主变压器 10kV 侧 92A 开关　分闸
4	2021-04-10 00:18:46	110kV Ⅰ、Ⅱ段母分 12M 开关　事故分闸
5	2021-04-10 00:18:46	110kV Ⅰ、Ⅱ段母分 12M 开关　分闸
6	2021-04-10 00:18:46	110kV L1 线 121 开关　分闸
7	2021-04-10 00:18:46	10kV Ⅰ、Ⅱ段母分 92M 开关　合闸
8	2021-04-10 00:21:21	10kV 3 号电容器 929 开关　合闸
9	2021-04-10 00:22:51	10kV 2 号电容器 918 开关　合闸
10	2021-04-10 00:31:24	10kV 4 号电容器 939 开关　合闸

表 4-13　　　　　　　　　　　　告知信号

序号	时间	内容
1	2021-04-10 00:11:17	110kV L2 线 122 开关就地位置（机构箱）（软报文）　复归
2	2021-04-10 00:12:57	110kV L2 线 122 开关就地位置（机构箱）（软报文）　动作
3	2021-04-10 00:13:33	110kV L2 线 122 开关就地位置（机构箱）（软报文）　复归
4	2021-04-10 00:18:46	10kV 公用信号 UDC-351C Ⅰ－Ⅱ段备自投备投方式 4 充电满（软报文）　复归

续表

序号	时间	内容
5	2021-04-10 00:18:46	10kV 公用信号 UDC-351C Ⅰ－Ⅱ段备自投备投方式 3 充电满（软报文） 复归
6	2021-04-10 00:21:22	10kV 3 号电容器 929UDC-331AG 保护启动（软报文） 动作
7	2021-04-10 00:21:22	10kV 3 号电容器 929UDC-331AG 保护启动（软报文） 复归
8	2021-04-10 00:22:51	10kV 3 号电容器 929UDC-331AG 保护启动（软报文） 动作
9	2021-04-10 00:22:51	10kV 3 号电容器 929UDC-331AG 保护启动（软报文） 复归
10	2021-04-10 00:31:25	10kV 4 号电容器 939UDC-331AG 保护启动（软报文） 动作
11	2021-04-10 00:31:25	10kV 3 号电容器 929UDC-331AG 保护启动（软报文） 动作
12	2021-04-10 00:31:25	10kV 4 号电容器 939UDC-331AG 保护启动（软报文） 复归
13	2021-04-10 00:31:25	10kV 3 号电容器 929UDC-331AG 保护启动（软报文） 复归

表 4-14 越限信号

序号	时间	内容
1	2021-04-10 00:18:50	110kV Ⅰ段母线　C 相电压值 0.00 越下限 157.00（0.00%）
2	2021-04-10 00:18:50	110kV Ⅰ段母线　A 相电压值 0.00 越下限 157.00（0.00%）
3	2021-04-10 00:18:50	10kV Ⅰ段母线　线电压 U_{ab} 9.95 越下限 110.04（99.07%）
4	2021-04-10 00:18:52	10kV Ⅲ段母线　线电压 U_{ab} 9.93 越下限 110.04（98.93%）
5	2021-04-10 00:18:52	10kV Ⅱ段母线　线电压 U_{ab} 9.93 越下限 110.04（98.86%）

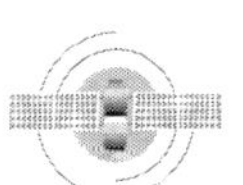

续表

序号	时间	内容
6	2021-04-10 00:18:56	一体化电源电池组电压值 111.10 越下限 1113.00（98.32%）
7	2021-04-10 00:21:25	10kV Ⅰ段母线　线电压 U_{ab} 正常 10.05
8	2021-04-10 00:22:35	110kV Ⅰ段母线　B 相电压值 0.00 越下限 157.00（0.00%）
9	2021-04-10 00:22:35	110kV Ⅰ段母线　线电压 U_{ca} 0.00 越下限 1110.00（0.00%）
10	2021-04-10 00:22:35	110kV Ⅰ段母线　线电压 U_{bc} 0.00 越下限 1110.00（0.00%）
11	2021-04-10 00:22:35	110kV Ⅰ段母线　线电压 U_{ab} 0.00 越下限 1110.00（0.00%）
12	2021-04-10 00:22:36	一体化电源合母电压值 107.69 越下限 2108.00（99.71%）
13	2021-04-10 00:22:51	一体化电源控母电压值 107.66 越下限 2108.00（99.69%）
14	2021-04-10 00:22:57	10kV Ⅲ段母线　线电压 U_{ab} 正常 10.22
15	2021-04-10 00:22:57	10kV Ⅱ段母线　线电压 U_{ab} 正常 10.23

表 4-15　　异常信号

序号	时间	内容
1	2021-04-10 00:11:17	110kV L2 线 122 开关控制回路断线　复归
2	2021-04-10 00:12:57	110kV L2 线 122 开关控制回路断线　动作
3	2021-04-10 00:13:33	110kV L2 线 122 开关控制回路断线　复归
4	2021-04-10 00:18:46	10kV Ⅰ母计量电压消失　动作

续表

序号	时间	内容
5	2021-04-10 00:18:46	1 号主变压器 UDT-531A（Ⅱ套）保护测控装置动作（软报文）动作
6	2021-04-10 00:18:46	1 号主变压器 UDT-531A（Ⅰ套）保护测控装置动作（软报文）动作
7	2021-04-10 00:18:46	110kV L1 线 121UDL-531A 测控 TV 异常　动作
8	2021-04-10 00:18:46	110kV PRS-7358 备自投Ⅰ母 TV 断线（软报文）动作
9	2021-04-10 00:18:46	110kV PRS-7358 备自投运行异常　动作
10	2021-04-10 00:18:46	110kV Ⅰ母计量欠压动作（110kV Ⅲ母 TV 智能控制柜）动作
11	2021-04-10 00:18:46	10kV Ⅰ、Ⅱ段母分 92M 开关控制回路断线　动作
12	2021-04-10 00:21:21	10kV 3 号电容器 929 开关控制回路断线　动作
13	2021-04-10 00:21:22	10kV 3 号电容器 929 开关弹簧未储能　动作
14	2021-04-10 00:21:22	10kV 3 号电容器 929 开关控制回路断线　动作
15	2021-04-10 00:21:28	10kV 3 号电容器 929 开关弹簧未储能　动作
16	2021-04-10 00:22:32	10kV Ⅰ母计量电压消失　复归
17	2021-04-10 00:22:33	10kV Ⅰ、Ⅱ段母分 92M 开关控制回路断线　复归
18	2021-04-10 00:31:24	10kV 4 号电容器 939 开关控制回路断线　动作
19	2021-04-10 00:31:25	10kV 4 号电容器 939 开关弹簧未储能　动作
20	2021-04-10 00:31:25	10kV 4 号电容器 939 开关控制回路断线　复归
21	2021-04-10 00:31:30	10kV 4 号电容器 939 开关弹簧未储能　复归

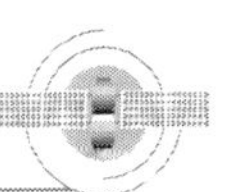

二、案例分析

（1）从事故信号该站的 1 号主变压器电量保护 UDT-531A（Ⅰ套）动作，跳开了 1 号主变压器 110kV 侧 L1 线路 121 开关、110kV 母联 12M 开关和 1 号主变压器 10kV 侧 92A 开关，其对应间隔发出事故总动作信号。

（2）结合变位信号，1 号主变压器 10kV 侧 92A 开关与 110kV Ⅰ、Ⅱ段母分 12M 开关事故分闸，进一步确认了开关的状态。

（3）结合异常信号，当 110kV L1 线 121 开关与 110kV Ⅰ、Ⅱ段母分 12M 开关分闸后，达到 110kV 备自投的放电条件，此时 110kV 备自投放电，发出 110kV 公用信号 PRS-7358 备自投运行异常告警信号。1 号主变压器跳闸后，10kV 侧Ⅰ段母线失压，10kV 备自投充电满，10kV 备自投满足启动条件，合上 10kV 母线Ⅰ、Ⅱ段母联 92M 开关。

三、处置要点

（1）监控员应及时梳理告警信号，通知运维值班人员到现场检查保护范围内一二次设备、直流系统的情况，在事故跳闸 5min 内汇报调度，配合调度做好事故处理工作，包括隔离故障设备与恢复送电等；

（2）现场检查保护范围内一次设备，重点检查变压器有无喷油、漏油等，检查气体继电器内部有无气体积聚，检查油色谱在线监测装置数据，检查变压器本体油温、油位变化情况；

（3）二次设备应认真检查核对变压器保护动作信息，查看液晶屏上保护动作信息，打印故障录波情况；

（4）按照调度指令或《变电站现场运行专用规程》的规定，调整变压器中性点运行方式；

（5）综合变压器各部位检查结果和继电保护装置动作信息，分析确认故障设备，快速隔离故障设备；

（6）记录保护动作时间及一、二次设备检查结果并汇报。

案例 20　备自投未充电问题

一、案例简述

某日 9 时，110kV 某智能变电站频报“1 号主变压器油温高动作”，运维人员接到监控通知后通过远程视频对现场1号主变压器的温度进行检查，发现温度计温度55℃，未达到油温高报警值，判断为信号误报后上报缺陷。15时，由于系统运行方式需要，将该站调整至桥备方式（内桥接线方式，桥断路器热备用）。次日，110kV线路发生故障，对侧变电站线路开关跳闸后该线路失压，1号主变压器失压，10kV备投动作失败（开关合闸线圈烧毁），最终10kV ▯ 段母线失压，导致大面积用户停电。

二、案例分析

该智能变电站非电量闭锁110kV备投采用非电量保护经非电量总跳闸闭锁备投本体智能终端闭锁110kV备自投使用的虚端子为“非电量总跳闸”，该虚端子在本体智能终端接收到跳闸开入时动作，不判断该开入是否最终动作于跳闸出口的方式，在现场发生油温高报警开入后，即通过本体智能终端的虚端子开出至备投进行闭锁。

监控以及运维人员在油温高报警信号频发期间，未发现对110kV备投的影响。在进行110kV系统运行方式调整后，未对110kV备投的充电状态进行检查。导致110kV线路失压后，110kV备投无法正确动作。而该站的10kV分段断路器由于机械特性问题，接收合闸命令后无法正确合闸，导致10kV ▯ 段母线失压，大面积用户停电。

三、处置要点

当监控人员发现内桥接线方式的变电站报出“主变压器油温高动作”信号时，要注意检查备投的充电状态，以防出现由于非电量信号闭锁备投充电而导致母线失压情况。

案例21　在线监测装置信号异常

一、案例简述

某日，监控员通过在线监测系统发现220kV某站2号主变压器110kV侧C相避雷器泄漏电流和阻性电流达到报警值（分别达520、922μA），即通知运维人员对相关设备进行精确测温，结果发现2号主变压器110kV侧C相避雷器有4~5片连续瓷裙发热且较正常部位温升达到1.5K，判断为电压致热型缺陷。检修人员对2号主变压器110kV侧避雷器进行带电检测，2号主变压器110kV侧C相避雷器阻性电流基波、三次谐波均有明显增长，具有明显劣化的迹象。运检部对检测结论及测温情况进行研判，确定2号主变压器110kV侧避雷器存在异常，开展停电更换工作。

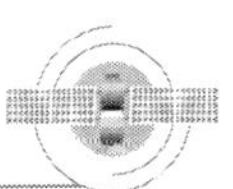

二、案例分析

避雷器的泄漏电流值与阻性电流值只能通过在线监测系统进行检查才能发现，无法直观地从日常的监控信号中看出。这将导致监控员难以及时发现避雷器等设备的异常工况，因此需要保证对在线监测系统的及时检查。同时，由于在线监测系统多是对昨日的信号进行分析，常规分析缺乏实时性，因此，更需要监控员细致地观察装置实时状态，以防漏监信号。

三、处置要点

（1）监控班需要每日开展 2 次在线监测系统报警信息检查确认，发现异常时及时通知运维班检查，并做好缺陷登记记录；

（2）运维班及时反馈监控员通知的在线监测相关事宜；

（3）运维班应加强电压致热型设备检测分析，针对 AIS 避雷器进行泄漏电流及在线监测系统数据的全面排查，并进行精确测温分析，对泄漏电流超标或异常增长的进行重点分析，对红外精确测温温差超过 1K 的进行分析，缩短红外跟踪周期，确有异常及时进行更换。

案例 22　直流失地故障

一、案例简述

某变电站 220V 直流系统 / Ⅱ段直流母线接地频繁动作复归。直流Ⅱ段母线负对地 85V，正对地 145V，直流绝缘检测装置上报：Ⅱ母绝缘压差高，装置告警灯亮。通过拉路查找向调度申请退出 220kV915 母差保护，试拉Ⅱ段直流馈电屏Ⅱ上 220kV 915 母差保护电源，发现失地消失。办紧急申请，保护班进行处理。220kV 915 母差模拟盘上 2732 隔离开关合位灯虚亮，实际现场为断开状态。监控报文见表 4–16。

表 4–16　　监控报文

序号	时间	内容
1	2021–05–11 18:29:20	220V Ⅱ段直流母线接地　动作
2	2021–05–11 18:32:20	220V Ⅱ段直流母线接地　复归

续表

序号	时间	内容
3	2021-05-11 18:34:54	220V Ⅱ段直流母线接地　动作
4	2021-05-11 18:40:03	220V Ⅱ段直流母线接地　复归
5	2021-05-11 18:49:03	220V Ⅱ段直流母线接地　动作
6	2021-05-11 18:52:03	220V Ⅱ段直流母线接地　复归

二、案例分析

经保护班人员查找发现，220kV 273 开关端子箱至 2732 隔离开关机构箱电缆与 273 开关端子箱至母差 915 保护电缆接线端子受潮发黑，需更换备用电缆芯。该副辅助触点开给 915 母差作为 273 间隔挂Ⅱ母使用。为紧急处理直流失地问题，临时拆除受潮接线端子。后续对受潮接线端子及电缆芯进行更换，烘干端子排受潮部位。对箱体易渗漏点涂抹密封胶，底部脱落孔洞重新密封，退出短投加热板，仅开启常投加热器。

三、处置要点

（1）监控员对于频报的直流系统Ⅱ段直流母线接地动作与复归的信号，要提高警惕，格外认真处置。首先，汇报调度员相关情况，直流母线正负对地电压以及直流母线正负电压差。其次，及时联系运维班组，告其直流母线失地情况，要求检查现场情况，并且移交全站遥控权。最后，监控员应使用辅助综合监控系统，利用摄像头对直流相关部分进行视频巡视。若是降雨严重的情况，应重点针对保护室开展视频巡视，以防出现由于漏雨导致的保护误动情况。

（2）运维人员应根据《国家电网公司变电验收通用管理规定第 21 分册端子箱及检修电源箱验收细则》《国家电网公司变电运维管理通用细则第 21 分册端子箱及检修电源箱验收细则》，针对端子箱及检修电源箱外观、密封性、漏电保安器、防火封堵、端子排二次接线及绝缘性、安装等进行检查核对。

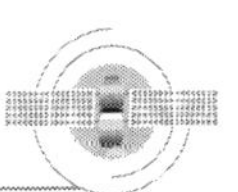

案例 23　220kV×× 母差保护通信中断

一、案例简述

2021 年 08 月 23 日，A 变电站发现 220kV BP-2B 母差保护（Ⅰ套）装置异常告警，报“保护 A、B 网通信中断”“装置异常”信号，发现异常信号后立即通知现场检查，汇报调度并建议提级管控做好应急处置预案。经现场检查发现，母差保护装置闭锁异常，差动异常灯亮，管理电源灯灭，装置液晶屏幕黑屏。重启装置电源无法复归，更换电源插件后隐患消除。隐患消除前，运检班根据调度要求开展特巡特护。监控报文见表 4-17。

表 4-17　监控报文

序号	时间	内容
1	2021-08-23 15:41:36	220kV BP-2B 母差保护（Ⅰ套）装置异常　动作
2	2021-08-23 15:46:23	220kV BP-2B 母差保护（Ⅰ套）保护通信中断 A 网（软报文）　动作
3	2021-08-23 15:46:23	220kV BP-2B 母差保护（Ⅰ套）保护通信中断 B 网（软报文）　动作
4	2021-08-23 15:49:41	220kV BP-2B 母差保护（Ⅰ套）装置异常　动作
5	2021-08-23 15:49:41	220kV BP-2B 母差保护（Ⅰ套）装置异常　复归
6	2021-08-23 15:49:41	220kV BP-2B 母差保护（Ⅰ套）装置异常　复归
7	2021-08-23 15:49:41	220kV BP-2B 母差保护（Ⅰ套）装置异常　复归
8	2021-08-23 15:49:41	220kV BP-2B 母差保护（Ⅰ套）装置异常　动作
9	2021-08-23 15:49:41	220kV BP-2B 母差保护（Ⅰ套）装置异常　动作
10	2021-08-23 15:49:41	220kV BP-2B 母差保护（Ⅰ套）装置异常　动作
11	2021-08-23 15:49:41	220kV BP-2B 母差保护（Ⅰ套）装置异常　复归

二、案例分析

A 变电站于 2023 年 08 月 23 日 15:41:36:162 报 BP–2B 母差保护（Ⅰ套）装置异常信号，此信号表明装置出现异常情况，当保护装置出现通信异常，TV、TA 断线或自检异常等情况时会出现此信号，如不及时处置可能会影响保护正确动作，发生拒动或误动等严重后果。

2022 年 08 月 23 日 15:46:23.288 出现 BP–2B 母差保护（Ⅰ套）通信中断 A 网（软报文）动作信号，2022 年 08 月 23 日 15:46:23.641 出现 BP–2B 母差保护（Ⅰ套）通信中断 B 网（软报文）动作信号。信号表明母线保护与后台机等装置间无法传输信息，不仅导致该母差保护无法正常监视信号，可能还存在误动、拒动等风险，需要马上进行处置。可能导致该信号产生的原因包括保护装置故障、网线接口损坏、交换机故障等。

三、处置要点

（1）当监控人员发现“母差保护装置异常信号”及“保护通信中断信号”时，监控员应及时梳理告警信号，并按异常处理流程处置，立即通知运维人员到现场检查设备状态，观察监控主机上的告警信号是否复归。

（2）监控员应及时汇报调度，A 变电站 220kV BP–2B 母差保护（Ⅰ套）装置异常告警，出现“保护 A、B 网通信中断”“装置异常”信号，并建议提级管控做好应急处置预案。

（3）运维人员到达现场后应及时检查 A 变电站监控后台机及 220kV BP–2B 母差保护（Ⅰ套）装置上是否有异常信号并及时判断故障原因。若后台机上无通信中断告警，各项数据正常，判断为远动机至调度监控系统间通信故障。若监控后台机上存在告警信号，观察变电站是否有焦味，排除因设备故障引起的通信中断。待异常处理完毕后，监控人员核实监控移交站端期间是否有异常，确认无误后收回相关职权，并做好记录。

案例 24　110kV×× 线路三相跳闸

一、案例简述

B 变电站 110kV b1 线接Ⅰ段母线运行，110kV b2 线倒供 C 变电站 110kV 母线。2021 年 01 月 12 日 19 时，该站 110kV×× 线线路保护相间距离Ⅲ段动作，开关跳闸。相关变电站 C、D、E、F 全站失压。通知调度与运维人员现场排查。运维人员回复经现场排查汇报：19 时某变 110kV×× 线路相间距离Ⅲ段动作，×× 线路开关跳闸，AC 相故障，故障电流 5.25A，故障距离 192km，闭锁重合闸。运维人员配合调度与监控进行事故处理，隔离故障线路，恢复非故障线路送电，于 19:54 分操作完毕，C、D、E、F 变电站恢复送电。监控报文见表 4–18。

表 4–18　监控报文

序号	时间	内容
1	2021–01–12 19:09:07	2 号主变压器 NSR–378T2–G 保护启动（软报文） 动作
2	2021–01–12 19:09:07	1 号主变压器 CSC326（Ⅰ套）保护启动（软报文） 动作
3	2021–01–12 19:09:07	220kV BP–2CD–G 母差保护（Ⅱ套）保护启动（软报文） 动作
4	2021–01–12 19:09:08	220kV BP–2CD–G 母差保护（Ⅱ套）保护启动（软报文） 复归
5	2021–01–12 19:09:08	110kV b1 线 133 开关分位　动作
6	2021–01–12 19:09:08	110kV b1 线 133 开关事故总　动作
7	2021–01–12 19:09:08	110kV b1 线 133CSC–161A 保护动作　动作
8	2021–01–12 19:09:08	110kV b1 线 133 开关控制回路断线　复归
9	2021–01–12 19:09:09	110kV b1 线 133 线路 TV 失压　动作
10	2021–01–12 19:09:09	110kV b1 线 133CSC–161A 保护动作　复归
11	2021–01–12 19:09:09	110kV b1 线 133 开关控制回路断线　动作
12	2021–01–12 19:09:09	110kV b1 线 133CSC–161A 重合闸充电满（软报文） 复归
13	2021–01–12 19:09:09	110kV b1 线 133CSC–161A 相间距离Ⅲ段动作（软报文） 动作
14	2021–01–12 19:09:12	110kV b1 线 133CSC–161A 闭锁重合闸（软报文） 动作
15	2021–01–12 19:09:13	2 号主变压器 NSR–378T2–G 保护启动（软报文） 复归

续表

序号	时间	内容
16	2021-01-12 19:09:13	1 号主变压器 CSC326（Ⅰ套）保护启动（软报文） 复归
17	2021-01-12 19:09:17	1 号主变压器冷却器主电源故障 复归
18	2021-01-12 19:09:20	110kV b1 线 133CSC-161A 相间距离Ⅲ段动作（软报文） 复归
19	2021-01-12 19:09:21	110kV b1 线 133CSC-161A 闭锁重合闸（软报文） 复归
20	2021-01-12 19:09:35	110kV b1 线 133 开关事故总 复归
21	2021-01-12 19:23:36	110kV b1 线 133 开关弹簧未储能 动作
22	2021-01-12 19:23:36	110kV b1 线 133 开关控制回路断线 动作
23	2021-01-12 19:23:36	2 号主变压器 NSR-378T2-G 保护启动（软报文） 动作
24	2021-01-12 19:23:36	110kV b1 线 133 开关控制回路断线 复归
25	2021-01-12 19:23:37	110kV b1 线 133 开关合位 动作
26	2021-01-12 19:23:37	110kV b1 线 133 线路 TV 失压 复归
27	2021-01-12 19:23:37	1 号主变压器 CSC326（Ⅰ套）保护启动（软报文） 动作
28	2021-01-12 19:23:38	1 号主变压器 CSC326（Ⅰ套）保护启动（软报文） 复归
29	2021-01-12 19:23:38	2 号主变压器 NSR-378T2-G 保护启动（软报文） 复归
30	2021-01-12 19:23:41	110kV b1 线 133 开关弹簧未储能 复归
31	2021-01-12 19:23:47	110kV b1 线 133CSC-161A 重合闸充电满（软报文） 动作
32	2021-01-12 19:36:15	2 号主变压器 NSR-378T2-G 保护启动（软报文） 动作

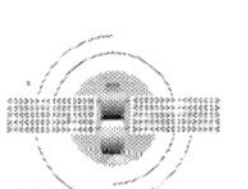

续表

序号	时间	内容
33	2021-01-12 19:36:15	1 号主变压器 CSC326（Ⅰ套）保护启动（软报文） 动作
34	2021-01-12 19:36:15	220kV BP-2CD-G 母差保护（Ⅱ套）保护启动（软报文） 动作
35	2021-01-12 19:36:17	220kV BP-2CD-G 母差保护（Ⅱ套）保护启动（软报文） 复归
36	2021-01-12 19:36:20	1 号主变压器 CSC326（Ⅰ套）保护启动（软报文） 复归
37	2021-01-12 19:36:21	2 号主变压器 NSR-378T2-G 保护启动（软报文） 复归
38	2021-01-12 19:45:44	2 号主变压器 NSR-378T2-G 保护启动（软报文） 动作
39	2021-01-12 19:45:45	1 号主变压器 CSC326（Ⅰ套）保护启动（软报文） 动作
40	2021-01-12 19:45:49	1 号主变压器 CSC326（Ⅰ套）保护启动（软报文） 复归
41	2021-01-12 19:45:51	2 号主变压器 NSR-378T2-G 保护启动（软报文） 复归
42	2021-01-12 19:47:08	2 号主变压器 NSR-378T2-G 保护启动（软报文） 动作
43	2021-01-12 19:47:08	1 号主变压器 CSC326（Ⅰ套）保护启动（软报文） 动作
44	2021-01-12 19:47:14	1 号主变压器 CSC326（Ⅰ套）保护启动（软报文） 复归
45	2021-01-12 19:47:14	2 号主变压器 NSR-378T2-G 保护启动（软报文） 复归
46	2021-01-12 19:48:36	2 号主变压器 NSR-378T2-G 保护启动（软报文） 动作
47	2021-01-12 19:48:37	1 号主变压器 CSC326（Ⅰ套）保护启动（软报文） 动作
48	2021-01-12 19:48:37	1 号主变压器 CSC326（Ⅰ套）保护启动（软报文） 复归
49	2021-01-12 19:48:37	2 号主变压器 NSR-378T2-G 保护启动（软报文） 复归

续表

序号	时间	内容
50	2021-01-12 19:51:38	2 号主变压器 NSR-378T2-G 保护启动（软报文） 动作
51	2021-01-12 19:51:39	1 号主变压器 CSC326（Ⅰ套）保护启动（软报文） 动作
52	2021-01-12 19:51:40	1 号主变压器 CSC326（Ⅰ套）保护启动（软报文） 复归
53	2021-01-12 19:51:42	2 号主变压器 NSR-378T2-G 保护启动（软报文） 复归
54	2021-01-12 19:54:41	1 号主变压器 CSC326（Ⅰ套）保护启动（软报文） 动作
55	2021-01-12 19:54:47	1 号主变压器 CSC326（Ⅰ套）保护启动（软报文） 复归
56	2021-01-12 20:02:35	2 号主变压器 NSR-378T2-G 保护启动（软报文） 动作
57	2021-01-12 20:02:35	1 号主变压器 CSC326（Ⅰ套）保护启动（软报文） 动作
58	2021-01-12 20:02:36	1 号主变压器 CSC326（Ⅰ套）保护启动（软报文） 复归
59	2021-01-12 20:02:36	2 号主变压器 NSR-378T2-G 保护启动（软报文） 复归
60	2021-01-12 20:14:16	1 号主变压器 CSC326（Ⅰ套）保护启动（软报文） 动作
61	2021-01-12 20:14:23	1 号主变压器 CSC326（Ⅰ套）保护启动（软报文） 复归
62	2021-01-12 20:15:24	2 号主变压器 NSR-378T2-G 保护启动（软报文） 动作
63	2021-01-12 20:15:36	1 号主变压器 CSC326（Ⅰ套）保护启动（软报文） 复归
64	2021-01-12 20:15:36	1 号主变压器 CSC326（Ⅰ套）保护启动（软报文） 动作
65	2021-01-12 20:15:36	2 号主变压器 NSR-378T2-G 保护启动（软报文） 复归

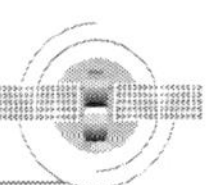

二、案例分析

2023 年 05 月 25 日 19:09:09，B 变电站 110kV b1 线保护相间距离Ⅲ段动作，开关跳闸。由于该线路为相邻站的主要供电线路，跳闸导致相关 C、D、E、F 电站全站失压，后果严重。距离保护为该线路的主保护，在保护范围内设备出现故障时保护出口动作。相间距离保护表明故障发生在两相之间，可能为相间短路情况导致。由于该保护为相间距离Ⅲ段动作，不经重合闸的保护跳闸，2023 年 05 月 25 日 19:09:11.541 出现闭锁重合闸信号，重合闸不动作。开关跳闸后故障被成功隔离，主变压器及线路异常信号复归。

三、处置原则

（1）当发生短路故障导致线路跳闸时，监控员应及时梳理告警信号，及时根据告警信息检查线路跳闸及重合闸动作情况，记录事件发生的时间、站名、线路及开关、保护信息，重合闸动作及负荷损失情况，通知运维人员到现场检查。

（2）监控员应及时汇报调度，B 变电站 110kV b1 线保护相间距离Ⅲ段动作，开关跳闸。开关跳闸后故障被成功隔离，主变压器及线路异常信号复归，已通知运维人员现场排查，并建议提级管控做好应急处置预案。配合调度指令进行操作。

（3）运维人员到达现场后，及时检查故障报文，确认故障相别，故障时间，故障测距等信息，判断故障位置是否位于站内。对于站内故障，应及时排查并确定故障位置，并及时汇报调度。根据事故处理原则进行处置，如需调整运行方式，应向调度申请。

（4）监控人员及时跟踪现场检查结果和处理进度，做好相关记录。

案例 25　110kV×× 主变压器三相跳闸

一、案例简述

G 变电站 110kV g1 线 138 开关带 1、2 号主变压器运行，母分开关 13M、13K 运行。2023 年 05 月 06 日 20:30，G 变电站 110kV1 号主变压器两侧开关跳闸（110kV Ⅰ、Ⅱ段母分开关 13M，110kV 1 号主变压器 10kV 侧 93A 开关跳闸）（期间 104 通道中断，无具体保护动作信号），运维人员汇报调度并查主变压器视频无明显漏油、冒烟、放电，故障录波波形图分析当时可能无电气量故障。经现场排查后发现 G 变电站 1 号主变压器本体重瓦斯动作，跳开 110kV Ⅰ、Ⅱ段母分开关 13M 和 1 号主变压器 10kV 侧 93A 开关，闭锁 110kV 备自投导致 110kV Ⅰ母失压，10kV Ⅰ、Ⅱ段备自投动作合 93M 开关，1 号主变压器转检修。监控报文见表 4–19。

表 4–19　　监控报文

序号	时间	内容
1	2023–05–06 20:30:28	1 号主变压器 10kV 侧 93A 开关分位　动作
2	2023–05–06 20:30:29	1 号电容器 933 开关分位　动作
3	2023–05–06 20:30:32	110kV Ⅰ、Ⅱ段母分 13M 开关事故总
4	2023–05–06 20:30:32	110kV Ⅰ – Ⅲ母 TV 并列装置Ⅰ母 TV 保护 1、测量电压消失　动作
5	2023–05–06 20:30:32	10kV Ⅰ、Ⅱ段母分 93M 开关合位　动作
6	2023–05–06 20:30:32	10kV 2 号电容器 934 开关分位　动作
7	2023–05–06 20:30:32	110kV Ⅰ、Ⅲ段母分 13M 开关分位　动作
8	2023–05–06 20:30:32	110kV Ⅰ – Ⅲ母 TV 并列装置Ⅰ母计量电压消失　动作
9	2023–05–06 20:43:27	10kV 3 号电容器 929 开关合位　动作

二、案例分析

110kV 侧Ⅱ段母线经Ⅰ、Ⅱ段母分开关 13M 向Ⅰ段母线供电。2023 年 05 月 06 日 20:30:28.613，G 变电站 10kV1 号主变压器 10kV 侧 93A 开关遥信值变为分，跳开 1 号主变压器 10kV 侧 93A 开关。2023 年 05 月 06 日 20:30:32.668，G 变电站 110kV Ⅰ、Ⅱ段母分开关 13M 遥信值变为分，跳开 110kV 侧Ⅰ、Ⅱ段母分 13M 开关，主变压器两侧开关跳闸，期间无具体保护动作信号，且经视频与故障录波波形图排查发现，无电气量变化，主变压器无明显漏油、冒烟、放电，经现场排查为 1 号主变压器本体重瓦斯动作。本体重瓦斯动作发生原因可能为变压器本体内部发生严重故障或变压器本体

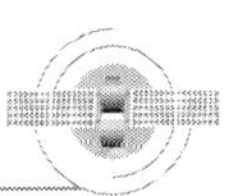

气体继电器故障或二次回路异常，现场排查气体继电器无气体、进水，因此可将原因初步判断为变压器本体内部故障或二次回路异常，需将1号主变压器转为检修，待检修人员进一步排查。最终经排查，为1号主变压器端子箱进水，绝缘下降引起重瓦斯动作。

三、处置原则

（1）当主变压器发生本体重瓦斯出口引起主变压器各侧跳闸时，监控人员应及时梳理告警信息，查看备自投情况及负荷损失情况，并注意是否有消防类动作信号。将动作时间、站名、变压器编号、负荷损失情况及保护信息进行整理，按异常处理流程处置，立即通知运维人员到现场检查设备状态，观察监控主机上的告警信号是否复归。

（2）监控员应及时汇报调度，并建议提级管控做好应急处置预案。

（3）加强对变压器油温的监视，跟踪运维人员现场排查情况及处理进度，做好相关记录，并配合调度进行事故处理。

（4）运维人员到达现场后，应立即查明跳闸原因，根据保护动作情况及变压器外部检查情况，判断故障是否来自变压器内部。确认为变压器内部故障时，向调度汇报现场情况并申请调整运行方式，通知检修人员进一步排查。

案例26　220kV线路纵联保护动作跳闸事故

一、案例简述

某220kV变电站为内桥接线，如图4-21所示，1号主变压器、L1线接Ⅰ段母线运行，2号主变压器、L2线接Ⅱ段母线热备用，母联开关25M在运行中。

2021年07月15日，运维人员根据调度指令执行“220kV L1线线路由检修转运行、××变电站220kV 1号主变压器由冷备用转运行”操作，在进行××变电站220kV 1号主变压器由冷备用转接220kV L1线254线路空载运行时，220kV L1线254线路保护装置动作跳闸。监控主机上报，220kV L1线254开关保护装置零序加速动监控报文作，监控报文见表4-20。

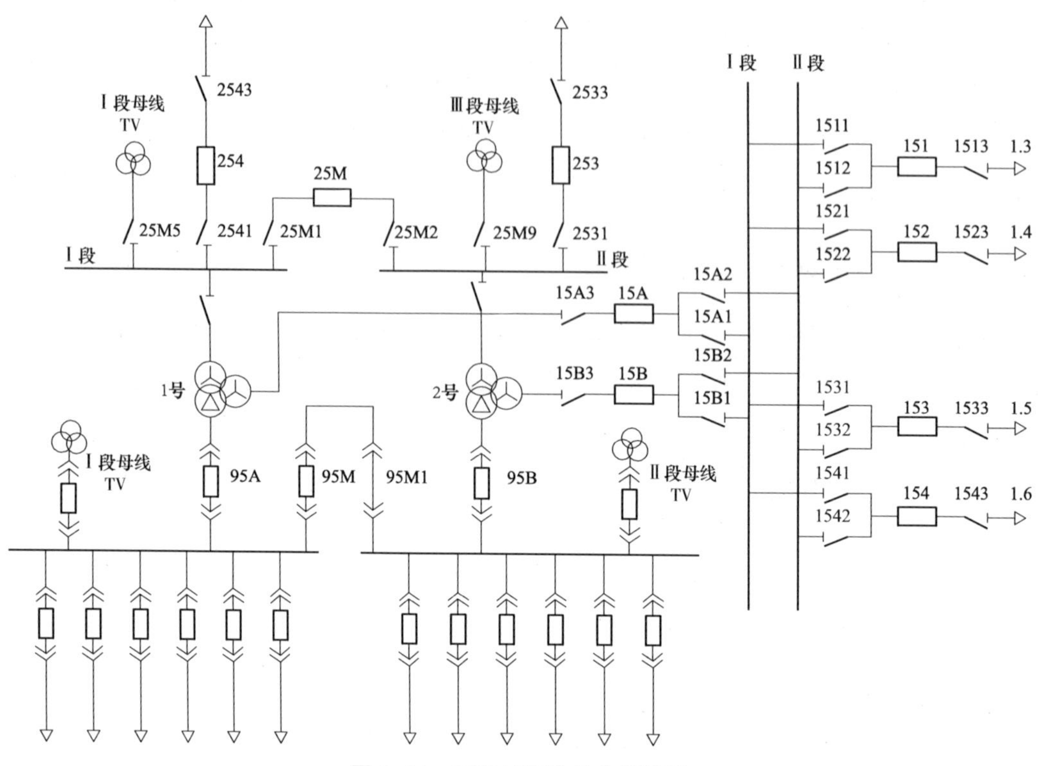

图 4-21　220kV 变电站主接线图

表 4-20　监控报文

序号	时间	内容
1	2021-07-15 20:09:31	220kV L1 线 254 第一组操作箱出口跳闸　复归
2	2021-07-15 20:09:30	220kV L1 线 254CSC121A 失灵保护瞬动　复归
3	2021-07-15 20:06:24	220kV L1 线 254FOX41B 发令　复归
4	2021-07-15 20:06:24	220kV L1 线 254FOX41B 收令　复归
5	2021-07-15 20:06:23	220kV L1 线 254RCS902C 保护动作　复归
6	2021-07-15 19:48:18	220kV L1 线 254 开关油泵启动　复归
7	2021-07-15 19:47:54	220kV 全站公用信号地调事故总（软报文）　复归

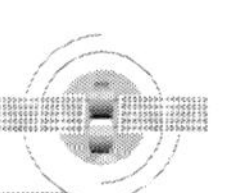

续表

序号	时间	内容
8	2021-07-15 19:47:52	220kV L1 线 254CSC121 A C 相失灵重跳出口（软报文） 复归
9	2021-07-15 19:47:52	220kV L1 线 254CSC121 A B 相失灵重跳出口（软报文） 复归
10	2021-07-15 19:47:52	220kV L1 线 254CSC121A A 相失灵重跳出口（软报文） 复归
11	2021-07-15 19:47:52	220kV L1 线 254CSC121A 三相失灵重跳出口（软报文） 复归
12	2021-07-15 19:47:49	220kV L1 线 254RCS931AMV 保护启动（软报文） 复归
13	2021-07-15 19:47:44	全站事故总（软报文） 动作
14	2021-07-15 19:47:44	全站事故总（软报文） 复归
15	2021-07-15 19:47:44	220kV L1 线 254 开关事故总
16	2021-07-15 19:47:44	220kV L1 线 254 开关第一组控制回路断线　复归
17	2021-07-15 19:47:44	220kV L1 线 254 开关第二组控制回路断线　复归
18	2021-07-15 19:47:44	220kV L1 线 254 开关低油压闭锁合闸　复归
19	2021-07-15 19:47:43	220kV L1 线 254 开关事故总　复归
20	2021-07-15 19:47:43	220kV L1 线 254 开关低油压闭锁合闸告警　动作
21	2021-07-15 19:47:43	220kV L1 线 254 开关第一组控制回路断线告警　动作
22	2021-07-15 19:47:43	220kV L1 线 254 开关第二组控制回路断线告警　动作
23	2021-07-15 19:47:43	全站事故总（软报文） 动作
24	2021-07-15 19:47:42	1 号主变压器 220kV 侧进线有电　复归

续表

序号	时间	内容
25	2021-07-15 19:47:42	1 号主变压器 220kV 侧带电显示故障　复归
26	2021-07-15 19:47:42	1 号主变压器 220kV 侧带电显示故障告警　动作
27	2021-07-15 19:47:42	220kV Ⅰ母计量失压告警　动作
28	2021-07-15 19:47:42	220kV L1 线 254RCS902C 跳 A（软报文）复归
29	2021-07-15 19:47:42	220kV L1 线 254RCS902C 跳 B（软报文）复归
30	2021-07-15 19:47:42	220kV L1 线 254RCS902C 跳 C（软报文）复归
31	2021-07-15 19:47:42	220kV L1 线 254RCS931AMV 保护动作　复归
32	2021-07-15 19:47:42	220kV L1 线 254RCS902C 零序加速动作（软报文）复归
33	2021-07-15 19:47:42	220kV L1 线 254 开关事故总　动作
34	2021-07-15 19:47:42	220kV L1 线 254RCS931AMV 跳 A（软报文）复归
35	2021-07-15 19:47:42	220kV L1 线 254RCS931AMV 跳 B（软报文）复归
36	2021-07-15 19:47:42	220kV L1 线 254RCS931AMV 跳 C（软报文）复归
37	2021-07-15 19:47:42	220kV L1 线 254RCS931AMV 零序加速动作（软报文）复归
38	2021-07-15 19:47:42	220kV L1 线 254 开关第一组控制回路断线　复归
39	2021-07-15 19:47:42	220kV L1 线 254 开关第二组控制回路断线　复归
40	2021-07-15 19:47:42	220kV L1 线 254 开关分位　动作

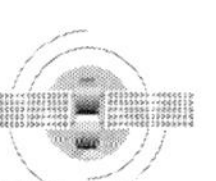

续表

序号	时间	内容
41	2021-07-15 19:47:42	220kV L1 线 254 开关 A 相分位　动作
42	2021-07-15 19:47:42	220kV L1 线 254 开关 C 相分位　动作
43	2021-07-15 19:47:42	220kV L1 线 254 开关 B 相分位　动作
44	2021-07-15 19:47:42	220kV L1 线 254CSC121A 失灵保护瞬动动作　动作
45	2021-07-15 19:47:42	220kV L1 线 254 开关 B 相合位　复归
46	2021-07-15 19:47:42	220kV L1 线 254 第二组操作箱出口跳闸　动作
47	2021-07-15 19:47:42	220kV L1 线 254 开关合位　复归
48	2021-07-15 19:47:42	220kV L1 线 254 开关 A 相合位　复归
49	2021-07-15 19:47:42	220kV L1 线 254 开关 C 相合位　复归
50	2021-07-15 19:47:42	220kV L1 线 254 第一组操作箱出口跳闸　动作
51	2021-07-15 19:47:42	220kV L1 线 254FOX41B 发令　动作
52	2021-07-15 19:47:42	220kV L1 线 254CSC121A A 相失灵重跳出口（软报文）　动作
53	2021-07-15 19:47:42	220kV L1 线 254CSC121A B 相失灵重跳出口（软报文）　动作
54	2021-07-15 19:47:42	220kV L1 线 254CSC121A C 相失灵重跳出口（软报文）　动作
55	2021-07-15 19:47:42	220kV L1 线 254CSC121A 三相失灵重跳出口（软报文）　动作
56	2021-07-15 19:47:42	220kV L1 线 254CSC121A 闭锁重合闸（软报文）　复归

续表

序号	时间	内容
57	2021-07-15 19:47:42	220kV L1 线 254RCS902C 保护动作　动作
58	2021-07-15 19:47:42	220kV L1 线 254 开关第二组控制回路断线告警　动作
59	2021-07-15 19:47:42	220kV L1 线 254 开关第一组控制回路断线告警　动作
60	2021-07-15 19:47:42	220kV L1 线 254RCS931AMV 保护动作　动作
61	2021-07-15 19:47:42	220kV L1 线 254RCS902C 零序加速动作（软报文）动作
62	2021-07-15 19:47:42	220kV L1 线 254RCS902C 跳 A（软报文）动作
63	2021-07-15 19:47:42	220kV L1 线 254RCS902C 跳 B（软报文）动作
64	2021-07-15 19:47:42	220kV L1 线 254RCS902C 跳 C（软报文）动作
65	2021-07-15 19:47:42	220kV L1 线 254RCS931AMV 跳 A（软报文）动作
66	2021-07-15 19:47:42	220kV L1 线 254RCS931AMV 跳 B（软报文）动作
67	2021-07-15 19:47:42	220kV L1 线 254RCS931AMV 跳 C（软报文）动作
68	2021-07-15 19:47:42	220kV L1 线 254RCS931AMV 零序加速动作（软报文）动作
69	2021-07-15 19:47:42	220kV L1 线 254FOX41B 收令　动作
70	2021-07-15 19:47:42	220kV I 母计量失压　复归
71	2021-07-15 19:47:42	220kV L1 线 254 开关第一组控制回路断线　复归
72	2021-07-15 19:47:42	220kV L1 线 254 开关第二组控制回路断线　复归

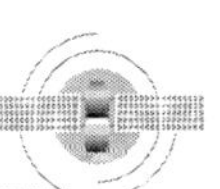

续表

序号	时间	内容
73	2021-07-15 19:47:42	220kV L1 线 254 开关合位　动作
74	2021-07-15 19:47:42	220kV L1 线 254 开Ⅱ Ⅱ关 C 相合位　动作
75	2021-07-15 19:47:42	220kV L1 线 254 开关 A 相合位　动作
76	2021-07-15 19:47:42	220kV L1 线 254 开关 B 相合位　动作
77	2021-07-15 19:47:42	1 号主变压器 220kV 侧进线有电　动作
78	2021-07-15 19:47:42	220kV L1 线 254RCS931AMV 保护起动（软报文）动作
79	2021-07-15 19:47:42	220kV L1 线 254 开关油泵启动　动作
80	2021-07-15 19:47:42	220kV L1 线 254 开关 C 相分位　复归
81	2021-07-15 19:47:42	220kV L1 线 254 开关 B 相分位　复归
82	2021-07-15 19:47:42	220kV L1 线 254 开关分位　复归
83	2021-07-15 19:47:42	220kV L1 线 254 开关 A 相分位　复归
84	2021-07-15 19:47:42	220kV L1 线 254 开关第一组控制回路断线告警　动作
85	2021-07-15 19:47:42	220kV L1 线 254 开关第二组控制回路断线告警　动作
86	2021-07-15 19:46:55	1 号主变压器有载调压操作过程中　复归
87	2021-07-15 19:46:51	1 号主变压器有载调压操作过程中　动作
88	2021-07-15 19:46:38	1 号主变压器有载调压操作过程中　复归

续表

序号	时间	内容
89	2021-07-15 19:46:34	1 号主变压器有载调压操作过程中　动作
90	2021-07-15 19:46:11	1 号主变压器有载调压操作过程中　复归
91	2021-07-15 19:46:07	1 号主变压器有载调压操作过程中　动作
92	2021-07-15 19:43:25	1 号主变压器 110kV 侧 15A 开关就地控制（测控屏）复归
93	2021-07-15 19:42:45	220kV Ⅰ、Ⅱ段母联 25M PSR661U 开关就地控制（测控屏）复归
94	2021-07-15 19:42:38	220kV L1 线 254PSR661U 开关就地控制（测控屏）复归
95	2021-07-15 19:41:07	1 号主变压器 110kV 侧隔离开关、地刀就地控制（汇控柜）复归
96	2021-07-15 19:40:12	1 号主变压器 110kV 侧 15A3 隔离开关合位　动作
97	2021-07-15 19:40:12	1 号主变压器 110kV 侧 15A3 隔离开关分位　复归
98	2021-07-15 19:39:39	1 号主变压器 110kV 侧 15A1 隔离开关合位　动作
99	2021-07-15 19:39:39	1 号主变压器 110kV 侧 15A1 隔离开关分位　复归
100	2021-07-15 19:39:20	1 号主变压器 110kV 侧隔离开关、地刀就地控制（汇控柜）动作
101	2021-07-15 19:37:45	1 号主变压器 220kV 侧隔离开关、地刀就地控制（汇控柜）复归
102	2021-07-15 19:37:19	1 号主变压器 220kV 侧 25A1 隔离开关合位　动作
103	2021-07-15 19:37:19	1 号主变压器 220kV 侧 25A1 隔离开关分位　复归
104	2021-07-15 19:37:02	1 号主变压器 220kV 侧隔离开关、地刀就地控制（汇控柜）动作

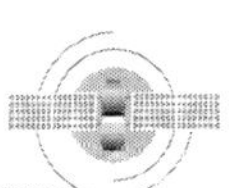

续表

序号	时间	内容
105	2021-07-15 19:26:27	1号主变压器110kV侧中性点15A8接地隔离开关就地控制（机构箱）复归
106	2021-07-15 19:26:24	1号主变压器110kV侧中性点15A8接地隔离开关分位　分闸
107	2021-07-15 19:26:24	1号主变压器110kV侧中性点15A8接地隔离开关合位　动作
108	2021-07-15 19:26:17	1号主变压器110kV侧中性点15A8接地隔离开关就地控制（机构箱）动作
109	2021-07-15 19:25:30	1号主变压器220kV侧中性点25A8接地隔离开关就地控制（机构箱）复归
110	2021-07-15 19:25:27	1号主变压器220kV侧中性点25A8接地隔离开关合位　动作
111	2021-07-15 19:25:27	1号主变压器220kV侧中性点25A8接地隔离开关分位　复归
112	2021-07-15 19:25:16	1号主变压器220kV侧中性点25A8接地隔离开关就地控制（机构箱）动作
113	2021-07-15 19:22:28	1号主变压器110kV侧15A开关就地控制（测控屏）动作
114	2021-07-15 19:22:04	220kV L1线254 PSR661U开关就地控制（测控屏）动作
115	2021-07-15 19:21:30	220kV Ⅰ、Ⅱ段母联25M PSR661U开关就地控制（测控屏）动作
116	2021-07-15 19:19:38	220kV Ⅰ、Ⅱ段母联25M2隔离开关合位　动作
117	2021-07-15 19:19:38	220kV Ⅰ、Ⅱ段母联25M2隔离开关分位　复归
118	2021-07-15 19:19:23	220kV Ⅰ、Ⅱ段母联25M1隔离开关合位　动作
119	2021-07-15 19:19:23	220kV Ⅰ、Ⅱ段母联25M1隔离开关分位　复归
120	2021-07-15 19:14:29	交流电源系统故障告警　复归

续表

序号	时间	内容
121	2021–07–15 19:14:29	系统总故障　复归
122	2021–07–15 19:14:29	系统总故障告警　动作
123	2021–07–15 19:14:29	交流电源系统故障告警　动作
124	2021–07–15 19:04:43	220kV L1 线 2543 隔离开关合位　动作
125	2021–07–15 19:04:43	220kV L1 线 2543 隔离开关分位　复归
126	2021–07–15 19:04:21	220kV L1 线 2541 隔离开关合位　动作
127	2021–07–15 19:04:21	220kV L1 线 2541 隔离开关分位　复归

经现场检查，零序电流 0.42A，超过过电流加速段整定值，故障相电流 0.59A。该线路配备变比为 2500/1 的 TA，根据换算，检测到流过 L1 线的故障零序电流为 0.59×2500=1475A。

二、案例分析

本事故是一起在主变压器送电过程因励磁涌流引起的线路保护动作案例。在主变压器送电前，由于铁芯中的磁通不能突变，在合闸瞬间，铁芯中的磁通就等于剩磁 $\boldsymbol{\Phi}_r$，若变压器恰巧在 t=0 时刻合闸，变压器铁芯中的磁通最大值可以达到峰值。

本次事故保护的动作逻辑如图 4–22 所示，×× 变电站 220kV 1 号主变压器额定电流为 630A，送电时产生的励磁涌流可能达到 3780~5040A。励磁涌流的衰减时间在 0.5~1s 之间，0.5~1s 之后其值不超过（0.25~0.5）I_N，L1 线 254 开关保护装置检测到一次电流为 1475A，说明 L1 线 254 线路保护零序过电流加速段动作时间也无法躲过变压器送电时励磁涌流。

在主变压器励磁涌流的冲击下，线路保护装置的外接和自产零序电流均大于整定值，零序启动元件动作并展宽 7s，去开放出口继电器正电源，零序过电流加速元件动作，在操作线路开关合闸时，加速时间为 100ms 使得零序过电流保护动作，跳开三相开关。

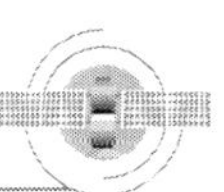

三、处置要点

（1）监控员应及时梳理告警信号，通知运维人员到现场检查设备状态，汇报调度事故动作信息，配合调度做好故障隔离与恢复送电工作；

（2）通过辅助综合监控系统检查现场一次设备，检查内容包括线路开关的分合闸位置、压力是否正常，有无冒烟、着火、爆炸、喷油、漏油、放电痕迹等现象；

（3）检查并记录保护及故障录波装置动作后的打印报告，全部记录正确后复归动作信息，记录内容包括故障时间，编号、相别，完整的保护动作信息，电压、电流、功率变化波动情况，录波器动作情况。

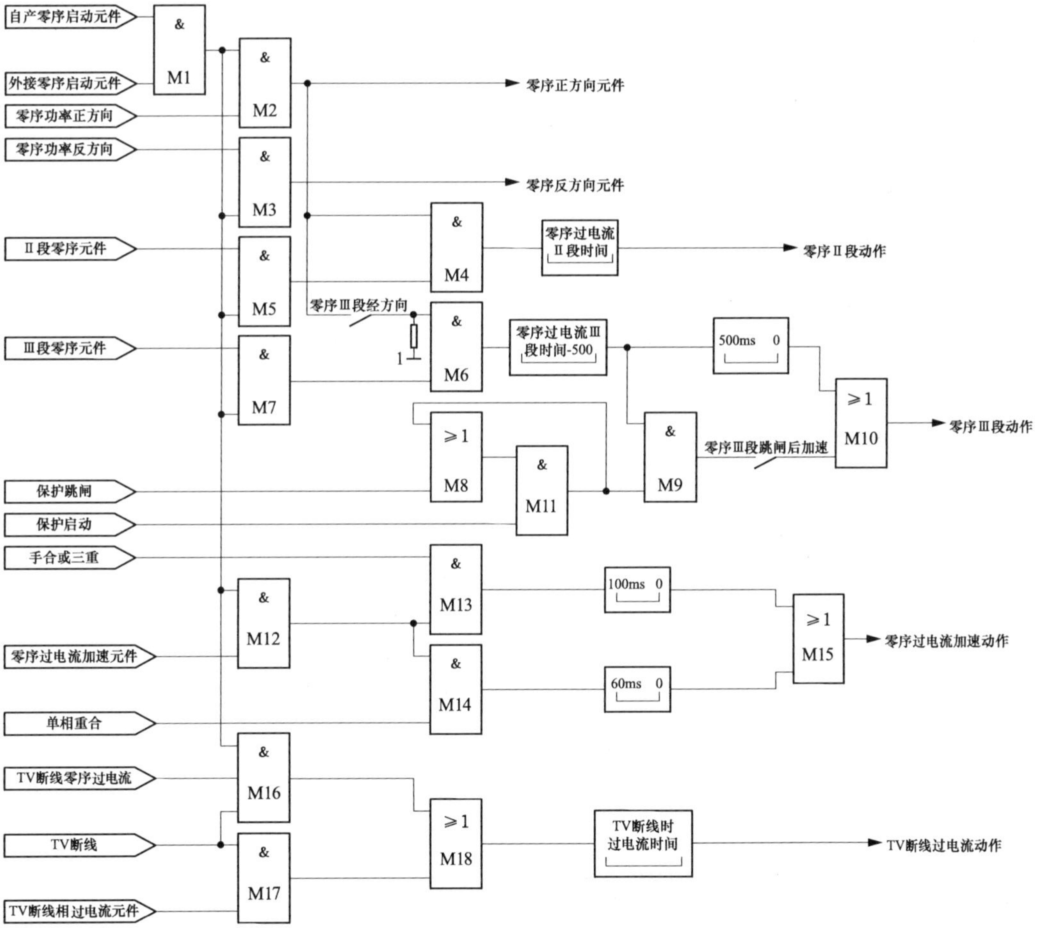

图 4-22　220kV 线路零序保护逻辑图

案例 27　220kV 线路开关压力值误报事件

一、案例简述

某 220kV 变电站为双母接线，2021 年 05 月 28 日，监控主机上报 ×× 变电站 220kV L1 线 253 开关 SF_6 及氮气泄漏告警，重合闸充电未完成，合闸压力降低告警。

值班人员到现场检查一次设备开关的氮气压力为 36.5MPa，重合闸闭锁值为 30.8MPa，氮气泄漏值为 35.5MPa，开关氮气压力并未超过告警值。现场一次设备开关的 SF_6 压力值为 0.75MPa，闭锁值为 0.62MPa，也未超过告警值。经现场检查后判定为误报，对断路器机构重新打压后，压力恢复正常，信号复归。

次日，监控主机上又报 ×× 变电站 220kV L1 线 253 开关 SF_6 及氮气泄漏告警，重合闸充电未完成，合闸压力降低。值班人员现场检查一次设备氮气压力为 35.5MPa，重合闸闭锁值为 30.8MPa，开关氮气压力并未超过告警值。现场 SF_6 压力值为 0.75MPa，闭锁值为 0.62MPa，也未超过告警值，仍是误报。检查未发现储压罐内氮气泄漏现象。再次对断路器机构重新进行打压、放气后，信号复归正常。监控报文见表 4-21。

表 4-21　　监控报文

序号	时间	内容
1	2021-05-28 16:10:25	220kV L1 线 253 开关 SF_6 及氮气泄漏告警　动作
2	2021-05-28 16:10:25	220kV L1 线 253 开关合闸压力（软报文）降低告警　动作
3	2021-05-29 12:21:46	220kV L1 线 253 开关 SF_6 及氮气泄漏告警　动作
4	2021-05-29 12:21:46	220kV L1 线 253 开关合闸压力（软报文）降低告警　动作

二、案例分析

开关氮气压力与 SF_6 压力变化通常是温度变化引起，温度降低引起氮气体积压缩，压力降低；温度升高引起氮气体积膨胀，压力升高。在天气温度变化强烈的情况下，可能导致内部油压膨胀误报氮气泄漏信号。

液压（气动）机构每天打压次数应不超过厂家规定。如打压频繁，应联系检修人员处理。运维监控人员对于告警信号应及时处理，由于氮气泄漏报警信号的同时，会闭锁

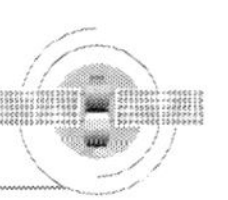

合闸回路，从而闭锁自动重合闸，3h 后闭锁分闸。因此对于这类信号应该加强宣贯，引起运维监控人员的足够重视。

尤其在异常天气时的巡视，温度骤变时，检查断路器油位、压力变化情况，有无渗漏现象。检查加热驱潮装置工作是否正常，加强站内同类设备的巡视重点跟踪。

三、处置要点

（1）监控人员应及时梳理告警信号，通知运维人员到现场检查氮气压力表、SF_6 压力表的实际值，观察现场有无气体泄漏点，检查油泵是否正常工作。

（2）判断现场有无漏氮，若存在泄漏氮气情况，则应向调度申请停电处理，根据调度指令隔离故障设备。若判断现场未发生漏氮，则检查压力继电器与信号回路，并做出相应的处理，及时报缺处理。

案例 28　220kV 线路开关控制回路断线事件

一、案例简述

2021 年 05 月 14 日，16:55:17 运维人员对 220kV 某智能变电站 1 号蓄电池组进行带载测试，17:05:10 监控主机上报 220kV L1 线 251 智能终端（Ⅰ套）装置告警、251 开关控制回路断线。此时，已对 1 号蓄电池组的带载测试已进行 10min，蓄电池组电压降至 215.3V。运维人员在监控后台发现该异常信号后，立刻对现场进行检查，检查结果 L1 线 251 开关一次设备正常，L1 线 251 汇控柜上智能终端（Ⅰ套）装置报警灯亮，随后立即恢复充电机电压至初始值，电压恢复后，异常信号复归。监控报文见表 4–22。

表 4–22　　监控报文

序号	时间	内容
1	2021–05–14 17:05:10	220kV L1 线 251 智能终端（Ⅰ套）装置告警　动作
2	2021–05–14 17:05:10	220kV L1 线 251 开关控制回路断线（软报文）告警　动作

二、案例分析

根据反措要求，当直流母线电压为 184~250V 时，装置均应能可靠动作。此套智能终端在直流母线电压低于 215V 时，报控制回路断线信号，判断该智能终端操作板内部存在异常或设计缺陷。

“控制回路断线”信号的原理是跳位继电器（TWJ）动断触点与合位继电器（HWJ）动断触点串联构成信号回路，如图 4-23 所示。只有合闸位置继电器 HWJ 和跳闸位置继电器 TWJ 同时失压，才致使两者动断触点同时闭合，回路接通，保护报控制回路断线信号。显然，只有开关跳闸或合闸回路的完整性被破坏时，才会出现这种异常情况。

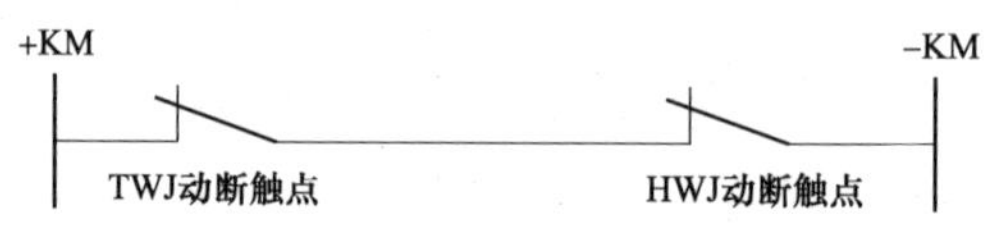

图 4-23　控制回路断线监视图

控制回路断线的最直接的危害就是导致开关无法正常分合闸，分闸时保控制回路断线说明合闸回路异常，开关无法合闸，合闸时报控制回路断线说明分闸回路异常，开关无法正常分闸。因此，监控员应重视该信号，当开关出现控制回路断线时，应及时通知现场查明原因。

运维人员在做蓄电池带载测试过程中，不但要关注到蓄电池单体电压、整组电压等，对于其他异常信号也应提高警惕。

三、处置原则

（1）监控员应及时梳理告警信号，通知现场运维人员告警信息，暂停蓄电池带载试验。

（2）检查现场一次设备情况，查明开关报“控制回路断线”信号的原因，到现场检查控制电源空气开关是否合上、断路器是否已储能、压力值是否正常、“远方 / 就地”切换断路器位置是否正确。待查明无异常且信号复归后方能继续开始蓄电池带载试验。

（3）跟踪现场检查结果及处理进度，做好相关记录和沟通汇报。

案例 29　TA 断线告警未处置导致差动保护误动

一、案例简述

2021 年 06 月 19 日 08:40:33，110kV 某变电站 1 号主变压器 NSR691 差动保护装置

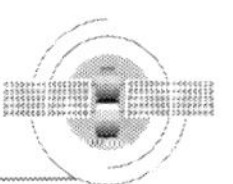

报“低压侧 TA 断线”动作信号，08:45:01 复归。08:51:16 1 号主变压器 NSR691 差动保护装置再次报“低压侧 TA 断线”动作信号，08:54:04 复归。监控报文见表 4-23。

表 4-23 监控报文

序号	时间	内容
1	2021-06-19 08:39:24	1 号主变压器差动保护 NSR691R9 差流越限　动作
2	2021-06-19 08:39:24	1 号主变压器差动保护 NSR691R9 差流越限　复归
3	2021-06-19 08:40:17	1 号主变压器差动保护 NSR691R9 差流越限　动作
4	2021-06-19 08:40:18	1 号主变压器差动保护 NSR691R9 差流越限　复归
5	2021-06-19 08:40:33	1 号主变压器测控差动保护装置 TA 断线　动作
6	2021-06-19 08:40:33	1 号主变压器差动保护 NSR691RF 低压侧 TA 断线　动作
7	2021-06-19 08:40:57	1 号主变压器差动保护 NSR691R9 差流越限　动作
8	2021-06-19 08:40:59	1 号主变压器差动保护 NSR691R9 差流越限　复归
9	2021-06-19 08:45:01	1 号主变压器测控差动保护装置 TA 断线　复归
10	2021-06-19 08:45:01	1 号主变压器差动保护 NSR691RF 低压侧 TA 断线　复归
11	2021-06-19 08:46:57	1 号主变压器差动保护 NSR691R9 差流越限　动作
12	2021-06-19 08:46:58	1 号主变压器差动保护 NSR691R9 差流越限　复归
13	2021-06-19 08:48:01	1 号主变压器差动保护 NSR691R9 差流越限　动作
14	2021-06-19 08:48:03	1 号主变压器差动保护 NSR691R9 差流越限　复归
15	2021-06-19 08:51:16	1 号主变压器测控差动保护装置 TA 断线　动作

续表

序号	时间	内容
16	2021-06-19 08:51:16	1 号主变压器差动保护 NSR691RF 低压侧 TA 断线　动作
17	2021-06-19 08:52:25	1 号主变压器差动保护 NSR691R9 差流越限　动作
18	2021-06-19 08:52:27	1 号主变压器差动保护 NSR691R9 差流越限　复归
19	2021-06-19 08:54:08	1 号主变压器差动保护 NSR691R9 差流越限　动作
20	2021-06-19 08:54:09	1 号主变压器差动保护 NSR691R9 差流越限　复归
21	2021-06-19 08:54:04	1 号主变压器测控差动保护装置 TA 断线　复归
22	2021-06-19 08:54:04	1 号主变压器差动保护 NSR691RF 低压侧 TA 断线　复归
23	2021-06-19 08:55:33	1 号主变压器差动保护 NSR691R9 差流越限　动作
24	2021-06-19 08:55:34	1 号主变压器差动保护 NSR691R9 差流越限　复归
25	2021-06-19 08:57:15	1 号主变压器差动保护 NSR691R9 差流越限　动作
26	2021-06-19 08:57:15	1 号主变压器差动保护 NSR691R9 差流越限　复归

查阅期间 1 号主变压器负荷稳定，无负荷突变情况，如图 4-24 所示。

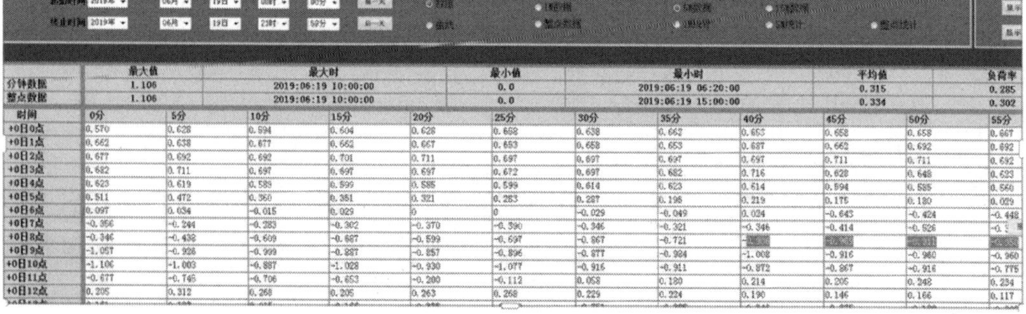

	最大值	最大时	最小值	最小时	平均值	负荷率
分钟数据	1.106	2019:06:19 10:00:00	0.0	2019:06:19 06:20:00	0.315	0.285
整点数据	1.106	2019:06:19 10:00:00	0.0	2019:06:19 15:00:00	0.334	0.302

时间	0分	5分	10分	15分	20分	25分	30分	35分	40分	45分	50分	55分
+0日0点	0.570	0.628	0.594	0.604	0.628	0.658	0.638	0.662	0.653	0.658	0.658	0.667
+0日1点	0.662	0.638	0.677	0.662	0.667	0.653	0.658	0.653	0.687	0.662	0.692	0.692
+0日2点	0.677	0.692	0.692	0.701	0.711	0.697	0.697	0.697	0.697	0.711	0.711	0.692
+0日3点	0.682	0.711	0.697	0.697	0.697	0.672	0.697	0.682	0.716	0.628	0.648	0.623
+0日4点	0.623	0.619	0.589	0.599	0.585	0.599	0.614	0.623	0.614	0.594	0.585	0.560
+0日5点	0.511	0.472	0.360	0.351	0.321	0.283	0.287	0.196	0.219	0.175	0.180	0.029
+0日6点	0.097	0.034	-0.015	0.029	0	0	-0.029	-0.049	0.024	-0.643	-0.424	-0.448
+0日7点	-0.356	-0.244	-0.283	-0.302	-0.370	-0.390	-0.346	-0.321	-0.346	-0.414	-0.526	[illegible]
+0日8点	-0.346	-0.438	-0.609	-0.687	-0.599	-0.697	-0.867	-0.721	[illegible]	[illegible]	[illegible]	[illegible]
+0日9点	-1.057	-0.928	-0.999	-0.887	-0.857	-0.896	-0.877	-0.984	-1.008	-0.916	-0.980	-0.960
+0日10点	-1.106	-1.003	-0.887	-1.028	-0.930	-1.077	-0.916	-0.911	-0.872	-0.867	-0.916	-0.775
+0日11点	-0.677	-0.746	-0.706	-0.653	-0.200	-0.112	0.058	0.180	0.214	0.205	0.248	0.234
+0日12点	0.205	0.312	0.268	0.205	0.263	0.268	0.229	0.224	0.190	0.146	0.166	0.117

图 4-24　1 号主变压器负荷变化情况

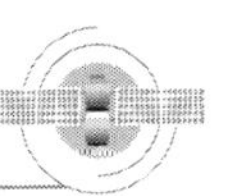

当天 1 号主变压器 NSR691 差动保护装置多次出现“TA 断线”告警，“差流越限”长时间告警。14:05:32，该变电站 10kV × × 馈线 BC 相短路故障时，1 号主变压器差动速断及比率差动保护动作出口跳 1 号主变压器两侧开关，10kV 母分备自投动作。

二、案例分析

该变电站存在 1 号主变压器差动保护装置电流回路异常未及时消除的隐患，导致区外故障时保护误动作。经检查，当天 08:40:33 ，变电监控人员发现该变电站 1 号主变压器 NSR691 差动保护装置 TA 断线告警后，于 08:42 通知运维人员到现场检查，运维人员到达现场后检查 1 号主变压器 NSR691 差动保护装置面板未有异常告警信息，面板指示灯指示正常，未及时做进一步检查和处置。14:05:32，该变电站 10kV × × 馈线 BC 相短路故障，1 号主变压器 NSR691 差动保护装置由于采样板插件异常，低压侧 C 相电流采样值为 0，产生 C 相差流，导致 1 号主变压器差动速断及比率差动保护动作出口，跳 1 号主变压器两侧开关，10kV 母分备自投动作。

三、监控处置要点

（1）加强对电流差动保护装置 TA 断线动作信号监控力度，如有发现 TA 断线异常告警信号需运维人员第一时间到现场检查确认并反馈检修人员；

（2）严格落实《国家电网公司继电保护和安全自动装置缺陷管理办法》（国网〔调 /4〕527–2014），对于电流、电压互感器二次回路异常、差流越限等特征明确的危急缺陷，应根据缺陷处理时限，及时查明缺陷原因并消除缺陷。

四、运维处置要点

（1）立即将故障现象反馈检修人员，报告所属调度。

（2）根据现象判断是属于测量回路还是保护回路的电流互感器开路。处理前应考虑停用可能引起误动的保护。

（3）凡检查电流互感器二次回路的工作，须站在绝缘垫上，注意人身安全，使用合格的绝缘工具进行。

（4）电流互感器二次回路开路引起着火时，应先切断电源后，可用干燥石棉布或干式灭火器进行灭火。

案例 30 更换母线 TV 二次熔丝导致备自投误动作

一、案例简述

某日，雷雨天气，03:23:14，110kV 某变电站报“10kV Ⅰ段母线 TV 断线”，变电监控人员通知运维人员至现场检查。检查结果为雷击影响导致 10kV Ⅰ段母线 TV 一次侧 B 相熔丝熔断，03:41:35，运维人员申请更换熔丝，03:42:53，该变电站 10kV 备自投动作，95A 开关转分，母分 900 开关转合。

二、案例分析

该变电站 10kV Ⅰ段母线负荷长期较小，流经主变压器 10kV 侧 95A 的电流太小，低于备自投保护的电流闭锁整定值，当电压回路断线时，备自投无法受电流闭锁，从而导致备自投发生误动作。03:23:14，雷击影响导致 10kV Ⅰ段母线 TV 一次侧 B 相熔丝熔断，现场运维人员更换 10kV Ⅰ段母线 TV 一次侧 B 相熔丝，工作中因退出 10kV Ⅰ段母线 TV 二次侧空气开关导致电压回路断线（母线电压消失），此时由于母线负荷较小，二次电流小于电流闭锁的整定值（一般为 0.2A），满足备自投的动作条件，这时备自投装置发生误动。

三、监控处置要点

（1）了解每个变电站的负荷曲线，针对主变压器低压侧负荷电流较小的变电站，提醒现场工作人员：确认在电压回路断线时能够有效闭锁备自投，防止备自投误动。

（2）确认备自投动作信息，汇报相关调度。

（3）跟踪现场检查结果及处理进度，做好相关记录和沟通汇报。

四、运维处置要点

（1）应熟悉备自投动作各项原理，熟悉备自投安全风险所在。运行人员应该按照变电站备自投装置的操作流程和规范进行操作，防止漏项、错项。

（2）分析变电站的负荷曲线，针对主变压器低压侧负荷电流较小的变电站，尽量将备自投保护的电流闭锁定值整定小些，确保在电压回路断线时能够有效闭锁备自投，防止备自投误动。或针对负荷主变压器低压侧负荷电流较小的变电站，需要临时退出 TV 导致备自投保护失去电压的，退出 TV 前应提前申请将备自投保护退出运行，电压恢复正常后再重新投入。

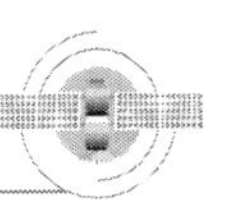

案例31 直流母线交流串入事件

一、案例简述

2021 年 09 月 13 日 10:23:30，220kV 某变电站直流系统报“Ⅰ段直流母线交流串入告警”“1/2 号绝缘监测仪接地告警”，10:23:51，10kV××Ⅰ回 936、××线 917、××线 934、××线 911、××线 916 线路相继出现“保护动作或开关偷跳”“重合闸动作”事故信号，5 条线路重合闸成功。当天该站执行电气二种工作票，工作内容为 10kV 配电装置室 10kV××线 934 开关柜模拟状态指示器更换。监控报文见表 4-24。

表 4-24 监控报文

序号	时间	内容
1	2021-09-13 10:23:29	1 段直流母线交流串入告警 动作
2	2021-09-13 10:23:31	1 号绝缘监测仪接地告警 动作
3	2021-09-13 10:23:31	2 号地接监测设按地告警 动作
4	2021-09-13 10:23:35	10kV 花美Ⅰ回 936 PSL641 保护动作或开关偷跳 动作
5	2021-09-13 10:23:35	10kV 双阳线 917 PSL641 保护动作或开关偷跳 动作
6	2021-09-13 10:23:35	10kV 梧宅线 934 PSL641 保护动作或开关偷跳 动作
7	2021-09-13 10:23:35	10kV 琯头牌 911 FSL641 保护动作或开关偷跳 动作
8	2021-09-13 10:23:35	10kV 后埭线 916 FSL641 保护动作或开关偷跳 动作
9	2021-09-13 10:23:35	10kV 花美Ⅰ回 936 PSL641 重合闸动作 动作
10	2021-09-13 10:23:35	10kV 双阳线 917 PSL641 重合闸动作 动作

续表

序号	时间	内容
11	2021-09-13 10:23:35	10kV 花美Ⅰ回 936 PSL641 重合闸动作　复归
12	2021-09-13 10:23:35	10kV 双阳线 917 PSL641 重合闸动作　复归
13	2021-09-13 10:23:35	1 段直流母线交流串入告警　复归
14	2021-09-13 10:23:36	10kV 梧宅线 934 PSL641 重合闸动作　动作
15	2021-09-13 10:23:36	10kV 琯头牌 911 FSL641 重合闸动作　动作
16	2021-09-13 10:23:36	10kV 后埭线 916 FSL641 重合闸动作　动作
17	2021-09-13 10:23:36	10kV 梧宅线 934 PSL641 重合闸动作　复归
18	2021-09-13 10:23:36	10kV 琯头牌 911 FSL641 重合闸动作　复归
19	2021-09-13 10:23:36	10kV 后埭线 916 FSL641 重合闸动作　复归
20	2021-09-13 10:23:52	2 号绝缘监测仪接地告警　动作
21	2021-09-13 10:23:52	1 号地接监测设按地告警　动作
22	2021-09-13 10:24:44	10kV 梧宅线 934 开关柜空开跳开　动作
23	2021-09-13 10:37:15	10kV 花美Ⅰ回 936 PSL641 保护动作或开关偷跳　复归
24	2021-09-13 10:39:45	10kV 双阳线 917 PSL641 保护动作或开关偷跳　复归
25	2021-09-13 10:41:23	10kV 梧宅线 934 PSL641 保护动作或开关偷跳　复归

续表

序号	时间	内容
26	2021-09-13 10:43:21	10kV 琯头牌 911 FSL641 保护动作或开关偷跳　复归
27	2021-09-13 10:45:09	10kV 后埭线 916 FSL641 保护动作或开关偷跳　复归

二、案例分析

工作过程中交流窜入直流是导致 10kV 多条馈线线路保护动作、重合闸动作的直接原因。工作前工作负责人对工作中存在的安全隐患分析不到位，没有采取对应的防范措施，未采用作业安全质量控制卡，没有按安全质量管控卡的要求断开相应的电源空气开关。装置拆除、安装插工作中拔插线排均是带电拔插。工作人员事先未对原回路的图纸进行查阅核对，直接凭新旧开关状态模拟指示器背板的接线图就草率断定接线方式一致是导致事件发生的又一重要原因。

三、监控处置要点

（1）通知运维人员检查设备；

（2）核实现场实际直流母线电压；

（3）跟踪现场检查结果及处理进度，做好相关记录和沟通汇报。

四、运维处置要点

（1）严格现场作业工序控制，加强设备单体功能验证。对于同装置引入交流和直流电源，在恢复电源时应先恢复交流电源空开，并测量直流电源空气开关负载端无异常交流分量（空气开关对地及之间电压），有异常应排除后方能接入运行直流系统。

（2）装置更换、指示灯更换等运维一体化作业应严格使用对应的作业安全质量控制卡，并对控制卡中的要求逐条执行，确保所有的安全措施执行到位。

（3）变电运维单位对可能存在交、直流回路互窜的运维一体化项目进行梳理，完善作业安全质量控制卡，并做好人员培训。运维一体项目可能存在交、直流回路互窜的主要有：开关柜状态指示器更换、带电显示器主机更换或消缺、消防主机更换或消缺、机构箱内交直流空气开关更换等。

（4）作业前应提前熟悉图纸回路，加强危险点分析及预控，严禁盲目作业。

（5）加强外协施工队伍的进站作业的安全教育和风险培训，特别是涉及运行直流系统的作业。

（6）变电监控人员对于涉及交流串入直流的告警信号要分析、跟踪，及时通知现场变电运维人员。

案例 32　合智一体装置告警事件

一、案例简述

2021 年 07 月 23 日 22:42:18，110kV 某变电站 L1 线路 131“合智一体 A 装置告警”“1 号主变压器第一套保护接收 110kV L1 线路 131 合智一体 A SV 断链”“1 号主变压器第一套保护 SV 总告警”“1 号主变压器第一套 UDT-531 保护 TA 断线”“1 号主变压器 TA 断线”“1 号主变压器第一套 UDT-531 保护装置异常”“1 号主变压器装置异常”“110kV L1 线路 131 测控接收 110kV L1 线路 131 合智一体 A SV 断链”“110kV L1 线路 131 测控 SV 总告警”“110kV 备自投保护接收 110kV L1 线路 131 合智一体 A SV 断链”“110kV 备自投保护 SV 总告警”“110kV 站域保护接收 110kV L1 线路 131 合智一体 A SV 断链”“110kV 站域保护 SV 总告警”“110kV ×× 线路 131 合智一体 A 装置告警”。监控报文见表 4-25。

表 4-25　监控报文

序号	时间	内容
1	2021-07-23 22:42:18	110kV L1 线路 131 合智一体 A 装置告警　动作
2	2021-07-23 22:42:18	1 号主变压器第一套保护接收 110kV 清燕 131 合智一体 A SV 断链　动作
3	2021-07-23 22:42:18	1 号主变压器第一套保护 SV 总告警　动作
4	2021-07-23 22:42:18	1 号主变压器第一套 UDT-531 保护 TA 断线　动作
5	2021-07-23 22:42:18	1 号主变压器 TA 断线　动作
6	2021-07-23 22:42:18	1 号主变压器第一套 UDT-531 保护装置异常　动作
7	2021-07-23 22:42:18	1 号主变压器装置异常　动作

续表

序号	时间	内容
8	2021–07–23 22:42:18	110kV L1 线路 131 测控接收 110kV L1 线路 131 合智一体 A SV 断链　动作
9	2021–07–23 22:42:18	110kV L1 线路 131 测控 SV 总告警　动作
10	2021–07–23 22:42:18	110kV 备自投保护接收 110kV L1 线路 131 合智一体 A SV 断链　动作
11	2021–07–23 22:42:18	110kV 备自投保护 SV 总告警　动作
12	2021–07–23 22:42:18	110kV 站域保护接收 110kV L1 线路 131 合智一体 A SV 断链　动作
13	2021–07–23 22:42:18	110kV 站域保护 SV 总告警　动作

二、案例分析

22:42:18，110kV 某变电站 L1 线路 131“合智一体 A 装置告警”等异常信号，根据报文分析，从该装置收取 SV 电流以、电压数据的保护装置及测控装置同时出现接收该合智一体装置 SV 断链信号，可初步判断合智一体 A 装置出现运行异常，通知运维人员进行检查处置，并移交该间隔监控权。23:02:36，运维人员回复需重启装置，根据运行规程要求向调度申请退出相应保护压板后再重启合智一体 A 装置。23:07:31，合智一体 A 装置重启，信号复归，汇报调度，申请将相应保护重新投入运行。

三、处置要点

（1）合智一体 A 装置异常，和相关保护 SV 链路终端，此时相关保护无法从合智一体装置 A 接收其采集的电流、电压量，影响保护装置的逻辑判断和设备的正常监视，应通知运维人员进行检查处理，移交该间隔监控权；

（2）现场若需重启合智一体装置，应向调度申请退出相关保护后再进行重启。

案例 33　隔离开关切换继电器同时动作信号未动作

一、案例简述

某站 220kV 系统的接线方式如图 4-25 所示，220kV 线路 L1、L2、L3、L4 及母联 27M 均在运行中，220kV 线路 L1、L2 接Ⅰ段母线运行，220kV 线路 L2、L4 接Ⅱ段母线运行，调度下令“220kV Ⅰ段母线由运行顺控为冷备用”。

监控员远方操作合上 2712 隔离开关后，L1 线路间隔未出现“切换继电器同时动作”信号。

二、案例分析

双母线接线方式的变电站正常倒母线操作过程中，某间隔母线侧隔离开关位置双跨时，该间隔“电压切换继电器同时动作”信号应动作，该信号未正常动作的原因主要有：隔离开关未实际合闸到位；隔离开关辅助触点损坏或接触不良；隔离开关的辅助开关传动部件受损未能随隔离开关传动机构变位；电压切换继电器损坏；电压切换回路存在异常。

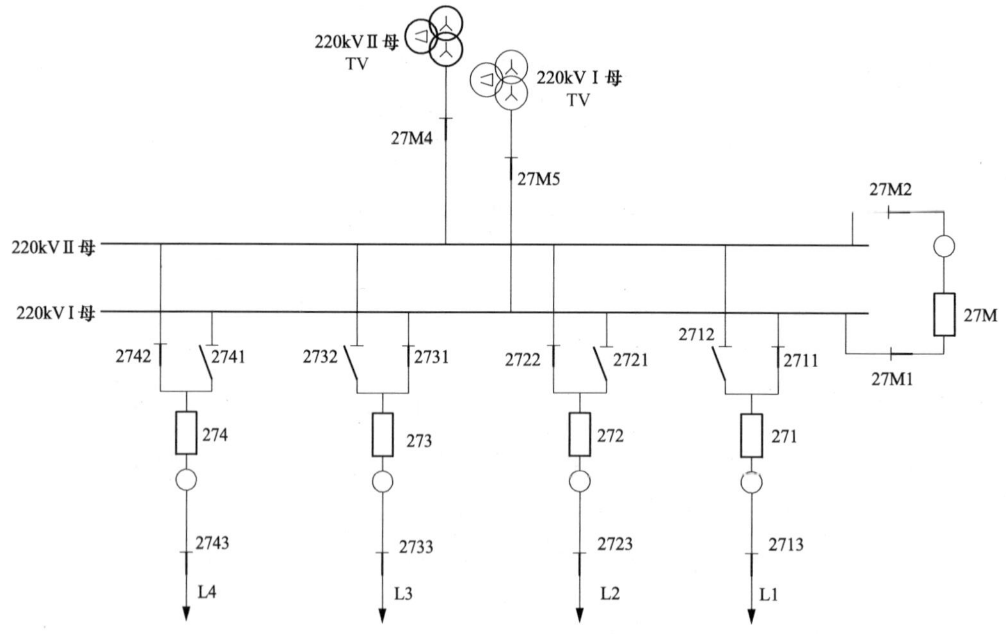

图 4-25　220kV 系统的接线方式